国家出版基金项目
NATIONAL PUBLICATION FOUNDATION

"十四五"时期国家重点出版物出版专项规划项目

材料先进成型与加工技术丛书

申长雨　总主编

高分子材料成型加工前沿

申长雨　刘春太　著

科学出版社

北　京

内 容 简 介

本书结合了学科发展前沿和国家重大需求，对高分子材料成型加工未来发展趋势做了全面思考，阐述了高分子材料成型加工的科学意义与地位，总结了高分子材料成型加工特点和发展规律，分析了高分子材料成型加工发展现状与态势；梳理了高分子材料成型加工尚未完全解决的重要科学问题，指出了面临的新使命与新机遇；归纳了未来 5~10 年高分子材料成型加工面临的重要科学问题，强调了面向学科前沿的优先发展方向和研究重点，提出了面向国家"卡脖子"问题的优先发展方向和研究重点，概述了未来具有引领性的研究方向。全书共分 7 章，内容包括绪论，高分子材料成型加工中的物理问题，高分子材料成型加工新方法，功能化、绿色化高分子材料成型加工，高分子材料成型加工过程原位在线检测技术，高分子材料成型加工数值仿真，高分子材料成型加工研究新使命等。

本书兼具学术性、技术性和战略规划性，可供专业科研人员、技术人员和研究生作为学习和参考资料，也可以供广大政府决策人员了解高分子材料成型加工科学和技术前沿。

图书在版编目（CIP）数据

高分子材料成型加工前沿 / 申长雨, 刘春太著. -- 北京：科学出版社, 2025. 3. -- （材料先进成型与加工技术丛书 / 申长雨总主编）. -- ISBN 978 -7-03-081696-2

Ⅰ. TB324

中国国家版本馆 CIP 数据核字第 20250X1D14 号

丛书策划：翁靖一

责任编辑：翁靖一　高　微 / 责任校对：杜子昂

责任印制：徐晓晨 / 封面设计：东方人华

科 学 出 版 社 出版

北京东黄城根北街 16 号
邮政编码：100717
http://www.sciencep.com

北京中科印刷有限公司印刷

科学出版社发行　各地新华书店经销

*

2025 年 3 月第 一 版　开本：720×1000　1/16
2025 年 3 月第一次印刷　印张：17 1/4
字数：400 000

定价：198.00 元

（如有印装质量问题，我社负责调换）

材料先进成型与加工技术丛书

编 委 会

材料先进成型与加工技术丛书

总　序

　　核心基础零部件（元器件）、先进基础工艺、关键基础材料和产业技术基础等四基工程是我国制造业新质生产力发展的主战场。材料先进成型与加工技术作为我国制造业技术创新的重要载体，正在推动着我国制造业生产方式、产品形态和产业组织的深刻变革，也是国民经济建设、国防现代化建设和人民生活质量提升的基础。

　　进入 21 世纪，材料先进成型加工技术备受各国关注，成为全球制造业竞争的核心，也是我国"制造强国"和实体经济发展的重要基石。特别是随着供给侧结构性改革的深入推进，我国的材料加工业正发生着历史性的变化。**一是产业的规模越来越大**。目前，在世界 500 种主要工业产品中，我国有 40%以上产品的产量居世界第一，其中，高技术加工和制造业占规模以上工业增加值的比重达到 15%以上，在多个行业形成规模庞大、技术较为领先的生产实力。**二是涉及的领域越来越广**。近十年，材料加工在国家基础研究和原始创新、"深海、深空、深地、深蓝"等战略高技术、高端产业、民生科技等领域都占据着举足轻重的地位，推动光伏、新能源汽车、家电、智能手机、消费级无人机等重点产业跻身世界前列，通信设备、工程机械、高铁等一大批高端品牌走向世界。**三是创新的水平越来越高**。特别是嫦娥五号、天问一号、天宫空间站、长征五号、国和一号、华龙一号、C919 大飞机、歼-20、东风-17 等无不锻造着我国的材料加工业，刷新着创新的高度。

　　材料成型加工是一个"宏观成型"和"微观成性"的过程，是在多外场耦合作用下，材料多层次结构响应、演变、形成的物理或化学过程，同时也是人们对其进行有效调控和定构的过程，是一个典型的现代工程和技术科学问题。习近平总书记深刻指出，"现代工程和技术科学是科学原理和产业发展、工程研制之间不可缺少的桥梁，在现代科学技术体系中发挥着关键作用。要大力加强多学科融合的现代工程和技术科学研究，带动基础科学和工程技术发展，形成完整的现代科学技术体系。"这对我们的工作具有重要指导意义。

过去十年，我国的材料成型加工技术得到了快速发展。**一是成形工艺理论和技术不断革新。**围绕着传统和多场辅助成形，如冲压成形、液压成形、粉末成形、注射成型，超高速和极端成型的电磁成形、电液成形、爆炸成形，以及先进的材料切削加工工艺，如先进的磨削、电火花加工、微铣削和激光加工等，开发了各种创新的工艺，使得生产过程更加灵活，能源消耗更少，对环境更为友好。**二是以芯片制造为代表，微加工尺度越来越小。**围绕着芯片制造，晶圆切片、不同工艺的薄膜沉积、光刻和蚀刻、先进封装等各种加工尺度越来越小。同时，随着加工尺度的微纳化，各种微纳加工工艺得到了广泛的应用，如激光微加工、微挤压、微压花、微冲压、微锻压技术等大量涌现。**三是增材制造异军突起。**作为一种颠覆性加工技术，增材制造（3D 打印）随着新材料、新工艺、新装备的发展，广泛应用于航空航天、国防建设、生物医学和消费产品等各个领域。**四是数字技术和人工智能带来深刻变革。**数字技术——包括机器学习（ML）和人工智能（AI）的迅猛发展，为推进材料加工工程的科学发现和创新提供了更多机会，大量的实验数据和复杂的模拟仿真被用来预测材料性能，设计和成型过程控制改变和加速着传统材料加工科学和技术的发展。

当然，在看到上述发展的同时，我们也深刻认识到，材料加工成型领域仍面临一系列挑战。例如，"双碳"目标下，材料成型加工业如何应对气候变化、环境退化、战略金属供应和能源问题，如废旧塑料的回收加工；再如，具有超常使役性能新材料的加工问题，如超高分子量聚合物、高熵合金、纳米和量子点材料等；又如，极端环境下材料成型问题，如深空月面环境下的原位资源制造、深海环境下的制造等。所有这些，都是我们需要攻克的难题。

我国"十四五"规划明确提出，要"实施产业基础再造工程，加快补齐基础零部件及元器件、基础软件、基础材料、基础工艺和产业技术基础等瓶颈短板"，在这一大背景下，及时总结并编撰出版一套高水平学术著作，全面、系统地反映材料加工领域国际学术和技术前沿原理、最新研究进展及未来发展趋势，将对推动我国基础制造业的发展起到积极的作用。

为此，我接受科学出版社的邀请，组织活跃在科研第一线的三十多位优秀科学家积极撰写"材料先进成型与加工技术丛书"，内容涵盖了我国在材料先进成型与加工领域的最新基础理论成果和应用技术成果，包括传统材料成型加工中的新理论和新技术、先进材料成型和加工的理论和技术、材料循环高值化与绿色制造理论和技术、极端条件下材料的成型与加工理论和技术、材料的智能化成型加工理论和方法、增材制造等各个领域。丛书强调理论和技术相结合、材料与成型加工相结合、信息技术与材料成型加工技术相结合，旨在推动学科发展、促进产学研合作，夯实我国制造业的基础。

　　本套丛书于 2021 年获批为"十四五"时期国家重点出版物出版专项规划项目，具有学术水平高、涵盖面广、时效性强、技术引领性突出等显著特点，是国内第一套全面系统总结材料先进成型加工技术的学术著作，同时也深入探讨了技术创新过程中要解决的科学问题。相信本套丛书的出版对于推动我国材料领域技术创新过程中科学问题的深入研究，加强科技人员的交流，提高我国在材料领域的创新水平具有重要意义。

　　最后，我衷心感谢程耿东院士、李依依院士、张立同院士、韩杰才院士、贾振元院士、瞿金平院士、张清杰院士、张跃院士、朱美芳院士、陈光院士、傅正义院士、张荻院士、李殿中院士，以及多位长江学者、国家杰青等专家学者的积极参与和无私奉献。也要感谢科学出版社的各级领导和编辑人员，特别是翁靖一编辑，为本套丛书的策划出版所做出的一切努力。正是在大家的辛勤付出和共同努力下，本套丛书才能顺利出版，得以奉献给广大读者。

中国科学院院士
工业装备结构分析优化与 CAE 软件全国重点实验室
橡塑模具计算机辅助工程技术国家工程研究中心

前　言

　　以塑料、橡胶为代表的高分子材料是现代材料领域的重要组成部分，具有成本低、质量轻、易加工等性能，在现代工业及生产、生活中应用越来越广泛。高分子加工在交通运输、机械电子、化工能源等国家支柱产业，以及国防、航空航天等战略产品中占有重要地位，是我国由制造大国转变成制造强国的关键之一。据中国塑料加工工业协会统计，截至 2022 年底，我国塑料制品规模以上企业数量超过 2 万家，而规模以下的中小企业数量更是接近 10 万家。我国塑料制品产量达 7771.6 亿吨，行业规模以上企业营收超过 2 万亿元。

　　对于高分子材料来说，不论是纯聚合物、混合物、复合材料还是杂化材料，只有通过加工成型获得所需的形状、结构与性能，才能成为具有实用价值的材料与产品，其制品的最终物理/化学性能与其成型加工过程是息息相关的。因此，高分子材料成型加工的本质是在多外场耦合作用下高分子多层次结构响应、演变、形成的过程，也是人们对其进行有效调控的过程。成型加工过程不仅决定了制品的形状，也决定了制品的微观结构和最终性能。高分子材料成型加工研究的典型特征是从化学、物理、力学到材料加工和应用的贯通，具有多尺度、多层次特点。

　　进入 21 世纪，一方面，随着微纳材料、微纳科技、智能技术的发展，以及人们对生活品质与技术创新需求的快速提升，许多应用领域都对高分子材料和制品提出了更高的要求。精密化、小型化、功能化、高性能化、个性化是高分子产品及零部件发展的重要方向。这些新的需求对传统的高分子成型工艺提出了巨大挑战。另一方面，由于高分子材料绝大多数源于不可再生的石油资源，并且废弃后在环境中难以降解，引起严重的环境污染问题，塑料污染遍布海洋、湖泊、河流、土壤和沉积物，甚至大气和动物体内。据相关学者研究，废弃塑料中 12% 被焚烧，79% 被填埋或废弃到自然环境，只有大约 9% 得到循环利用。如果不能显著提高塑料的回收利用率，预计到 2050 年累计会有 120 亿吨的废塑料被丢弃在自然环境中。因此，高分子材料的来源以及废弃后对环境的影响已成为高分子材料可持续发展迫切需要解决的问题。

高分子材料成型加工学科中的一些基本原理来源于高分子物理，如流变、相分离、结晶等。高分子材料成型加工学科自身具有非平衡、多外场等特性，对经典高分子物理在高分子材料成型加工中的指导应用提出了更高的挑战，如多尺度结构有序的结晶过程、表面或界面结晶理论、表界面受限态链段动力学或玻璃化转变、共混体系相分离过程、复杂体系多尺度结构流变学等。

高分子材料成型加工技术和设备尽管取得了飞速发展，但是随着社会发展和科技进步，微电子、医疗器械、人工智能、军工、航天等技术领域都对高分子零件及制品的性能、尺寸精度、特殊功能、微纳结构等提出了更高要求，通过传统成型加工方法很难实现，因此研发高分子材料成型加工新方法和新原理正成为一个热点前沿研究，如外场辅助的动态成型技术、从毫米级转变为微米级甚至纳米级的高分子微纳成型量产技术、高分子增材制造技术、高分子绿色发泡技术等。

为了减轻高分子材料废弃后引起的环境污染问题，循环塑料高值化回收技术及绿色制造成为全球话题，一方面，可通过节约资源，减小环境压力；另一方面，对于不易回收的一次性产品，可用生物降解高分子材料替代，废弃后，在环境中可被微生物分解为二氧化碳和水，对环境无害。因此，充分利用地球上丰富的生物质资源开发新型生物基高分子材料及其成型加工方法能有效减轻对石化资源的依赖，降低塑料对环境的危害。

随着数据科学和人工智能的快速发展，高分子材料成型加工数值模拟研究将发生根本性变化。面向未来，高分子材料成型加工数值模拟面临的主要问题包括：基于多尺度模拟的高分子材料成型加工研究与材料性能优化、基于数据驱动的高性能材料的微观结构优化设计、基于机器学习的数值模拟结果分析与算法改进、数值模拟算法的精度和计算速度的提高等。

高分子加工虽然偏重于工程，但其本质是多外场参数对高分子链段运动、相变等多尺度动力学与结构影响的科学问题。因此，研发新型高分子成型加工技术以满足越来越复杂的高分子材料体系，对于突破高分子加工"卡脖子"问题，建立完备的高分子成型加工理论具有重要的意义。进入新时代，高分子成型加工前沿研究领域的主攻方向是：研究成型过程中材料结构的形成与演变规律，实现对材料多级形态的调控；探索新型加工原理和开发新加工方法；高分子材料绿色再制造理论；高分子材料的智能制造技术；多功能高分子材料和自组装超分子结构材料的加工；高分子成型加工过程的多尺度模拟等。

本书从高分子材料成型加工的科学本质、学科特点、实际意义、与其他高分子学科分支领域的相互关系、重点难点问题及可能的前沿发展方向等方面进行较为系统的梳理。

感谢为本书顺利出版所作出贡献的郑州大学工业装备结构分析优化与 CAE 软件全国重点实验室、材料成型及模具技术教育部重点实验室、轻量化及功能化高分子成型与模具学科创新引智基地（111 引智基地）的王亚明、黄明、米皓阳、冯跃战、刘宪虎、王震、陆波、苏凤梅、常宝宝、石宪章、纪又新等诸位老师。

限于时间和精力，书中不足之处在所难免，敬请广大读者批评指正！

申长雨　刘春太

2024 年 11 月

目　录

第1章

绪　　论

1.1.1　高分子材料成型加工学科内涵

高分子材料成型加工是现代高分子材料科学与工程的重要组成部分。高分子材料成型加工学科的本质是在多外场耦合作用下高分子多层次结构响应、演变、形成的过程，也是人们对其进行有效调控的过程。成型过程不仅决定了制品的形状，也决定了制品的微观结构和最终性能。高分子材料成型加工研究的典型特征是从化学、物理、功能到材料加工和应用的贯通，具有多尺度、多层次特点（图 1.1）。

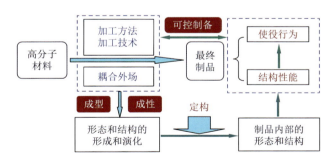

图 1.1　高分子材料成型加工学科内涵

根据 Tadmor 和 Gogos 的经典著作 *Principles of Polymer Processing* 的定义："高分子加工是与在高分子材料或系统上进行的操作有关的工程活动，以提高其效用"[1]。对于高分子材料来说，不论是纯聚合物、混合物、复合材料还是杂化材料，只有通过加工成型获得所需的形状、结构与性能，才能成为具有实用价值的材料与产品，其制品的最终物理/化学性能与其成型加工过程是息息相关的[2, 3]。高分子材料成型加工的目的是增加原料或产品的附加值。它是将聚合物原料转化为制品的过程，不仅涉及成型，还涉及导致大分子改性和形态稳定化的共混和化学反应，从而形成"增值"结构。

1.1.2 高分子材料成型加工技术

1. 注射成型

注射成型是高分子材料加工中重要的成型方法之一，注塑制品已占领塑料制品总量的 30%以上。根据不同的应用场景及技术特征，注射成型技术大体可分为常规注射成型、微注射成型、流体辅助注射成型、微孔发泡注射成型、多组分注射成型等几大类。

微注射成型主要用于批量成型尺寸精确、形状复杂的微小尺寸制品，生产尺寸为毫米级或质量为毫克级的产品，广泛应用于集成电路、光通信、数据存储、医疗器械以及传感器等领域。微注射成型不是传统注射成型在尺寸规模上的简单缩减，微注射成型设备拥有更高的注塑计量精度、更准确的模温控制能力以及快速的反应能力。微注射成型模具要有更高的表面光洁度、制造及装配精度，微注射成型模具的设计制造要比传统模具更加复杂和困难，常用的方法包括射线光刻、电子束光刻、LIGA（Lithographie，Galvanoformung，Abformung，光刻、电镀和成型）技术、准 LIGA 技术、激光加工技术和蚀刻技术等加工精度在 10 nm 的光制作技术，微车削加工技术、微细电火花加工技术、微铣削加工技术和微磨削加工技术等加工精度在 100 nm 的微机械加工技术等。同时，随着制品尺寸的减小，一些被传统注射成型所忽略的因素如重力效应、壁面滑移和表面张力等现象，开始对微注射成型制品的结构和性能产生不可忽略的影响。

流体辅助注射成型可分为气体辅助注射成型和水辅助注射成型，是一种典型的轻量化成型工艺。根据流体注射前熔体是否充满型腔，流体辅助注射成型工艺分为短射法和溢流法。短射法流体辅助注射成型的工艺过程为：型腔中先部分熔体填充，后注射流体完成充填、保压等。而溢流法流体辅助注射成型的工艺过程为：型腔中充满熔体后注入高压流体，高压流体推动被排挤的熔体经阀门流进溢流槽。相对于短射法而言，溢流法流体辅助注射成型工艺操作简单，残余壁厚均匀，制件表面无迟滞痕。

微孔发泡注射成型是通过在塑料熔体中加入超临界的氮气（N_2）或者二氧化碳（CO_2），使得在注塑制品内部形成致密的微孔，大小为 0.1～10 μm 微孔的存在能够大大节约塑料原料，同时使得塑料制品具有较好的机械性能。在微孔发泡注射成型工艺中，采用 CO_2 或 N_2 等气体作为发泡剂，其发泡过程中无有害气体排放、对温室效应的影响较小，生成的微孔直径小且分布均匀，有效地克服了传统发泡工艺的缺点，因而该技术在国内外得到广泛应用。

多组分注射成型技术是指使用两个或两个以上注射系统的注塑机，把不同色泽或不同种类的塑料同时或顺序注射到同一个模具内而获得目标制品的成型技术。多组分注射成型技术按照其成型原理及成型工艺的不同，可以分为共注射成型、夹芯注射成型、双色注射成型、多色注射成型、二次注射成型、气辅共注射成型和水辅共注射成型等。

2. 挤出成型

挤出成型是一种连续化成型方法，几乎可以成型所有的热塑性塑料，包括管材、板材、异型材、薄膜、纤维以及塑料与其他材料的复合材料等。挤出制品约占热塑性塑料制品产量的 40%～50%。一条常见的聚合物材料挤出生产线通常由挤出机、机头、辅机、控制系统及后续辅助成型装置组成。在生产实践中，挤出成型原理和技术得到不断的深化和拓展；可加工的聚合物种类、制品结构和制品形式越来越多；挤出成型设备不断改进和创新，设备正朝着大型化、高效率化、精密化、智能化及专用化发展。

聚合物共挤成型是 20 世纪 80 年代发展起来的一种挤塑复合成型技术，它通过两台或多台挤出机同时供给不同的熔融物料，使多层具有不同特性的物料在单个共挤机头中汇集，复合成型得到具有几种材料优良特性多层复合结构的制品，从而实现材料在性能上互补，提高产品性能，已被广泛用于异型材、板材、管材、多层复合薄膜和电线电缆等产品的生产。同时，共挤成型还可有效使用回收塑料，可将回收料放在中间层，这样既保证了产品外观质量和性能，又节约了资源，降低了成本。

微孔塑料挤出发泡成型采用超临界流体 CO_2 替代化学发泡剂，由于其传质系数高，具有微孔塑料所需的高成核速率等优点。微孔塑料挤出发泡成型技术的应用能够减小塑料制品的质量，避免化学发泡剂发泡孔径不稳定问题，使得泡孔孔径可控，其与传统塑料挤出成型相比，在不牺牲其物理性能的前提下能够大幅提升生产效率。

多层共挤出吹塑成型是多层复合制品的一种成型方法。它采用两种以上塑料品种，或使用两台以上的挤出机，共同挤出多层结构的型坯，通过压缩空气使型坯在模具型腔内吹胀，并成型为多层复合结构的吹塑制品。

虽然挤出成型可以加工绝大部分热塑性塑料和热固性塑料以及弹性体，但由于聚合物熔体的高黏性和黏弹性，传统挤出成型仍存在聚合物挤出胀大、"鲨鱼皮"、精度不高以及能量消耗大等问题。

3. 压延成型

压延成型是指通过辊筒间产生的剪切力，使物料多次受到挤压、剪切以增大可塑性，在进一步塑化的基础上延展成薄型制品。辊筒对塑料的挤压和剪切作用改变了物料的宏观结构和分子链构象，在温度配合下使塑料塑化和延展。辊轴挤压使料层变薄，而延展后使料层的宽度和长度均增加。这项技术最早出现在 18 世纪的欧洲，主要应用于织物上光，后来由于聚氯乙烯的大量生产，压延成型的工艺得到了深入的开发，由最早的两辊压延机逐渐变为多辊，由粗糙的手工操作演变为现在的高精度、高自动化生产线。近年来，随着科学技术的发展，现在的塑料压延机经过不断的改进呈现出新的特点，朝着大型化、高速化、精密化、高自动化、机构多样化发展。

为适应加大宽度的要求，使压延生产线的高性能设备达到最佳质量、高度可靠性和高产量的目标，压延机械设备的发展趋势是：主机大型化、联动装置复杂化、控制自动化甚至人工智能化。辊筒是压延设备上的主要零件。目前最主要的分类方式是通过辊筒的数目和类型进行分类。按压延机辊筒数量可分为两辊压延机、三辊压延机、四辊压延机和五辊压延机。按辊筒的种类可分为 I 型、L 型、倒 L 型和 S 型压延机。

压延成型工艺常用于塑料和橡胶的生产，其中以聚氯乙烯最为常见。影响压延成型的因素主要有压延速度、辊筒温度、辊间距和张力。

4. 滚塑成型

滚塑成型又称滚塑、旋转成型、回转成型等，是一种热塑性塑料中空成型方法。滚塑成型始于 20 世纪 40 年代。在 20 世纪 70 年代时，滚塑成型技术在美国、欧洲等发达国家和地区得到了大面积的应用。我国的滚塑成型工业虽然起步较晚，但也在 20 世纪 90 年代前后实现了滚塑成型的工业化生产。2014～2019 年全球滚塑制品需求量稳定增长，从 382.5 万吨增长至 475.4 万吨，美国占了世界总消费量的一半左右。

该方法是将塑料原料加入模具中，然后模具沿两垂直轴不断旋转并使之加热，模内的塑料原料在重力和热能的作用下，逐渐均匀地涂布、熔融黏附于模腔。整个滚塑成型的基本加工过程很简单，就是将粉末状或液状聚合物放在模具中加热，同时模具围绕着垂直轴进行自转和公转，然后冷却成型。在滚塑成型中，如果用的是粉末状材料，则先在模具表面形成多孔层，随循环过程渐渐熔融，最后形成厚度均匀的均相层；如果用的是液体材料，则先流动和涂覆在模具表面，当达到凝胶点时则停止流动。模具随后转入冷却工区进行强制通风或喷水冷却，然后被放置于工作区。在这里，模具被打开，完成的制件被取走，接着再进行下一轮循环。总的来说，材料的表面整体先成型为所需要的形状，再经冷却定型而成制品。

滚塑成型技术可以制造各种尺寸、形状和厚度的中空塑料零件，如各种储罐、桶、船舶集装箱等。与其他成型工艺相比，滚塑成型有着明显优势。例如，整个过程是在常压下实现的，因此与压力技术相比，投入成本更低；得到的零件产品无焊接线，具有较低的残余应力；在零件的颜色和材料变化方面具有更大的灵活性。然而可惜的是，这种成型工艺存在的问题与缺点限制了其自身加工方法的大规模应用，如整个成型过程的控制比较难，粉末、聚合物的材料选择少。

5. 吹塑成型

吹塑成型又称中空吹塑成型，是指借助压缩空气的压力将闭合模具内处于熔融状态的塑料型坯吹胀成中空制品的一种成型方法。吹塑成型技术起源于 20 世纪 30 年代初，其发展阶段大致可分为以下几个时期：1945~1956 年的低密度聚乙烯（LDPE）时期，1956~1964 年的高密度聚乙烯（HDPE）时期，1965~1970 年的 HDPE 后期，1971~1978 年的聚对苯二甲酸乙二酯（PET）时期，直到现如今的高度自动化的工业制件时期。目前，吹塑成型已经成为世界上仅次于挤出成型与注射成型的第三大成型方法，也是发展最快的塑料成型方法。在生产容器、工业零部件、日用品和汽车配件等领域，吹塑成型都得到了广泛的应用。适用于吹塑成型的高分子材料有 LDPE、HDPE、聚丙烯（PP）、聚苯乙烯（PS）、聚氯乙烯（PVC）、聚碳酸酯（PC）等，最常用的是聚乙烯（PE）和 PVC。

吹塑成型的主要形式有挤出吹塑成型、注射吹塑成型和拉伸吹塑成型三种。其中，值得注意的是，拉伸吹塑成型必须与挤出吹塑成型或注射吹塑成型结合起来形成挤出拉伸吹塑成型或注射拉伸吹塑成型。虽然不同的成型方法在形式上有差异，但吹塑成型过程的基本步骤差异不大，即熔化材料→将熔融材料制成管状物或型坯→将型坯置于吹塑模具中熔封→利用压缩空气将模具内型坯吹胀→冷却→取出制品→修整。据相关数据统计，吹塑制品的 75%用挤出吹塑成型，24%用注射吹塑成型，1%用其他吹塑成型。

6. 热成型

热成型采用热和压力或真空迫使热的热塑性材料作用于模具表面，从而达到加工目的。热成型是热塑性材料最常用的一种加工方法，该方法是金属片和部分纸片加工方法的延伸。尽管各种不同的加工方法存在着各自的特点，但实际上都是采用片材和模具通过热和压力或真空，将片材承压成所需形状。

7. 压制成型

压制成型方法又称模压成型或压缩模塑，是指依靠外压的压缩作用实现塑料制品成型的一次成型技术。压制成型可兼用于热固性塑料和热塑性塑料。考虑到生产效率、制品尺寸的特点，目前主要用于热固性塑料、橡胶制品、复合材料的成型。压制成型的主要优点是可模压较大平面的制品和利用多槽模进行大量生产，其缺点是生产周期长且生产效率低，难以连续化、自动化。成型产品的形状、尺寸等也受到一定的限制，塑化作用不强，成型过程中无物料补充，须对原料进行塑化，计量要求准确，压缩比小。

8. 纺丝技术

熔体纺丝是将成纤聚合物加热熔融形成具有一定黏度的纺丝熔体后，利用纺丝泵连续均匀地挤压到喷丝头，纺丝熔体以一定流量通过喷丝头的细孔压出，形成熔体细丝流，之后在空气或水中降温凝固，最终牵引成丝。喷丝孔压出的丝条凝固后具有较大的抗张力，因此需要熔体纺丝在短时间内将丝条牵引成丝，所以熔体纺丝速度较快。工业熔体纺丝每分钟可达数千米。用于熔体纺丝的聚合物，需要在高温下熔融形成黏流态且不发生显著分解反应。合成纤维的主要产品中，聚酯纤维、聚酰胺纤维和聚丙烯纤维等均可采用熔体纺丝法生产。熔体纺丝分为直接纺丝法和切片纺丝法。直接纺丝是将聚合后的聚合物熔体直接送往纺丝；而切片纺丝则需将高聚物熔体经注带、切粒等纺前准备工序之后再送往纺丝。大规模工业生产常采用直接纺丝；切片纺丝更换品种容易，灵活性较大，在长丝生产中占主要地位。

湿法纺丝是将溶液法制得的纺丝溶液从喷丝头的细孔中压出呈细流状，然后在凝固液中固化成丝。由于丝条凝固慢，所以湿法纺丝的纺丝速度较低，一般为 50～100 m/min，而喷丝板的孔数较熔体纺丝多，一般达 4000～20000 孔。湿法纺丝得到的纤维截面大多呈非圆形，且有较明显的皮芯结构，这主要是由凝固液的固化作用造成的。湿法纺丝的特点是工艺流程复杂，投入大、纺丝速度低，生产成本较高。一般在短纤维生产时，可采用多孔喷丝头或喷丝孔来提高生产能力，从而弥补纺丝速度低的缺陷。通常，熔体纺丝由于环保高效，是高聚物纺丝的首选。如腈纶、维纶、氯纶和黏胶等不能采用熔体纺丝生产的高聚物通常使用湿法纺丝来生产短纤维和长丝束。

干法纺丝是将纺丝溶液从喷丝孔中压出，呈细流状，然后在热空气中因溶剂加速挥发而固化成丝。目前，干法纺丝的速度一般为 200～500 m/min，当增加纺丝通道长度或纺制较细的纤维时，纺丝速度可提高到 700～1500 m/min。干法纺丝的喷头孔数较少，为 300～600 孔。干法纺丝制得的纤维结构紧密，物理机械性能和染色性能较好，纤维质量高。但干法纺丝的投资比湿法纺丝大，生产成本高，污染环境。另外，对于既能采用干法纺丝，又能采用湿法纺丝的纤维，干法纺丝更适合于纺制长丝。在化学纤维工业生产中，多数采用熔体纺丝法，其次为湿法纺丝，只有少部分纤维制备才采用干法纺丝以及其余一些非常规的纺丝法。

静电纺丝能够制备纳米纤维材料，近几十年来受到人们的广泛关注。静电纺丝是一种电流体动力学过程，其纺丝液可以是熔体纺丝液，也可以是溶液纺丝液。在静电纺丝过程中，由于表面张力，液体从喷丝板中挤出，产生下垂的液滴。通电后，由于表面电荷之间的静电斥力，球形液滴拉伸形成泰勒锥，从泰勒锥中喷出带电荷的射流。射流最初以一条直线延伸，然后由于弯曲不稳定性而经历剧烈的鞭挞运动。当射流被拉伸成更细的直径时，它会迅速凝固，固体纤维沉积在接地的收集器表面。一般情况下，静电纺丝过程可分为四个连续步骤：①液滴充电和形成泰勒锥；②带电射流沿直线延伸；③在电场作用下射流变薄，电弯曲不稳定性升高；④射流凝固形成固体纤维与收集。

9. 3D 打印技术

数字制造技术，也被称为 3D 打印或增材制造，是一种通过连续添加材料从几何模型中创建物理对象的新技术，20 世纪 90 年代早期由麻省理工学院的 Sachs 等提出。3D 打印突破传统制造工艺的限制，将材料、机械制造、信息处理、电子设备及工程设计等学科深度融合在一起，成为决定未来经济和人类生活的颠覆性技术之一。3D 打印技术的前身是快速成型技术，其基本思想是以数字化 3D 模型为基础，对物体进行数字化分层，得到每层的二维加工路径等信息，利用合适的材料和工艺，通过自动化控制技术，沿着设定路径逐层打印，最终累积成三维物体。其具体的工作原理如下：①提前在计算机内设计出要打印物体的三维模型；②将计算机与 3D 打印机相连，打印机会层层分割建立好三维图形信息；③根据分割之后的每层平面的信息确定打印路径并逐层打印，直到最终成型。目前 3D 打印技术越来越多地用于大规模定制、生产任何类型的开源设计行业，主要用于农业、医疗保健、食品、汽车工业、机车工业和航空等领域。

1.2 学科发展历程

1.2.1 高分子材料

"Polymer"一词来自希腊语，意思是"许多部分"。人类从一开始就使用木材、皮革和羊毛等天然高分子材料，但到 19 世纪橡胶技术发展之后，合成高分子材料才真正走入大众视野。世界上第一种合成聚合物材料"赛璐珞"是 Hyatt 于 1869 年发明的，原料是硝酸纤维素和樟脑，用于替代象牙制造台球。Hyatt 是高分子领域的先驱人物，为包括吹塑在内的成型加工技术作出了很多创新和改革。他的发明还帮助 Leo Baekeland 在 1906 年发明了酚醛树脂，这是合成聚合物道路上的一个重大突破[4]。紧随其后，Hermann Staudinger 在 1920 年证明了大分子本质是长链重复单元。随着丙烯酸类聚合物、聚苯乙烯、尼龙、聚氨酯等材料的出现，塑料工业在第二次世界大战前夕迅速发展，随后在 20 世纪 40～50 年代又合成了聚乙烯、聚对苯二甲酸乙二醇酯、聚丙烯和其他聚合物。1945 年美国的塑料年产量就超过 40 万吨，1979 年又超过了工业时代的代表——钢，自此，这一差距一直在不断扩大。

纯聚合物往往不能满足复杂的日常使用需求，所以常与其他材料一并混合加工。纯聚合物和添加材料先通过机械或熔融混合生产颗粒、粉末或薄片，然后再进行后续加工成型，最后得到的复合产品被称为"pliable"，在希腊语中的意思是"柔韧的"。其中，这些添加物包括填料、着色剂、阻燃剂、稳定剂（防止因光、热或其他环境因素而变质）和各种加工助剂等。

合成聚合物可分为两类：热塑性树脂和热固性树脂。热塑性树脂是目前产量最高的一类聚合物，可以反复加热熔融冷却，代表产品主要有 PE、PP、PS、PVC、PC、PMMA、PET 等。热固性树脂在制造过程中，分子链由于热和压力而发生交联，即创建永久的三维网络。热固性树脂无法通过加热熔融进行二次加工。酚醛树脂、环氧树脂和大多数聚氨酯都是热固性材料。

本书主要介绍热塑性高分子材料（塑料）的成型加工。商业热塑性塑料按其性能分为"通用塑料"（如 PE、PP、PVC 等）、"工程塑料"（如 PC、尼龙、PET）和"特种工程塑料"[如液晶聚合物（LCP）、聚苯硫醚（PPS）和聚醚醚酮（PEEK）]。通用塑料的工作温度一般在 $100{}^{\circ}\mathrm{C}$ 以下，工程塑料在 $100\sim150{}^{\circ}\mathrm{C}$ 之间，特种工程塑料在 $150\sim300{}^{\circ}\mathrm{C}$ 之间。

在过去的几十年里，虽然塑料的使用一直在持续增长，但主要是在通用塑料类别，工程塑料和特种工程塑料产量并没有出现预期的爆炸性增长。近年来，随着深空深海等领域的发展，特种工程塑料的使用量开始增加。2018 年我国特种工程塑料消费量达到 10 万吨，其中自给率达到 38%，对应产量为 3.78 万吨，随着高新技术产业的发展，特种工程塑料在我国将会有更大的发展。我国的塑料总产量从 1975 年的 33 万吨增加到 2019 年的 4 亿吨，而且还在继续增长。2019 年，我国塑料制品出口金额为 483.14 亿美元，同比增长 11.19%。从进口金额来看，2019 年我国塑料制品进口金额为 54.98 亿美元，同比增长 0.55%。

1.2.2　成型加工设备

高分子材料成型加工离不开机械设备。目前，挤出成型和注射成型是高分子材料成型加工应用最广泛的技术。其他加工方法包括压延成型、吹塑成型、热成型、模压成型和滚塑成型，通过这些方法可以加工的聚合物有 3 万多种。

塑料和橡胶机械的现代加工方法和设备起源于 19 世纪的橡胶工业和天然橡胶加工。最早记载的橡胶加工设备是橡胶咀嚼器（masticator），它由带齿的转子组成，该转子由带齿的圆柱形空腔内的绞车转动。1820 年，Thomas Hancock 在英格兰发明了该设备，主要回收加工天然橡胶废料。1836 年，马萨诸塞州罗克斯伯里的 Edwin Chaffee 发明了一种将胶料混合到橡胶中的两辊轧机（two-roll mill）及用于橡胶连续涂覆布料和皮革的四辊压延机（four-roll-calender）[5]。Henry Goodyear 发明了蒸汽加热的两辊轧机。Henry Bewley 和 Richard Brooman 于 1845 年在英国研发了第一台 Ram 挤出机，用于线材涂覆[6]。这种柱塞式挤出机于 1851 年生产了第一条海底电缆，铺设在多佛（英国）和加莱（法国）之间，并于 1860 年生产了第一条跨大西洋电缆。

由于对连续挤出的需求，特别是在电线和电缆领域，带来了加工领域最重要的革新——单螺杆挤出机（single screw extruder），它迅速取代了非连续柱塞式挤出机。间接证据表明，美国的 A. G. de Wolfe 可能在 20 世纪 60 年代初发明了第一台螺杆挤出机[7]。1873 年 Phoenix Gummiwerke 已发布了螺杆图纸[8]，而 William Kiel 和 John Prior 在美国都声称他们在 1876 年发明了该机器[9]。但是，在高分子成型加工中起着主要作用的挤出机的诞生与 1879 年英国 Mathew Gray 的专利有关，该专利首次展示了这类挤出机，它还包括一对加热的进料辊，不同于英国的 Francis Shaw 和美国的 John Royle 在 1879 年发明的螺杆挤出机[10]。

1881 年，Paul Pfleiderer 推出了非啮合反向旋转双螺杆挤出机（twin screw extruder），后来又出现了多种相互啮合的双螺杆挤出机。1916 年 R. W. Eastons 发明了同向旋转机，1921 年 A. Olier 发明了正排量反向旋转机[11]。前者促使拜耳的 Rudolph Erdmenger 发明了 ZSK 挤出机。齿轮泵（gear pump）首次用于生产聚合物材料可追溯到 Willoughby Smith 于 1887 年申请的一对辊子输送的机器专利。与单螺杆挤出机和同向旋转双螺杆挤出机不同，齿轮泵是正排量泵，反向旋转。

为了将细小的炭黑颗粒和其他添加剂混合到橡胶中，19 世纪后期出现了许多封闭式"内部"混合机。1916 年，Fernley H. Banbury 申请了改进设计的专利，这一设计至今仍在使用。该机器由康涅狄格州德比市的伯明翰铸铁厂与后来的 Farrel 铸造厂和康涅狄格州安索尼亚的机器合并而成。这种混合机仍然是橡胶加工的主力军，被称为班伯里混合机[12]。1969 年，Peter Hold 等发明了 Banbury 的"连续版本"，称为 Farrel 连续混合机（FCM）[13]。该机器的前身是非啮合双转子混合机，称为 Knetwolf，由 Ellerman 在 1941 年于德国发明。FCM 从未达到橡胶混合标准，但幸运的是，它非常有效地用于高密度聚乙烯和聚丙烯的混合、混炼和造粒等。1945 年，List 为德国 Buss AG 开发了一种单转子混合机——Ko-Kneader，螺杆在旋转时会轴向振动。此外，螺杆式转子具有间断的刮板，从而能够将捏合钉固定在机筒中。Aly Kaufman 是挤出技术的早期先驱者之一，他在新泽西州创立了 Prodex 公司，后来又在法国成立了 Kaufman SA 公司，并将诸多创新技术引入该领域。

除辊轧机和压延机外，大多数现代加工设备的核心都是螺杆或螺杆型转子。1959 年，Bryce Maxwell 和 A. J. Scalora 提出了正应力挤出机，它由两个相对旋转运动的紧密间隔的圆盘组成，其中一个圆盘的中央有一个开口。Robert Westover 提出了一种滑块式挤出机，它也由两个相对运动的圆盘组成，其中一个装有阶梯式垫片，就像螺杆挤出机一样，它通过黏性阻力产生压力。1979 年，同旋转磁盘处理器被申请了专利，该专利由 Farrel Corporation 以商品名 Diskpack 进行了商业化。表 1.1 按时间顺序总结了自 1820 年 Thomas Hancock 发明橡胶混炼机以来的一些重要发明和发展，其中包括一些关键的聚合物发明和该学科的主要理论工作。

表 1.1　历史上高分子材料成型加工学科大事年表

设备/聚合物/原理/文献	工艺	发明人	年份
橡筋	间歇混合	T. Hancock	1820
辊式捏合机	间歇混合	E. Chaffee	1836
砑光机	涂覆和板材成型	E. Chaffee	1836
橡胶硫化		C. Goodyear	1839
柱塞式挤出机	挤出	H. Bewley 和 R. Brooman	1839
螺杆式挤出机	挤出	A. D. de Wolfe	1860
		Phoenix Gummiwerke	1873
		W. Kiel 和 J. Prior	1876
		M. Gray	1879
		F. Shaw	1879
		J. Royle	1880
赛璐珞		J. W. Hyatt	1869
注射成型	注射成型	J. W. Hyatt	1872
反向非啮合双螺杆挤出机	挤出	P. Pfleiderer	1881
齿轮泵	挤出	W. Smith	1887
酚醛树脂		Leo Baekeland	1906
反向啮合双螺杆挤出机	挤出	A. Olier	1912
同向啮合双螺杆挤出机	混合与挤出	R. W. Eastons	1916
班伯里混合机	间歇混合	F. H. Banbury	1916
《论聚合》（从高分子学科开始）		H. Staudinger	1920
尼龙		W. H. Carothers	1935
低密度聚乙烯		E. W. Fawcett 等	1939
Knetwolf 混合机	双转子混合	W. Ellerman	1941
Ko-Kneader 混合机	混合和挤出	H. List	1945
三角捏合块	连续混合	R. Erdmenger	1949
在线往复注射成型	注射成型	W. H. Wilert	1952
ZSK 挤出机	连续混合和挤出	R. Erdmenger、G. Fahr 和 H. Ocker	1955
传递混合	连续混合	N. C. Parshall 和 P. Geyer	1956

续表

设备/聚合物/原理	工艺	发明人	年份
首次系统地阐述了塑料加工理论		E. C. Bernhardt、J. M. McKelvey、P. H. Squires、W. H. Darnell、W. D. Mohr、D. I. Marshall、J. T. Bergen、R. F. Westover 等	1958
传递混合	连续混合	N. C. Parshall 和 P. Geyer	1956
正应力挤出机	挤出	B. Maxwell 和 A. J. Scalora	1959
连续冲压挤出机	挤出	R. F. Westover	
滑垫挤压机	挤出	R. F. Westover	
Farrel 连续混合机（FCM）	连续混合	P. Hold 等	1969
圆盘型封堵器	挤出	Z. Tadmor	1979

1872 年，John Wesley Hyatt 发明了热塑性塑料注射成型机，该机器源自较早发明和使用的金属压铸机[14]。20 世纪 50 年代末和 60 年代初一直大量使用 Ram 注射成型机，但是其非常不适合热敏聚合物和非均质产品。在机器的排料口引入"鱼雷"可以稍微改善情况。后来，使用螺杆增塑剂制备均匀的混合物，供料到柱塞中进行注射。美国人 William Willert 发明了直列式或往复式螺杆注射成型机，极大地提高了注射成型制品的质量和生产效率。自此，现代注射成型机出现[15]。1952 年，威勒特申请了"直列式"（往复式螺杆注射成型机）专利。1953 年，里德普伦蒂斯公司（Reed Prentice Corp.）率先使用威勒特的发明制造了一台锁模力为 600 吨的机器，该专利于 1956 年授权。在其后的十年里，几乎所注射成型机都采用往复式螺杆设计。从 20 世纪 50 年代推出螺杆式注射成型机至今，中小型注射成型机（锁模力在 1000~5000 kN，注射量在 50~2000 g）占绝大多数。到了 20 世纪 70 年代后期，由于工程塑料的发展，大型注射成型机得到了发展，锁模力达到了 1000 kN 以上，目前最大锁模力可以达到 8500kN。

1.3 高分子材料成型加工学科态势分析

基于 Web of Science，对近十年来在高分子材料成型加工技术方面的研究论文和综述进行了统计和分析。如图 1.2 所示，将发表的论文依据不同的加工技术分为 11 个类型，发表论文数量最多的是聚合物 3D 打印技术，在 2014 年，相关文章仅有不到 100 篇，到了 2023 年，数量已达 1840 篇，整体增长速度很快，这是因为 3D 打印技术作为近年来新型成型工艺，受到了很多研究人员的青睐；发表数量第二的是静电纺丝相关的文章，第三是挤出方面的文章。对于挤出成型，除了常规挤出外，还包括发泡挤出、吹塑挤出、吹膜挤出、共挤出、喷涂挤出以及反应挤出等。注射成型和压缩成型分别排在第四和第五。其他领域，如超临界流体发泡等，由于科技的发展和仪器设备的更精密化等，也吸引了大量的研究。

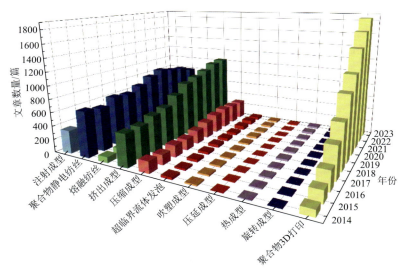

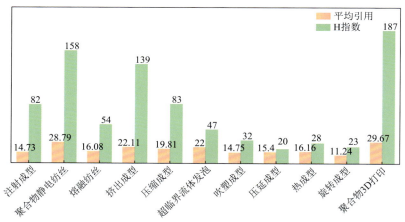

图 1.2　2014～2023 年不同类型加工技术发表论文统计和不同类型加工技术平均引用和 H 指数

　　但是，文章的数量并不能代表具体领域的发展现状。同样，基于 Web of Science 的结果，分析了以上领域内文章的 H 指数和平均引用情况，如图 1.2 所示，可以看到一些领域，如聚合物 3D 打印、超临界流体发泡和热成型的文章较少，但是这些领域的平均引用值非常高。例如，3D 打印在过去的 10 年中有 76 篇文章的引用超过了 300 次。

通过对 2014～2023 年注射成型技术方向文献进行统计显示，此期间的论文数量达到 4128 篇，年度论文数量总体呈现先增长后减少的趋势，如图 1.3 所示，第一阶梯为 2014～2019 年，增长趋势呈阶梯状，态势虽微弱波动，但整体增长幅度较大；第二阶梯为 2020～2023 年，相对于第一个阶梯，呈轻微减少趋势，存在波动现象。然而，注射成型技术方向论文的引用量逐年激增，于 2022 年突破 10000 次，2023 年引用量已达 11428 次。本书统计的论文共涉及 81 个国家或地区。按"高

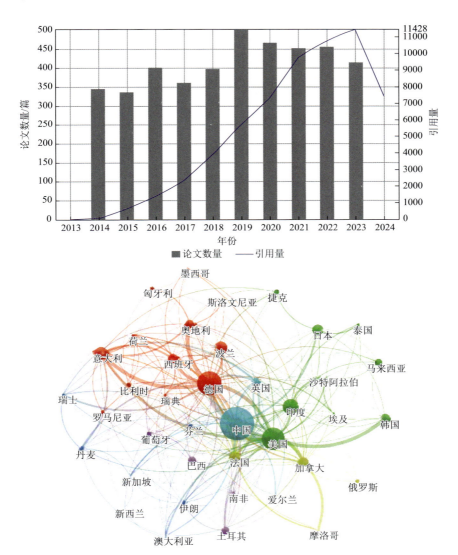

图 1.3 注射成型技术方向论文发表/引用趋势图和国家合作关系图

被引论文百分比""被引次数排名前 1%的论文百分比""被引次数排名前 10%的论文百分比"等指标进行统计分析，美国、加拿大、英国三个国家的三个指标值都超过对应的基准值，三个国家的技术被国际高强度关注，对国际研发水平起到巨大的促进作用。中国、波兰、意大利、法国、英国和澳大利亚等六个国家仅在两个指标上超过对应的基准值，属于对国际研发水平产生影响的第二梯队，尚有向高端技术突破的空间。就论文数量和国际合作论文两个维度进行分析来看，美国的论文数量是 426 篇，其中 52.58%的论文均为国际合作的研究成果，由此可见，美国研究成果较多，同时利用国际合作，对国际的研发水平产生重大影响。中国的论文数量达到 716 篇，位居第一位，远超其他国家，但国际合作论文数量并不多，因此，中国的国际合作论文百分比仅为 22.07%。可以说，中国的研发成果较多，但国际合作方面有待加强，中国的研发成果对国际研发水平的影响力偏弱。

另外，针对注射成型工艺及设备，本书对全球专利数据进行了统计分析。图 1.4 是注射成型工艺及装备 2011～2020 年全球专利申请量的态势图。这十年的专利申请量总体呈上升趋势。申请量于 2016 年出现激增，带动了全球总申请量的快速上涨。分析原因为 2015 年 5 月国务院通过了《中国制造 2025》，通过推进实施《中国制造 2025》实现制造业升级，这一政策为中国注塑产业带来了新的发展机遇，同时也受到了各个企业的积极响应。由海外申请量趋势可知，海外申请每年均 2000～3000 件，申请趋势较为平稳。对比在华申请的申请量和中国申请人的申请量变化，可见两条折线基本重合，由此可知，中国申请人的专利申请也主要集中在本国。注塑行业的发展与其下游产业如汽车行业、包装、家电、3C 产业的产品革新密切相关。同时，上游产业如新材料的研发和应用也对注塑行业的发展有着很大的影响。

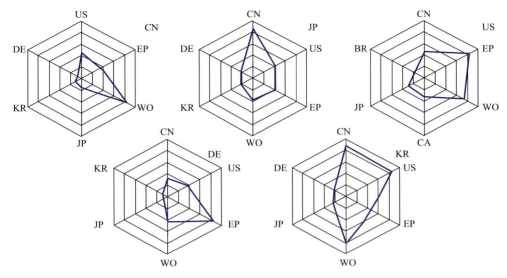

图 1.4 注射成型工艺及装备全球专利申请量态势图和重点国家专利申请流向

CN：中国；JP：日本；US：美国；DE：德国；KR：韩国；WO：世界知识产权组织；
EP：欧洲；CA：加拿大；BR：巴西

该领域的专利申请中，中国是最大的技术来源国和目标国，达到总量的 70% 以上。其次为日本、韩国、德国和美国。值得注意的是，日本在该领域的申请量较多，领先于其他国家。中国专利主要流向是世界知识产权组织、美国和欧洲。日本专利主要流向是中国、美国、欧洲和世界知识产权组织，在中国的专利申请数量明显多于其他国家和地区，说明日本更加重视专利技术在中国的保护并积极在中国进行专利布局，同时表明中国是日本相关企业的主要市场、潜在市场或主要竞争对手市场。美国专利主要流向是世界知识产权组织、欧洲，不同于其他国家的专利布局，美国更加重视加拿大和巴西两国的专利布局。德国专利主要流向是世界知识产权组织、欧洲。韩国专利主要流向是中国、美国和世界知识产权组织。

从全球专利申请量排名来看，半数以上的申请者都是全球知名注塑设备企业。在全球申请量排名前 10 名申请者中包括三家中国企业，分别是格力电器、汉达精密和海天集团。近十年申请量排名第一和第二的是日本住友公司和发那科公司。中国专利申请量排名中国内企业 7 家，国外企业 2 家。其中排名第一的是住友公司，可见该公司非常重视在中国的专利布局。其次是格力电器和海天集团。海天集团的总申请量虽然排名第三，但是其有效专利量与住友公司相当，有效专利量占其总申请量的 83.2%，占比最高，说明其专利申请的质量较好。格力电器总申请量排名第二，与住友公司接近，但是其有效专利持有量偏低，占总申请量的 55.7%。

　　基于国家自然科学基金数据，2015～2022 年在工程与材料科学学部有机高分子材料下的高分子材料的加工与成型方面的项目立项情况进行了统计和分析，如图 1.5 所示。立项项目分为 6 个类型（面上项目、重点项目、地区合作项目、国际合作项目、优秀青年项目和创新群体项目，青年科学基金项目没有统计）。项目立项最多的是面上项目，8 年总共 118 项，但是平均每年也只有 14 项左右。地区合作项目共 17 项，其他项目年均不到 2 项（重点项目 11 项、国际合作项目 2 项、优秀青年项目 2 项、创新群体项目 1 项）。2021 年，上述领域又列项了国家重大科研仪器研制项目 1 项。

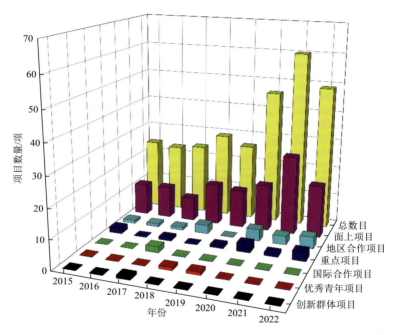

图 1.5　2015～2022 年高分子材料成型学科项目立项情况

　　通过对 2015～2023 年高分子及相关领域获得的国家自然科学奖、国家技术发明奖和国家科学技术进步奖情况进行了统计和分析，如表 1.2 所示，可以发现，在高分子及相关领域获奖数较多的是国家自然科学奖。2015 年、2016 年和 2023 年获奖总数都超过 10 项，尤其是 2016 年，达到 27 项。2018～2020 年获奖都少于 10 项，但是 2017 年在国家自然科学奖、国家技术发明奖、国家科学技术进步奖都有 1 项一等奖。但是在获奖中，高分子材料成型加工领域还很少，平均每年 1 项。

表 1.2　2015～2023 年高分子及相关领域获国家奖数量

年份	国家自然科学奖		国家技术发明奖		国家科学技术进步奖		获奖总数	
	总数	一/二	总数	一/二	总数	一/二	总数	一/二
2023	49	0/7	62	0/2	139	2/2	250	2/11
2020	44	1/0	43	0/5	121	0/1	208	1/6
2019	46	0/3	65	0/0	185	0/3	296	0/6
2018	38	0/4	67	0/1	173	0/3	278	0/8
2017	35	1/1	49	1/3	132	1/1	216	3/8
2016	42	0/11	66	0/6	171	0/10	279	0/27
2015	42	0/2	66	0/5	187	0/6	295	0/13

注：表头中"一/二"代表高分子及其相关领域所获该奖项一等奖数目和二等奖数目。

1.4　高分子材料成型加工发展趋势和挑战

目前，高分子材料成型加工学科的前沿方向包括：成型过程中材料结构的形成与演变规律，以及材料形态的调控；新型加工原理和开发新加工方法；高分子材料的智能制造技术；多功能高分子材料和自组装超分子结构材料的加工；高分子材料成型加工过程的多尺度模拟等。呈现的主要特点：①向高功能化、高性能化、复合化、智能化和精细化方向发展，使其由结构材料向具有光、声、电、磁、生物医学、仿生、催化、物质分离以及能量转换等效应的多功能材料方向扩展。②成型加工中的结构与性能关系的研究也由宏观转到微观，从定性进入定量，由静态进入动态，正逐步实现在大分子设计水平上可控制造。③高分子材料成型加工引进了多种先进技术，如等离子体技术、激光技术、辐射技术等。特别是，高分子 3D 打印技术获得蓬勃发展，与此相关的创新性的模具设计制造技术和高分子加工装备也得到发展，特别是智能制造技术、模内一体化成型技术等。④伴随着轻量化、结构化和可持续发展的需求不断增加，轻量化可降解热塑性纤维复合材料成型理论和技术成为产业界和学术研发的热点，尤其是碳纤维增强热塑性复合材料在汽车领域的开发和应用。⑤高分子材料成型数值模拟由宏观向微观、多尺度关联方向发展等。

我国学者在高分子材料成型加工学科已经取得了重要进展，很多研究成果和技术获得国际同行高度认可，处于国际研究的前沿，例如，外场诱导高分子结晶动力学、切变流动下高分子体系相分离行为、高分子流体非线性流变行为的分子机制和普适性理论、仿生智能纳米界面材料在环境污染中的应用、柔性导电高分子基应变传感器、碳纤维回收改性技术、高性能锂离子电池隔离膜制备的关键技术、聚合物加工辐照增容及改性技术、聚合物塑化过程可视技术等[16]。虽然我国在高分子材料成型加工领域中已经取得了较大技术进步，但是与发达国家相比，我国在高分子材料成型加工领域的研究及技术水平整体上尚有一定的差距。

近些年来，我国已经成功完成了几个五年计划中的一些重点科技攻关项目和国家级的火炬计划项目，与此同时我国还完成了产业化工程的配套项目数十项。然而，要想促进我国产业界和科学研究的有机结合，加快我国高分子材料成型加工高新技术及其产业的发展步伐和成果转化为生产力的进程，就必须突破国外的技术封锁防线，充分发挥主观能动性掌握具有自主知识产权的先进技术，实现质的跨越。相信塑料加工领域在技术追赶后半期，我国进入世界前沿的先进技术将会逐渐增多。

在未来的高分子材料成型加工研究工作中，我们不应执着于机械设计、工艺分析和优化，重点的工作应放在高分子产品性能的预测和改进上，科技界引入了"大分子工程"这一术语，它能更精确描述单体转化为长链分子以及随后形成的各种各样产品的过程。

对高分子产品最终用途和性能的预测仍是一大挑战。目前的模拟方法是基于非牛顿流体的连续介质力学，该模拟方法必须与相关的描述大分子构象、松弛和多晶形态的模型相结合。即使在等温条件下，各种类型的本构模型，在预测聚合物熔体所表现出的异常流变现象方面还是会有很大的局限性。对于预测薄膜和其他挤出产品的最终性能来说，传热系数的测定、流动诱导结晶模型的应用是必不可少的。在其他的加工工艺中，仍有一系列预测问题待解决，如注射成型过程中对收缩、翘曲和应力开裂的预测。在未来相当长的一段时间内，准确预测产品性能仍是具有挑战性的课题。然而，尽管新技术的科学研究还不成熟，但也能在高分子领域发挥重要作用。这些技术包括：具有特殊性能的纳米复合材料的制造、用于电子元件的导电塑料的制造、用于构筑特殊聚合物结构的自组装工艺，以及基于组织工程的生物材料和聚合物的制造等。

在一次性用品中，塑料制品占据绝大部分，然而绝大多数塑料很难降解，增加了环保负担。近年来，随着"限塑令"的出台和实施，一次性塑料制品的使用已得到有效约束。塑料垃圾的回收、再处理和燃烧回收的技术将是目前和未来发展的趋势。

参 考 文 献

[1]　Tadmor Z，Gogos C. Principles of polymer processing[M]. New York：John Wiley & Sons，2006.

[2]　Thomas S，Yang W. Advances in Polymer Processing：From Macro- to Nano-scales[M]. Amsterdam：Elsevier，2009.

[3]　Vlachopoulos J，Strutt D. Polymer processing[J]. Materials Science and Technology，2003，19（9）：1161-1169.

[4]　Dobis J H. Lastics History USA[M]. Boston：Cahners Books，1975.

[5]　Goodyear C. Gum Elastic with its Varieties with a Detailed Account of its Application and Uses，and of the Discovery of Vulcanization[M]. New Haven：Private Printing，1855.

[6] Kaufman M. The birth of the plastics extruder[J]. Plast Polym，1969，37（129）：243.

[7] Hovey V. History of extrusion equipment for rubber and plastics[J]. Wire and Wire Products，1961，36：192-195.

[8] Schenkel G. Plastics Extrusion Technology and Theory：The Design and Operation of Screw Extruders for Plastics[M]. London：Iliffe Books，Ltd.，1966.

[9] White J L. Elastomer rheology and processing[J]. Rubber Chem Technol，1969，42：257-338.

[10] Gray M. Supplying plastic compounds of India rubber and gutta percha to moulding or shaping dies：British patent [P]. 5056，1879.

[11] Herrmann H. Schenekenmaschinen in der Verfahrenstechnik[M]. Berlin：Springer-Verlag，1972.

[12] Killeffer D H. Banbury the Master Mixer[M]. New York：Palmerton，1962.

[13] Wolf C N. Polyoxymethylene-norbornylene copolymers：US3432471A[P]. 1969-03-11.

[14] McKenna C F. Address of acceptance[J]. Ind Eng Chem，1914，6（2）：158-161.

[15] Willert W H. Injection molding apparatus：US2734226A[P]. 1956-02-14.

[16] 董建华. 写在《高分子通报》三十周年[J]. 高分子通报，2019，1：1-8.

第2章
高分子材料成型加工中的物理问题

2.1 概述

　　高分子材料成型加工学科中的一些基本原理来源于高分子物理，如流变、相分离、结晶等。但相对于传统意义上的经典高分子物理，高分子材料成型加工学科自身具有的一些特性，如非平衡、多外场等，也对加工物理研究提出了更高的挑战。

　　针对高分子材料加工成型中的基础物理问题，国外学者很早就开展了相关的研究工作，并将其应用于指导高分子原材料合成、加工工艺设计及产品性能定制，特别是一些著名的高分子跨国公司（如杜邦、3M、帝斯曼等），一直在持续开展可比拟于高校和研究所的基础研究工作，并将其研究成果开发成许多创新高端产品，从而确保了其垄断地位。

　　相比之下，国内针对高分子材料成型加工物理的基础研究工作起步较晚，尽管经过近二十年的不断努力，基于部分特定高分子材料开展的加工成型研究取得了较为显著的进展，但目前该领域的产品结构仍以中低端市场为主，高端制品及其核心生产装备严重依赖进口，高分子材料成型加工领域面临"卡脖子"的现象依然很严峻。因此，我国学者仍需针对高分子材料成型加工背后的非线性流变、流动场诱导结晶、相分离及表界面等基础科学问题，开展系统且深入的研究工作，进而发展高分子材料成型加工的新理论，为我国高分子材料的高端制造提供理论支撑。

2.2 高分子材料成型加工中的结晶问题

2.2.1 研究现状

　　目前全球高分子材料的年消费量达 3 亿吨，其中结晶性高分子占 2/3，合理调控高分子材料的晶体结构与形态是实现制品性能优化的关键。在注射成型、吹膜成型、纺丝成型等常见的工业加工过程中，高分子往往经历剪切、拉伸等各种复杂流动外场，流动场作用下的高分子结晶称为流动场诱导结晶，这是高分子材料成型加工背后的重要基础科学问题之一。关于流动场诱导高分子结晶的研究最早可以追溯到 1805 年[1]，受限于当时实验条件，英国博物学家 Gough 利用嘴唇作为热敏探测器首次捕捉到天然橡胶拉伸时的结晶放热过程，由此揭开了这一领域的研究篇章。流动场诱导结晶的第一次研究热潮源于 1965 年 shish-kebab 串晶的发现[2]，这种超级结构能显著提升材料的力学性能，并启发了高性能超高分子量聚乙烯纤维的发明。之后，随着先进结构检测技术（如高亮度同步辐射光）的发展和原位实验技术的进步，该领域于 20 世纪 90 年代开始进入了第二次研究热潮[3-5]。

　　经过过去数十年的科研工作，研究者已积累了大量的实验结果并总结出关于流动场诱导高分子结晶的一些普适结论，发现对高分子施加流动外场不仅能数量级地增强结晶动力学性能[6]、诱导产生新的晶型[7]，同时也能显著改变晶体聚集形态，如导致球晶向 shish-kebab 串晶转变[8, 9]。

　　为解释实验中观察到的现象，流动场诱导高分子结晶的理论模型也在同步构建。一方面，Keller 等基于 de Gennes 的理论工作提出了卷曲-伸直转变（CST）分子模型，其通常被拿来解释 shish-kebab 结构的形成原因。另一方面，为描述流动场对结晶动力学的加速作用，Flory 基于橡胶网络拉伸提出了热力学熵减模型（ERM）[10]。尽管这些理论模型及其修正能够成功地描述流动场诱导高分子结晶的主要特征，然而其主要采用粗粒化、近平衡的热力学处理方式，出发点是基于经典成核理论的两相模型。这些与高分子结晶对应的多步骤、多尺度的精确分子排列过程不匹配，距离真正揭示流动场诱导结晶的分子机制还很遥远，特别是在描述强流场、远离平衡条件下的结晶特性方面存在明显不足。

　　本书将首先简单回顾加工流场下高分子结晶的粗粒化理论处理方法，以及近期的一些理论修正工作。随后，着重介绍涉及多尺度结构有序的结晶过程精细化描述方案。最后，阐述与实际工业加工关系密切的高分子结晶非平衡相图，并对将来该领域的研究方向进行展望。

2.2.2　结晶热力学模型

　　从热力学角度，流动场诱导成核需满足吉布斯自由能关系 $G_N < G_L$，G_N 和 G_L 分别为初始熔体和终态晶核的吉布斯自由能，如图 2.1（a）所示。根据基于两相模型的经典成核理论[11]，成核速率 $\dot{N}$ 表达式为

$$\dot{N} = C\exp(-\Delta G_a / kT)\exp(-\Delta G^* / kT) \qquad (2.1)$$

式中，ΔG_a 和 ΔG^* 分别是临界核的扩散活化能和成核势垒；k、T 和 C 分别是玻尔

兹曼常量、温度和常数前因子。考虑折叠链片晶模型[12]，静态条件下的成核势垒可表示为

$$\Delta G_q^* = 32\sigma_e\sigma^2 T_m^o / (\Delta H \Delta T \rho_c)^2 \qquad (2.2)$$

式中，σ_e 和 σ 分别是晶核侧表面和端表面比自由能；ΔH 和 ρ_c 分别是晶体熔融焓和密度；T_m^o 和 $\Delta T = T_m^o - T$ 分别是平衡熔点和过冷度。

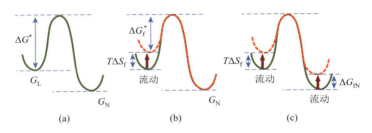

图 **2.1**　高分子结晶过程中的吉布斯自由能

（a）静态结晶；（b）仅考虑链变形引起初始熔体熵减的经典网络拉伸模型；（c）同时考虑初态熔体和终态晶体自由能变化的网络拉伸模型

早期关于流动场诱导高分子结晶的理论只考虑了流动场驱动的链取向或者链拉伸，并且假设静态和流动场条件下晶核具有相同形态，如图 2.1（b）所示。由于取向或者拉伸使分子链具有更低的构象熵，因此流动场条件下熔体自由能增加量可定义为 $T\Delta S_f$，其中 ΔS_f 是链变形导致的初始熔体熵减，随后流动场引起的成核势垒变化可表示成

$$\Delta G_f^* = \Delta G_q^* - T\Delta S_f \qquad (2.3)$$

为描述天然橡胶拉伸过程中的结晶行为，Flory 利用橡胶弹性理论的统计学机制，提出了热力学熵减模型。该模型主要考虑了拉伸导致的初始链网络熵变，其中拉伸变形与熵变化量之间的关系被定义为

$$\Delta S_f = (k\bar{N}/2)[(24m/\pi)^{0.5}\alpha - (\alpha^2 + 2/\alpha)] \qquad (2.4)$$

式中，α 是拉伸比；m 是每根网络链中单体单元个数；$\bar{N}$ 是网络链段数密度。随后其他研究者也发展了类似的网络拉伸模型来描述流动场诱导高分子结晶，主要不同之处在于熵变的定量表达式[13, 14]。

通常高分子熔体是一种瞬态的缠结网络，在流动场条件下具有显著的链松弛行为，这与永久交联的天然橡胶网络不同，因此在熔体加工中需要考虑应变速率对结晶的影响。Coppola 等提出了微流变模型来描述稳态流场条件下缠结聚合物熔体的结晶行为[15]。该模型采用土井-爱德华兹（Doi-Edwards，DE）理论和分子内相邻重入排列（intramolecular adjacent re-entry with alignment，IAA）机制来定

义链动力学，通过引入记忆函数，考虑了分子链松弛对总体链变形的影响，由此将初始熔体的熵减对应变速率的依赖关系引入到经典成核理论。在实际工业加工中，分子链松弛不仅发生在流动场施加过程中，也发生在流动场停止之后。对此，Tian 等进一步将稳态流场条件下提出的微流变模型拓展到一步应变的情形中[16]，实现了对流场停止之后成核行为的描述。

事实上，流动场不仅能引起初始熔体熵减，同时也会诱导产生新的晶型或晶体形态（如 shish 等），造成终态自由能变化，但这些都被描述流动场诱导高分子结晶的经典网络拉伸模型所忽略。近期，Liu 等在对交联聚乙烯熔体施加不同温度的拉伸时，发现晶核形态会对成核过程产生重要影响[17]。根据 X 射线原位结构检测结果，他们在应变-温度坐标上定义了四种不同的晶体形态，分别为正交片晶、正交 shish 晶、六方 shish 晶和 shish 预有序体。拉伸诱导产生不同晶体结构和形态的现象表明，经典网络拉伸模型中关于相同终态晶体的假设不再成立。不同晶核的差异必然会引起终态自由能的改变（如焓变），而即使晶型一样，晶体形态如表面、厚度等的差异性也会造成终态自由能的偏差，它们反映在图 2.1（c）中的 ΔG_{fN} 上。

结合上述实验现象，尤其是成核临界应变对拉伸温度的依赖关系，Liu 等通过耦合流动场作用下初始熔体熵减和终态晶核自由能变化，发展了新的网络拉伸模型熵减-自由能变化（entropic reduction-energy change，ER-EC）模型：

$$\frac{1}{T_{\mathrm{c}}(\alpha_i)} = \frac{1}{T_{\mathrm{c}}(1)} - \frac{vk(\alpha_i^2 + 2/\alpha_i - 3)}{2\Delta H(1 - 4\sigma_{\mathrm{e}}/\Delta H l^*)} \tag{2.5}$$

式中，$T_{\mathrm{c}}(1)$ 和 $T_{\mathrm{c}}(\alpha_i)$ 是拉伸比分别为 1 和 α_i 时的结晶温度；l^* 是临界核厚度；v 是网络链数密度[17]。ER-EC 模型几乎考虑了所有可能影响初始熔体（α_i）和终态晶体自由能（σ_{e}、ΔH、l^*）变化的因素，能够解释除了中间有序体之外的大部分流动场诱导高分子结晶现象。其中，流动场对成核的加速效果体现在初始熔体熵减和终态晶核自由能变化上，而新晶型的生成主要反映在焓变 ΔH 上，晶体形态的变化则可通过 σ_{e} 和 l^* 两个参量进行反映，这些并不需要关于链构象信息的假设。需要强调的是，ER-EC 模型仍然是基于经典成核理论的两相模型，没有考虑可能存在的中间有序体，如非晶或低有序度结构等，而这些中间有序体将会改变图 2.1 中熔体到晶体的自由能，使得流动场诱导高分子结晶的问题显得更为复杂。

2.2.3　多尺度结构有序

关于流动场诱导高分子结晶的热力学处理是基于经典成核理论的两相模型，高分子链被粗粒化成以库恩（Kuhn）长度为基本组成单元。然而，流动场诱导结晶是一个多步骤的精确分子排列过程，涉及链内构象、链间取向以及密度涨落等不同尺度的结构转变[18, 19]，它们直接与高分子链的多尺度特性相关联。在本部分的论述中，首先介绍可能存在于初始熔体和终态晶体之间的中间有序结构，随后进一步说明它们在结晶过程中的耦合关系。

1. 链段构象有序

单链构象有序对于生物高分子材料的功能性表达具有重要作用，典型的例子如 DNA 分子的卷曲-螺旋转变（CHT）[20]，它很早就被研究者关注。关于 CHT 的理论描述最早可以追溯到 Zimm-Bragg 模型[21]，该模型假设了分子链只有两种可能的构象状态，即自由卷曲和螺旋态。通过忽略两种状态的混合熵，分子链被假定成一种双嵌段聚合物，包含自由卷曲和螺旋两个部分。因此，单链自由能可表示成

$$F_{ch} = \chi N \Delta F + 2\Delta f_t + F_{coil} \tag{2.6}$$

式中，N 是长度为 a 的单体单元个数；χ 是螺旋的数量；ΔF 是螺旋分子链的自由能；Δf_t 是两嵌段界面处单体相比于螺旋态单体的自由能变化量；F_{coil} 是卷曲部分的自由能。F_{coil} 通过高斯链的近似无规行走模型进行推导，表达式为

$$F_{coil} = 3(R - \gamma a N \chi)^2 / [2(1-\chi)Na^2] \tag{2.7}$$

式中，R 是整链的末端距；γ 是常数因子，反映了螺旋形成时有效链长的减小，与螺旋类型有关[22]。从以上的理论描述可以预测，CHT 对流动场作用下的分子链取向或拉伸比较敏感（图 2.2），原因是流动场不仅能直接增大 R，同时也会引起 F_{ch} 变化，这些都将导致螺旋含量的变化。流动场诱导的 CHT 在天然生物高分子中已有广泛报道，除了 DNA 外，还有肌动蛋白纤维以及其他多肽链体系等[23, 24]。

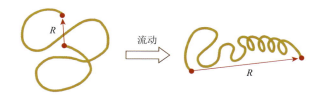

图 2.2　流动场诱导单链卷曲-螺旋转变

流动场诱导链构象有序被证明同样存在于许多合成的结晶性高分子材料中，如等规聚丙烯（iPP）、等规聚苯乙烯（iPS）、聚乙烯（PE）等[25-27]。聚合物链段需具备一定程度上的构象有序才能排入晶格中。对于研究结晶之前的链构象变化信息，红外（IR）光谱和拉曼（Raman）光谱是两种有效的表征手段，如 Snyder 等通过计算和实验证实了不同螺旋长度或者局部环境将导致 iPP 呈现不同的构象吸收峰[28]。Geng 等采用傅里叶变换红外光谱原位跟踪了 iPP 熔体在剪切条件下的链构象变化[25]，发现短螺旋吸收峰（1100 cm⁻¹ 和 998 cm⁻¹）在剪切过程中有突然增强。但当剪切停止之后，它们则逐渐减弱，同时伴随着长螺旋吸收峰（841 cm⁻¹）

的增强，该现象暗示了可能存在短螺旋向长螺旋的转变。而整个过程中无晶体吸收峰，表明流动场诱导链构象有序的发生不依赖于晶体形成。类似地，Yamamoto进行的分子动力学模拟证明快速单轴拉伸也能诱导无定形 iPP 分子链发生螺旋化转变，从而加速结晶过程[29]。这些实验和模拟证据表明加工外场下高分子结晶是一个多步骤的过程，不仅涉及原子的周期性排列，同时还有链段的构象有序等。

2. 密度涨落

除了链段尺度上的构象有序，一些实验研究发现小角 X 射线散射（SAXS）观察到的密度涨落信号要早于广角 X 射线衍射（WAXD）的晶体信号[30]，这表明结晶之前可能发生熔体密度涨落。对于流动场诱导高分子结晶而言，主要有两种密度涨落形式：一种是沿赤道方向（垂直于链变形方向）的 SAXS 条纹信号[17, 31]，反映了棒状纤维聚集体的生成，其具有比周围熔体更高的链密度，同时沿流场方向择优取向；另一种是沿子午线方向（平行于链变形方向）处于一定散射矢量范围内的信号，说明发生了沿流场方向的密度涨落[32]。第一种情况通常涉及非晶shish 结构的形成，而第二种则被认为与液-液相分离有关。无论是哪种形式的密度涨落，可以判定在无定形熔体转变成有序晶体过程中，部分链段可能聚集成具有一定有序度的中间结构，这种中间有序结构具有比熔体更高的链密度。

3. Isotropic-Nematic 转变

当高分子链出现螺旋等构象有序时，分子链在成核过程中将展现出部分刚性链的行为，尽管本质上仍是柔性链。这些构象有序的链段可以作为基本组成单元，进一步促进介于无序熔体和有序晶体之间的中间有序结构生成，如 Isotropic-Nematic转变。在 Isotropic-Nematic 转变理论中[33, 34]，有序链段或刚性链段长度（l）的增加将导致其排除体积（V_{excl}）增大，满足以下关系式：

$$V_{excl} = 2bl^2 \left| \sin \theta \right| \qquad (2.8)$$

式中，θ 表示相邻刚性链段之间的夹角；b 是刚性链段的横截面积。一旦 l 超过某一临界值时，刚性链段会自发地平行排列（即 θ 减小），以减小 V_{excl} 和系统的吉布斯自由能，从而导致形成 Nematic 相。再次回顾 Geng 等的 iPP 熔体剪切实验，红外光谱中 841 cm^{-1} 构象吸收峰对应的是具有 12 个单体长度的螺旋链段，而由理论计算可知，iPP 发生 Isotropic-Nematic 转变需要的临界螺旋长度约含 11 个单体。因此 841 cm^{-1} 构象吸收峰早于结晶峰出现，表明可能发生了 Isotropic-Nematic 转变。需要注意的是，流动场施加过程中也可能直接诱导 Isotropic-Nematic 转变，引起局部密度涨落，从而影响熔体流动行为。

4. 熔体记忆效应

以上研究试图找到直接的实验证据，来说明在初态熔体和终态晶体之间存在中间有序结构。研究熔体的记忆效应也能间接反映出可能存在的中间态，尽管目前还难以明确地表征出它们的具体结构[35,36]。通过分析熔体记忆效应对结晶动力学和晶体形态演化的影响，可以在一定程度上获取中间态结构相关的一些物理特性，如存活时间、密度分布以及取向参数等。Cavallo 等在 iPP 熔体结晶实验中发现，中间有序态结构在某一高温下退火时会逐渐熔融松弛，从而失去对结晶的记忆效应，由此表征了其热稳定性[37]。为了描述记忆效应对成核的贡献，Ziabicki 等根据多维成核理论提出了一个简单的非平衡模型[38]。在该模型中，流动场被认为不仅能改变中间有序体的临界尺寸，同时也能决定其尺寸分布。Su 等利用高空间分辨的同步辐射微焦点 X 射线衍射研究了剪切诱导的 iPP 熔体结晶动力学[39]，发现熔体在经历不同温度的高温剪切后，尽管均未观察到结晶发生，但降温至同一低温时会表现出不同的成核速率，由此说明剪切的确诱导生成了一些低有序结构，其能影响随后的低温结晶行为。尽管研究熔体记忆效应是一种间接的方法，但是它也能证明流动场诱导中间有序体的存在。

5. 不同尺度中间有序体的耦合

高分子从无序态向结晶态转变是一个不同尺度、不同维度的中间有序结构相互耦合的过程，目前尚缺乏足够实验证据证明耦合是如何发生的。结合拉伸流变与原位 X 射线测试技术，Cui 等发现在拉伸诱导高分子结晶过程中，中间有序体的生成对温度表现出弱依赖性，不同温度下拉伸几乎对应相同的结构生成临界应变[40]。通过引入 CHT 和 Isotropic-Nematic 转变理论，他们提出了一个卷曲-螺旋-前驱体-晶体（coil→helix→ precursor→crystal）的多步骤流动场诱导结晶模型来解释中间有序体形成的应变控制机制，如图 2.3 所示。其中，前面提到的 iPP 红外光谱测试支持了熔体在结晶之前发生的链构象螺旋化转变（CHT）。此外，在高分子溶液或混合物中，研究者曾提出应力-浓度涨落模型来解释流动场诱导相分离的发生[30,41,42]。与之类似，应力-构象/取向-密度耦合可能也发生在流动场诱导高分子结晶过程中。尽管目前已经

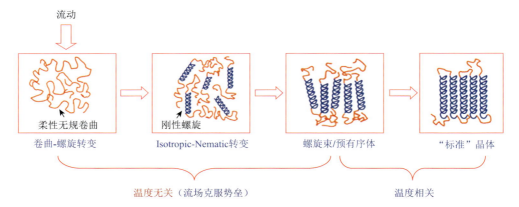

图 2.3 流动场诱导 iPP 结晶中涉及不同尺度的有序化过程[40]

构建出了描述单链段构象有序化的热力学理论，如 CHT、Isotropic-Nematic 转变[33, 34] 及构象-密度耦合[43]等，但是耦合所有这些不同尺度、不同维度的精准结构转变过程的理论工作尚未开展，而这可能是揭示加工流场环境下高分子结晶机制的关键。

2.2.4　非平衡结晶相图

　　热力学相图一直是相变研究的基础与核心，它决定了结构转变的动力学路径和方向。参考铁/碳组分-温度相图在高性能铁碳合金加工中的重要性，针对半结晶性高分子材料，构建流动外场下的结晶相图是实现加工-结构-性能精准调控的关键。在流动场作用下，结构演变是一个典型的非平衡过程，流动场对结晶的推动作用远大于单纯的热涨落。因此，在流场参数空间上建立高分子结晶非平衡相图，对于描述其结晶平衡动力学路径而言十分重要。目前，其他材料/物质体系中已构建的非平衡相图通常将流场强度（应力或应变速率）和温度作为变量，描述其对相变行为的影响，如胶体粒子的 Jamming 相图[44]、表面活性剂的结晶相图[45]等。对高分子熔体而言，施加流动场已经被证明能够产生新的结晶相和新的动力学路径（如中间相或介晶相[46]），表明流动场的作用效果不仅限于 ERM 描述的加速结晶动力学。此外，随着流动场强度增加，球晶、取向片晶、shish-kebab 串晶等不同晶体形态可能依次出现，从而赋予材料不同的力学性能。就此方面而言，建立流动场诱导结晶相图对于预测和调控流场效应、优化高分子材料成型加工具有重要意义。

1. 形态相图

　　基于流动场诱导高分子结晶的流变学定义，Housmans 等系统构建了四个不同的流场区域[47]，用于阐明流场参数（剪切速率 $\dot{\gamma}$、剪切时间 t_s 和剪切应变 γ）和分子参数（reptation 松弛时间 τ_{rep} 和 Rouse 松弛时间 τ_s）对结晶动力学（t/t_Q，流动场条件下与静态条件下的半结晶时间之比）和晶体形态的影响，如图 2.4 所示。魏森贝格数 $Wi = \dot{\gamma}\tau$ 常用来定义链取向（$Wi_{rep} = \dot{\gamma}\tau_{rep}$）或拉伸（$Wi_s = \dot{\gamma}\tau_s$）程度。

　　在区域 I（$Wi_{rep} < 1$，$Wi_s < 1$），分子链在弱流场下基本不发生取向或拉伸，因此材料结晶行为基本不受流动外场影响，与静态结晶一样（$t/t_Q = 1$，球晶）。进入区域 II（$Wi_{rep} > 1$，$Wi_s < 1$），分子链发生取向，生成变形或者更密的球晶，同时结晶速率也加快。当增加流场强度到区域 III（$Wi_{rep} > 1$，$Wi_s > 1$）时，分子链开始表现出链拉伸而非简单链取向，但是此时由于应变过小，仍保持高斯构象。相比于区域 III，区域 IV 中分子链被强烈拉伸并偏离了高斯构象，最终导致高取向结构产生，如 shish-kebab 串晶结构等。需强调的是，Wi_{rep} 和 Wi_s 仅仅是对能否达到相应相区剪切速率的要求，足够的剪切时间对于实现链拉伸也是必要的。因此，区域III向区域IV的转变，也就是 shish-kebab 的形成需要一个临界应变 $\lambda^*(T)$。另外，如果区域II中晶核或者晶体在剪切过程中提前出现，那么它们将作为物理交联点改变材料的流变特性，导致系统松弛时间和魏森贝格数急剧增大，从而造成结晶行为从区域II转变到区域III/IV，这种由成核或者结晶引起的流场自增强效应已经被模拟和实验证实[48, 49]。

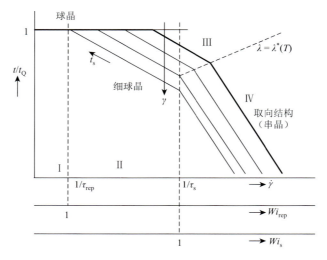

图 2.4　流动场诱导高分子结晶形态相图

2. 结构相图

除了晶体形态之外，晶体结构或晶型也是影响高分子加工和服役性能的重要因素。Wang 等针对 PE 体系[50]，利用同步辐射 X 射线散射原位研究了拉伸诱导的晶体结构与形态演变，通过分析其对流场参数的依赖关系，构建了应力-温度二维参数空间上的结晶非平衡相图（图 2.5），区分了不同结构状态形成要求的临界外场条件，对于实现高分子材料从一维到二维变量的精准加工具有重要指导意义。应力作为流场强度相关的参数，集合了应变和应变速率的双重效果，该相图能够很好地解释聚乙烯在挤出加工中存在"挤出温度窗口"的原因，即在 150℃ 附近挤出更有利于生成六方晶，六方晶是样条形状保持稳定的结构原因。同时，在平衡熔点以上，仍能形成六方晶和中间有序的 δ 相，体现流动场诱导结晶的非平衡特性，也暗示了即使在高温区，分析熔体流动或流变行为仍需考虑结构形成的因素。除此之外，国内李良彬教授课题组近几年在其他多种高分子体系分别构建了相应的结晶相图，如 iPP、PB 及硅橡胶等[51-53]，它们可以作为材料的基因图谱，用于指导真实的工业加工过程并预测制品的服役行为。

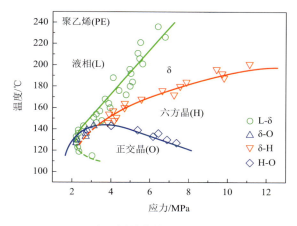

图 2.5　聚乙烯熔体的结晶非平衡相图

2.2.5　高分子结晶研究待解决的问题

1. 加工流场下高分子结晶的分子机制

鉴于高分子链结构的多尺度特性，流动外场下高分子结晶是一个多有序体相互耦合的过程，涉及链内构象、链间取向和密度等不同尺度有序。完美的结晶分子机制应能够描述这些有序化过程如何发生、如何相互耦合直至最终成核。对高分子熔体施加流场作用，分子链变形可能首先导致链内构象有序（如 CHT 或者邻位交叉-对位交叉构象转变等），正如前面提到的红外光谱-流变实验[25]。借用 Olmsted 等提出的链内构象有序与密度耦合的观点[43]，并以构象有序作为中间过渡，流动场诱导高分子结晶可能发生应力与密度耦合。此外，流动场诱导取向也是一个重要概念，但是取向-密度耦合在过去的研究中很少被关注，它可能对高分子结晶相变也有重要贡献，这在 Carton 等的工作中略有涉及[54]。因此，应力-构象/取向-密度耦合可能反映了流动场诱导高分子结晶的非平衡特性，这区别于平衡态相行为，需要将来更加深入的理论工作。

2. 多维流场参数空间内的高分子结晶相图

相比于金属等其他材料体系，尽管过去数十年积累了大量的实验数据，但是仍缺乏系统的流动场诱导高分子结晶相图来精准指导实际工业加工。介于熔体和晶体之间的预有序体或中间有序结构是一种动力学状态，还是热力学相？不同有序体何时出现、如何竞争或耦合？所有这些问题目前尚没有答案，制约着我们进一步发展加工流场下高分子结晶的非平衡热力学模型。因此，在不同高分子体系中构建多维流场参数空间内的结晶相图显得十分必要且关键。国内李良彬教授近几年在该方面做出了许多开创性工作。除了从无序熔体到有序晶体转变的结晶相图，也需要建立流动场作用下逆向的熔融相图，可以预见它们对实际工业加工过程具有重要指导意义。

3. 先进原位研究方法学

结合流变学测试和原位结构检测是研究高分子结晶相变对流动外场依赖关系的重要手段。近期发展的超快 X 射线散射技术具备亚毫秒时间分辨能力，可以跟踪高速熔体加工过程，如纺丝、薄膜拉伸等，同时有助于捕捉可能存在的瞬态中间有序结构，使得研究超高速流场作用下远离平衡态的高分子相变行为成为可能（涉及更为复杂的相变过程）。类似于用应力和温度两个参数来描述复杂流体的非平衡相行为[44, 55]，应力也可作为一种非平衡变量来描述高分子体系的结晶相变，原因是它直接反映了链变形程度，集合了应变和应变速率的效果。因此，将高分子材料在流动场作用下真实的应力响应与结构演化关联，可以帮助理解材料的非平衡结晶相变机制。简而言之，我们需要发展先进实验方法，既能精确大范围地调控流动场参数、模拟真实工业加工过程并实现流变学测试，同时也能与高时间、高空间分辨的多尺度结构检测技术联用，实现高分子加工过程的在线检测。

4. 分子动力学模拟

分子动力学模拟可以为高分子结晶相变的研究提供更多细节，实现在原子尺度上定量表征分子链变形、链内构象、链间取向和密度变化等。目前的非平衡分子动力学模拟已经重现了实际实验中观察到的部分现象，如流动场对结晶动力学的加速效应[56]、shish 核的生长、长短链分布对结晶的影响[57]等。尽管过去十年间计算机模拟取得了巨大进步[58]，但是利用计算机模拟揭示真实的结晶相变过程仍有很长的路要走，特别是在描述流动场诱导中间有序体生成和不同晶型转变方面。

2.3 高分子材料成型加工中的表界面问题

目前，高分子成型加工涉及的材料体系越来越多地选用多组分、多相高分子共混物或复合材料，材料内部的表界面经常主导制品的宏微观结构演变及其性能。已有大量研究表明，宏观服役性能与材料表界面结构密切相关。一方面，由于受到不对称力场作用，表界面分子具有与本体不同的物理化学性质，例如界面高分子的结构和弛豫动力学具有梯度分布特征，这些界面结构及其松弛行为对高分子材料部分性能具有决定性影响[59]。另一方面，高分子链与基底表面，或者与周围异种高分子之间的物理及化学作用，极大地影响了高分子之间的界面黏结，制约了材料的力学等宏观性能[60]。因此，建立高分子界面结构模型及结构控制方法对于高性能高分子材料制造具有重要意义。近年来的研究热点大多围绕高分子材料表界面"结构-性能"关系开展，力图从分子水平研究高分子材料表界面凝聚态结构的形成及控制机制、分子松弛及结构转变特征、纳米受限高分子（如聚合物超薄膜、纳米复合材料）松弛行为规律。主要包括以下四个方面：①表界面结晶理论；②表界面受限态链段动力学或玻璃化转变；③多组分高分子界面分子链扩散；④多组分高分子界面化。

2.3.1　表界面结晶

结晶性高分子加工过程中，结晶性高分子材料在异质材料表面或界面发生结晶时，通常表现出与本体结晶不同的结晶行为和结晶形态，同时显著影响了制品的聚集态结构演变及宏观性能。尤其是近年来高分子复合材料的兴起，由于无机填料对聚合物基体有成核效应，聚合物在其表面附生结晶，形成横晶、纳米串晶等新型晶体形貌，且该附生结晶形态可能直接影响填料与基体之间的界面黏结和材料最终力学性能[61, 62]。因此表界面结晶成为高分子物理学领域的热点问题。近年来的研究主要围绕表界面结晶形态的表征，外场下结晶机理的分析，以及表界面结晶对制品性能的影响规律等展开。可以预期，表界面结晶是高分子复合材料加工的热点方向之一。

关于高分子表界面结晶问题，相关的基础研究工作在持续开展，主要围绕以下几个方面。

（1）高分子表界面结晶原位表征及其与表面性质的关系。研究者力图采用高分辨的原位检测技术（如微焦点 X 射线散射技术等），实时动态监控高分子链在异质界面的形核和晶体生长过程，从而明确其结晶动力学规律与表界面物理和化学性质之间的关系[63]。

（2）高分子表界面结晶形成的微观分子机制及控制方法。高分子在表界面的结晶行为不仅与其分子结构、构象、分子量大小及分布等密切相关，而且强烈依赖于其与表界面物质之间的相互作用（共价或非共价作用）、晶格匹配等因素，因此研究者主要力图揭示表界面高分子附生结晶的微观分子机理，从而建立结晶过程的有效控制方法[61, 64]。

（3）表界面结晶与制品宏观性能之间关系模型。复合材料表界面高分子结晶与制品宏观性能之间的关联尚不明确，相关科研工作者主要采取实验研究、计算机模拟等研究手段，建立表界面结晶与制品宏观性能之间的定量关联，这是耦合内外场精确控制结晶性高分子基复合材料性能的关键[65, 66]。

2.3.2　表界面受限态链段动力学或玻璃化转变

自从 20 世纪 90 年代科学家首次观察到有机小分子在纳米孔内受限条件下的玻璃化转变异常现象之后，受限态下的玻璃化转变现象一直引起学术界的广泛关注。尤其是近年来随着高分子纳米材料微型化和集成化进程，高分子链通常被局限在一个有限空间，因而表现出不同于本体的链段弛豫动力学及玻璃化转变温度[67, 68]。随着研究的不断深入，学术界主要研究不同维度受限体系下的玻璃化转变规律，如刚性基底表面超薄膜体系在一维受限空间的玻璃化转变[69]。此外，随着材料科学的不断发展，纳米线、纳米管及球形纳米颗粒等不同维度的纳米材料逐渐出现，并与高分子材料复合后广泛应用于传感器、医学等领域，体系内部的链段弛豫动力学极大地影响了材料的综合宏观性能[70]。因此，这些二维及三维受限空间上的链段弛豫动力学过程也不断引起学者们的关注。近年来的研究主要围绕不同受限维度和尺寸下的弛豫动力学规律展开。可以预期，微纳空间受限态链段动力学或玻璃化转变及其与制品性能之间的关系是高分子材料加工物理的热点方向之一。

针对表界面受限态高分子链段动力学或玻璃化转变问题，相关的基础研究工作在持续开展，主要涉及以下几个方面。

（1）不同维度和尺寸限制空间下的链段弛豫动力学规律。在高分子纳米复合材料和微纳器件加工中，高分子链段在不同维度和尺寸的限制空间下呈现出不同的动力学规律，如 Arrhenius 型或 Williams-Landel-Ferry（WLF）型[71, 72]。因此，建立链段弛豫行为规律与几何限制空间之间的定量关联，是控制制品加工工艺和性能优化的基础。

（2）表界面受限态链段玻璃化转变分子机理。玻璃化转变是目前高分子物理科学中的难点，而受限态下的玻璃化转变是该学科中的挑战，目前研究者已开展了受限态下链段玻璃化转变行为对分子链结构、分子构象、分子量大小及分布等因素的依赖性的研究，目的在于明确纳米受限态下的玻璃化转变的分子机制[73]。

（3）受限态下玻璃化转变与制品宏观性能之间关系模型。目前大量研究表明，受限态下玻璃化转变与制品宏观性能密切相关，例如高分子超薄膜的力学、电学等宏观性能依赖于其内部的玻璃化转变涉及的动力学行为[74, 75]。因此，建立受限态下玻璃化转变与制品宏观性能之间关系模型，是耦合内外场精确调控高分子基微纳米器件性能的关键。

2.3.3　多组分高分子界面分子链扩散

在多组分相容性高分子材料熔体加工（熔融共混、层压、多层共挤出、共注射等）、焊接、界面摩擦和润湿等过程中，在材料被加热到玻璃化转变温度或熔融温度以上时，由于界面处两相间的混合熵优势，高分子链在界面处发生相互扩散缠结[76]。高分子界面扩散首先是一个质量传递过程，涉及表面化学与物理化学等方面，随着分子链热运动，界面会逐渐融合、弥散，二维界面在扩散作用下最终演变成三维的扩散层实体结构。近年来的研究发现，界面分子链扩散显著改变了界面处分子组成和结构，从而影响材料整体的玻璃化转变温度、界面黏结强度和宏观性能[77-80]。因此，明确多组分高分子加工过程中的界面分子链扩散是耦合加工外场实现材料性能协同强化的前提之一。

对于缠结高分子，扩散分子动力学过程通常采用蠕动模型来描述；界面扩散系数通常通过测量一定时间内界面扩散的深度或尺寸获得。界面扩散的表征方法主要有弹性反冲检谱、中子散射、核子反应、X 射线微量分析和扫描电子显微镜。最近几年来，动态流变方法由于不需要对聚合物进行标记，通过对体系施加小应变动态扫描并结合高分子物理理论，就可以快速并实时获得界面扩散动力学过程、扩散系数和扩散尺寸，发展成为表征缠结高分子界面扩散的重要手段[81, 82]。近年来关于高分子界面分子链扩散的研究主要集中在界面扩散的动力学理论和模型、界面扩散的实验和数值模拟表征、加工外场下（如多层共挤加工）界面扩散行为和界面尺度的衡量以及界面扩散对材料宏观性能的影响等方面。

围绕多组分高分子成型加工中涉及的界面分子链扩散背后的科学和工程问题，相关的研究工作也在持续进行，主要涉及以下几方面。

（1）高分子界面扩散的高效表征方法。目前现有的高分子界面分子链扩散的表征大多数为非原位的离线研究，很难揭示真实的界面扩散规律，因此近年来研究者主要开展基于高分辨宽窗口的界面扩散高效表征手段的研究，尤其是监控实际高分子成型加工外场中的分子链扩散过程，通过定量研究扩散系数和扩散尺寸随扩散过程的动态变化，明确界面分子链扩散行为规律[81, 83]。

（2）高分子界面扩散动力学模型及分子理论。传统的高分子界面扩散模型主要基于快扩散和慢扩散理论，然而二者在描述真实的高分子材料界面扩散过程上还存在分歧[81, 84, 85]，此外，界面扩散的分子理论还主要基于传统 Reptation 理论[86]。因此，近年来研究者们也在力图发展适用于实际高分子加工中的界面分子链扩散动力学模型及分子理论[83]。

（3）加工外场下界面扩散行为与制品宏观性能之间关系的模型。实际成型加工中的高分子界面扩散不仅与分子链结构和尺寸有关，还与外场中的温度场和应力场密切相关，因此，近期有部分研究者通过大量实验研究，重点研究加工外场中的界面扩散行为，并建立其与最终制品宏观性能之间的关系模型，旨在利用加工外场控制相容性多组分高分子界面扩散行为并调控制品服役性能[87, 88]。

2.3.4　多组分高分子界面化学反应与增容

高分子共混改性的目的是希望耦合不同组分材料的优异性能，从而获得新材料体系。其中设计共混物的关键是调节组分高分子之间的相容性，这是决定材料物理和机械性能的关键。然而，目前 90% 以上的商业化高分子都是不相容体系，由它们组成的共混物体系中的界面是制约制品性能的薄弱环节，会导致材料性能的恶化，因此常常需要对共混物体系进行增容改性，降低界面张力，促进相区之间的相互作用。常采用的方法有两种，一种是物理增容，即在体系中引入分别与组分高分子相容的第三组分，通过其与另外两相之间的界面物理缠结，从而促进组分之间的相互作用[89]；另一种是化学增容，通过引入人工合成的接枝或嵌段共聚物作为增容剂，实现增容的目的[90-92]。随着研究的深入和工业加工的需要，近年来科研工作者通过使组分聚合物分子链官能化，在加工过程中界面发生原位分子链间耦合化学反应，显著提高了增容效率，因而原位界面反应增容受到广泛关注。

正确理解界面原位反应理论是精确调控多相聚合物体系层间相互作用和层微观结构的基础和前提。近年来国内外的研究主要围绕界面反应动力学理论、界面共聚物的表征、界面形貌演变和界面力学性能等方面逐渐开展。在界面反应动力学理论方面，主要以早期 Fredrickson 等提出的扩散控制动力学模型和 O'Shaughnessy 等提出的反应控制动力学模型为代表，二者的分歧在于界面反应由反应官能团的扩散控制还是由官能团的反应活性控制[93]。先后有不同学者进一步通过实验和计算机模拟手段，考察了多组分聚合物体系官能团活性对界面原位反应速率、界面共聚物形成、界面形貌、层间结合强度以及剪切场对层间界面反应速率和界面粗糙度的影响规律等。研究的热点主要在于加工外场下的界面反应动力学规律、界面反应对界面形貌和制品性能的影响机制等。

关于多组分高分子界面化学反应与增容问题，相关的研究工作在持续开展，主要涉及以下几个方面。

（1）外场下的高分子界面反应动力学的微观机制。真实高分子工业加工中的界面化学反应动力学不仅依赖于分子链反应基团活性、分子链尺寸等，还与加工中的温度场和应力场密切关联，因此，近期大部分研究者的相关工作主要通过耦合动态的外场加工环境，力图明确外场下的界面反应动力学的微观机制[92, 94]。

（2）微纳结构高分子材料界面反应增容调控。微纳结构多组分高分子材料（如纳米多层薄膜）是目前的研究热点，然而其中涉及的界面反应增容的同时可能改变微纳结构的稳定性，因此近期有些研究者围绕高分子微纳结构加工，如微纳多层共挤出，探讨微纳米尺度的界面反应增容机理，旨在明确其对结构稳定性的作用机制，并实现制品宏观性能的协同强化[95, 96]。

（3）界面化学反应与界面物理扩散之间的分离和联系。多组分高分子的界面反应增容是分子链间化学反应和物理扩散耦合的结果，在通常增容动力学过程的几个典型阶段中，物理扩散和化学反应发挥不同的作用，然而这两个过程具体的作用机制并不明确，这极大地制约了对反应增容的理解和调控技术的研发，鉴于此，研究者结合高分辨的研究手段，并结合理论分析，力图分离出界面化学反应与界面物理扩散各自的影响机制，并明确二者之间的关联[97]。相关的研究工作对反应增容涉及的高分子合成、官能团设计和外场因素控制来说具有重要的指导意义和实用价值。

2.4　高分子材料成型加工中的相分离问题

目前在实际工业应用中，大多数高分子材料不再是单一的聚合物体系，而是多组分高分子共混体系[98-100]。高分子共混改性是指将两种或两种以上的高分子原料通过物理或化学方法使其混合。根据其组分凝聚态结构的不同可将高分子共混体系分为非晶性/非晶性共混体系、结晶性/非晶性共混体系和结晶性/结晶性共混体系[101-109]。相比于单一聚合物体系，共混体系具有更复杂的相行为。对于含有结晶性组分的共混体系，体系的相容性以及结晶和相分离之间的相互作用一直是高分子共混体系研究领域的重点方向。除了对晶体形态、结构和动力学影响之外，有关多晶型共混体系中组分晶型的改变以及对晶型间固固相转变的影响也开展了相应的研究。对高分子共混体系的充分了解，将有助于优化体系的凝聚态结构，对于获得理想性能的高分子材料，提高材料的使用性能、改善加工性能、降低生产成本都具有重要的意义。

高分子共混研究主要包括以下几个部分：共混体系相容性研究，共混体系相分离过程研究，共混体系结晶行为研究以及共混体系中存在的两种相变相分离与结晶之间关系的研究。

2.4.1　高分子共混体系热力学理论

按照高分子共混体系组分间相容性的不同，可将其分为完全相容共混体系、完全不相容共混体系和部分相容共混体系。高分子共混体系的相容性直接决定着高分子材料的相行为以及最终制品的相态结构和聚集态结构。高分子共混体系的相容性研究是高分子共混技术研究的基础。

1. 高分子共混体系的相容性

两组分共混体系的相容性取决于共混前后体系吉布斯自由能的变化。根据热力学基本定律，两种聚合物共混时，体系相容的条件[110]是

$$\Delta G_{\mathrm{m}} = \Delta H_{\mathrm{m}} - T\Delta S_{\mathrm{m}} < 0 \tag{2.9}$$

$$\left[\frac{\partial^2 \Delta G_{\mathrm{m}}}{\partial \Phi_{\mathrm{A}}^2}\right]_{T,P} > 0 \tag{2.10}$$

式中，ΔG_{m}、ΔH_{m} 和 ΔS_{m} 分别是共混前后体系的混合自由能变、混合焓变和混合

熵变；T 是共混温度；Φ_A 是高分子 A 在共混体系中所占的质量分数。如果式（2.9）及式（2-10）同时成立，则该体系为热力学相容体系。如果式（2.9）成立而式（2.10）不成立，则该体系为热力学部分相容体系。如果式（2.9）不成立，则该体系为热力学不相容体系。

由于共混过程一般为吸热过程，如果聚合物分子链间没有其他特殊的相互作用（如氢键、离子对、偶极-偶极相互作用），那么通常情况下 $\Delta G_m > 0$。而且聚合物分子量大，链节多，共混过程中熵变很小。因此在通常情况下，聚合物很难达到分子或链段水平的互容。事实上，绝大多数高分子共混体系是部分相容的，也是相行为最复杂的。由式（2.9）和式（2.10）可知，混合自由能的变化与温度有密切关系。按照温度对体系相容性的影响，高分子共混体系的热力学相图一般可分为以下几种类型：①存在最低临界共溶温度（lower critical solution temperature，LCST），对该类体系而言，当温度低于最低临界共溶温度时，体系互容；②存在最高临界共溶温度（upper critical solution temperature，UCST），对该类体系而言，当温度高于最高临界共溶温度时，体系互容。③同时存在最高和最低临界共溶温度的环形相图；④同时存在最高和最低临界共溶温度的双曲线相图；⑤存在多重临界共溶温度的沙漏型相图（图 2.6）。

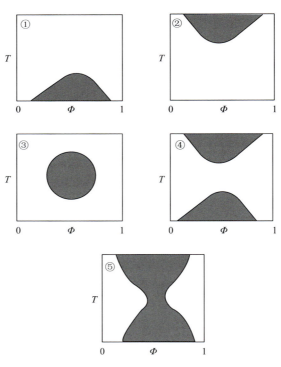

图 2.6　不同类型热力学相图示意图

2. 高分子共混体系的热力学理论（Flory-Huggins 晶格模型理论）

基于平均场理论并考虑了高分子的长链特性，借鉴晶格模型，Flory 和 Huggins 提出了针对高分子共混体系的理论模型，对高分子共混体系的热力学性质进行了讨论（图 2.7）。

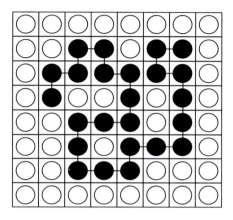

图 2.7　利用 Flory-Huggins 晶格模型描述的共混体系分子链状态

对于由物质的量分别为 n_A 和 n_B 的聚合物 A 和 B 组成的共混体系，为简化处理，假定两种聚合物是单分散的，并且两者均匀混合成单相，根据 Flory-Huggins 晶格模型理论，体系的混合熵和混合焓可表示为[110, 111]

$$\Delta S = -R(n_A \ln \Phi_A + n_B \ln \Phi_B) \tag{2.11}$$

$$\Delta H_m = RT \chi_{AB} \Phi_A \Phi_B \tag{2.12}$$

式中，Φ_A 和 Φ_B 分别为两组分的浓度（质量分数），二者数值均小于 1，因此 $\ln\Phi_A$ 和 $\ln\Phi_B$ 数值都小于零，所以共混导致体系熵增。根据式（2.9），熵增有利于体系自由能的降低，有助于组分互容。χ_{AB} 为与温度有关的 Flory-Hugins 相互作用参数。体系的混合自由能为

$$\Delta G_m = -RT(n_A \ln \Phi_A + n_B \ln \Phi_B + \chi_{AB} \Phi_A \Phi_B) \tag{2.13}$$

由式（2.13）可知，体系混合自由能 ΔG_m 与 χ_{AB} 及温度 T 有关。当温度一定时，χ_{AB} 值越大，混合焓 ΔH_m 对混合自由能 ΔG_m 贡献越大。根据 χ_{AB} 值不同，ΔG_m 随 Φ_A 和 Φ_B 的变化情况如图 2.8 所示。

根据不同 χ_{AB} 值情况下，体系混合自由能 ΔG_m 随 Φ_A 和 Φ_B 变化的不同，可将体系分为三种情况：

（1）χ_{AB} 值很小时，混合过程中焓变很小，体系混合自由能曲线如图 2.8 中曲

线 A 所示，在整个组分浓度范围内混合自由能都小于零，曲线有一个极小值，该情况下，体系在任意组分比下互容。

（2）χ_{AB} 值较大时，混合过程中焓变相对熵变对混合自由能贡献大，体系混合自由能曲线如图 2.8 中曲线 C 所示，在整个组分浓度范围内混合自由能都大于零，曲线有极大值，在这个组分范围内，任意组分比的共混物自由能高于相应的聚合物 A 和 B 的自由能加和，该情况下，体系不相容。

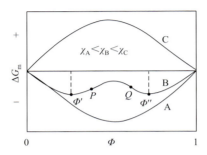

图 **2.8** 不同 χ_{AB} 值情况下体系混合自由能 ΔG_{m} 随组分质量分数 Φ_{A} 和 Φ_{B} 的变化示意图

（3）χ_{AB} 为中间某些数值时，体系混合自由能曲线可能出现如图 2.8 中曲线 B 所示情况，在整个组分浓度范围内混合自由能均小于零，但是此时曲线有两个极小值。两个自由能极小值点对应的组成为 Φ' 和 Φ''。如果体系的组成浓度处于 Φ' 和 Φ'' 之间，体系会向具有更低自由能的状态转变，此时会发生分相，最终形成组成分别为 Φ' 和 Φ'' 的两相。如果体系的组成浓度处于 Φ' 和 Φ'' 范围以外，体系的自由能是最小的，此时是均相的。也就是说体系在某些组分浓度范围是互容的，在其他组分浓度范围是分相的。该情况下，体系为部分相容体系。绝大多数的聚合物共混体系属于该类型[112]。

在上述第 3 种也就是图 2.8 中曲线 B 所示的情况下，曲线 B 上还存在两个拐点 P 和 Q，两拐点对应的临界条件为

$$\frac{\partial^2 \Delta F}{\partial \Phi_{\mathrm{B}}^2} = 0 \tag{2.14}$$

此时，考虑高分子共混体系的不可压缩性前提，并取临界条件：

$$\frac{\partial^3 \Delta F}{\partial \Phi_{\mathrm{B}}^3} = 0 \tag{2.15}$$

对式（2.13）取对数，可得到临界条件下的 Flory-Huggins 相互作用参数：

$$\chi_{\mathrm{c}} = \frac{1}{2}\left[\frac{1}{N_{\mathrm{A}}^{1/2}} + \frac{1}{N_{\mathrm{B}}^{1/2}}\right]^2 \tag{2.16}$$

式中，N_{A} 和 N_{B} 分别是聚合物组分 A 和 B 的聚合度。一般当共混体系的 Flory-Huggins 相互作用参数 $\chi > \chi_{\mathrm{c}}$ 时，共混体系在整个组分浓度范围内都处于自由能较

高的状态，会通过发生相分离来降低体系的混合自由能。对聚合物而言，N_A 和 N_B 数值一般较大，因此对应的临界 Flory-Huggins 相互作用参数一般都比较小。通常情况下，如果聚合物之间不存在强相互作用（如氢键、离子对、偶极-偶极相互作用），大多数聚合物共混体系都不能完全相容。

需要指出，Flory-Huggins 晶格模型理论以体系体积不可压缩为前提，同时假定了本体相中高分子链为高斯分布的理想链并且忽略了分子链的末端效应。同时，该理论是基于平均场理论建立的，因此适用于能用平均场理论处理的体系。体系是否满足平均场可用 Ginzburg 判据（$|1-\chi/\chi_c|\sim 1/N$，其中 N 为聚合度，χ_c 为临界温度下的相互作用参数）进行判断，以确保体系可忽略涨落效应[113, 114]。对聚合物共混体系而言，当聚合度 N 很高（$N>10^3$）时，平均场仅在临界点附近非常小的区域失效。

2.4.2　高分子共混体系相图的确定及相分离机理

由 Flory-Huggins 晶格模型理论描述的高分子共混体系热力学性质可知，大多数情况下共混体系是不相容的，会发生相分离。下面结合温度、组成及混合自由能的关系曲线来讨论共混体系的相图绘制及相分离发生的具体过程。

1. 高分子共混体系相图

如图 2.9 所示，当体系温度为 T_1 时，ΔG_m-Φ 曲线上存在两个极小值。两个极小值对应的平衡相组成浓度为 Φ' 和 Φ''。此时，为保证体系自由能最低，体系会发生相分离，相分离的目标组成浓度为自由能最低 Φ' 和 Φ'' 的状态。这两个浓度分别对应于温度-组成曲线上温度为 T_1 时的 b' 和 b''。由式（2.13）得到的 ΔG_m-Φ 曲线上的两个拐点对应的浓度为 Φ'_s 和 Φ''_s，再对应到温度-组成曲线上温度为 T_1 时的 s' 和 s''。当体系温度变为 T_2 时，根据该状态下 ΔG_m-组成曲线及温度-组成曲线，可得到 T_2 温度下相应的自由能极小值点及拐点。改变一系列温度，可得到相对应的一系列特征点。把这些点汇总到温度-组成图上，可得到如图 2.9 下半部分所示的两条曲线。其中，由对应于各温度下 ΔG_m-Φ 曲线上极小值点所绘制的曲线被称为双节线（binodal），由对应于各温度下 ΔG_m-Φ 曲线上拐点所绘制的曲线被称为旋节线（spinodal）。

相图上的双节线、旋节线和临界点可通过混合自由能各阶偏导数来确定。其中，双节线对应

$$\left[\frac{\partial \Delta G_m}{\partial \Phi_B}\right]_{T,P} = 0 \qquad (2.17)$$

旋节线对应

$$\left[\frac{\partial^2 \Delta G_{\mathrm{m}}}{\partial \varPhi_{\mathrm{B}}^2}\right]_{T,P} = 0 \qquad （2.18）$$

临界点处对应

$$\frac{\partial^3 \Delta G_{\mathrm{m}}}{\partial \varPhi_{\mathrm{B}}^3} = 0 \qquad （2.19）$$

在实验中，共混体系的双节线可通过测定体系的浊点确定。通过测定体系的小角激光光散射或中子散射，根据平均场原理，外推散射强度趋近于零时的温度即为该组成对应的旋节线温度点。

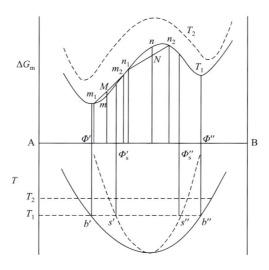

图 2.9　混合自由能 ΔG_{m} 随组分浓度 $\varPhi_{\mathrm{A}}$ 和 $\varPhi_{\mathrm{B}}$ 变化示意图[113]

2. 高分子共混体系相分离机理

假定体系的组成浓度处于两拐点之间任一点，如图 2.9 中 ΔG_{m}-$\varPhi$ 曲线上 n 点，当体系发生微小涨落时，相分离即会发生。因为在此条件下分相后形成的两相组成浓度必定在 n 点两侧，假定为 n_1 和 n_2，则分相后体系 N 点总自由能肯定低于 n 点对应自由能（图 2.9）。因此两拐点之间体系是不稳定的，能够自发分相，分散相在体系中处处存在，并且两相的组成浓度逐渐接近双节线所对应的平衡浓度（图 2.10）。这是因为体系处于双节线对应浓度时，自由能最低。这种相分离机理被称为不稳相分离机制或旋节线相分离（spinodal decomposition，SD）机制[115, 116]。

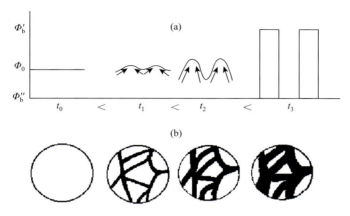

图 2.10　旋节线相分离不同阶段相畴内组分浓度及相畴尺寸增长示意图[113]

假定体系的组成浓度在混合自由能极小值点和拐点之间任一点，如图 2.9 中 ΔG_m-Φ 曲线上 m 点。假如体系发生分相，分相后的组成浓度在 m 两侧，则分相过程中体系的 M 点自由能高于 m 点对应的自由能（图 2.9）。因此，在这种情况下，体系不会自发地进行相分离。但是此时体系自由能最低的状态仍然是组成浓度为 Φ' 和 Φ'' 的状态，此时体系处于亚稳定区。要想达到自由能最低的状态，需要"跨越"能垒。这种情况下相分离不会自发进行，需要有较大的能量涨落，需要首先在体系中形成浓度组成为 Φ' 和 Φ'' 的"核"，这些核在体系中随机产生。当核的尺寸大于临界尺寸时，体系会继续分相，体系自由能降低，进一步相分离就会自发进行，核尺寸逐渐增大，体系中呈现液滴状分布（图 2.11）。这种相分离机制被称为成核生长（nuclear and grown，NG）机制[117]。

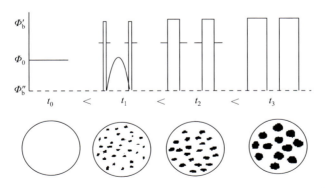

图 2.11　相分离不同阶段相畴内组分浓度及相畴尺寸增大示意图[113]

SD 和 NG 两种类型的相分离过程之间存在很大差别。在 SD 相分离的早期阶段，相分离从整个体系开始，相畴特征长度几乎不变，组分通过向高浓度方向反向扩散达到共存组分浓度，后期由于流动聚集，到相分离完成时分散相畴才会真正分散开（图2.10）。对于 NG 相分离，由于成核需要经历活化过程，所以需要较长的等待时间，而且核随机分布在体系中，所形成的核的组分浓度在相分离过程中保持不变，为体系能量最低状态的浓度，而相畴的特征尺寸随相分离过程的进行而逐渐变大，到相分离完成时两相相畴大小由杠杆原理决定（图2.11）。两种机制相分离形成的相态结构也有明显不同：SD 相分离倾向于形成双连续结构，相畴组分浓度差别小、相畴尺寸较小；NG 相分离则一般形成较为规则的球状液滴分散相。

根据以上讨论，可以由 Flory-Huggins 晶格模型理论确定高分子共混体系的相图，如图2.12所示。为方便讨论，选取相图类型为 UCST 的共混体系加以说明，讨论结果可直接推广到其他类型相图的情况。图中的双节线和旋节线将相图分成了三个区域：稳定区、亚稳定区和不稳定区。双节线以外的区域被称为稳定区，均相的共混体系可稳定存在。在双节线所包括的区域，体系处于不稳定状态，将发生相分离。在双节线和旋节线间的区域，体系处于亚稳定状态，而在旋节线以内的区域，体系处于不稳定状态。图2.12中给出初始组分浓度不同的体系的三条降温路径，即使由同一温度降温到另一相同温度，由于降温后三者所处状态的不同，体系会发生不同的变化。当沿图2.12中路径 A 降温到双节线以上时，因为体系仍然处于稳定区，所以共混体系稳定存在不会发生分相；当沿图2.12中路径 B 降温到亚稳定区时，体系发生 NG 相分离；当沿图2.12中路径 C 降温到不稳定区时，体系发生 SD 相分离。

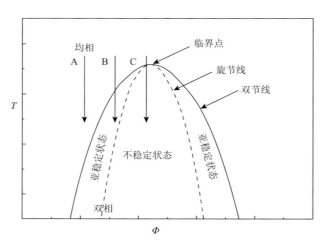

图 2.12　由 Flory-Huggins 晶格模型理论确定的高分子共混体系相图[110]

2.4.3　高分子共混体系中结晶与相分离

由上述部分可知，高分子共混体系一般表现为部分相容或不相容，因此体系中总是伴随着液-液相分离（liquid-liquid phase separation，LLPS）。对于含有结晶性组分的高分子共混体系而言，当温度处于结晶性组分的熔点以下时，液-固相转变（liquid-solid phase transition，即结晶）也会发生。因此对含有结晶性组分的高分子共混体系，在热处理过程中同时存在 LLPS 和结晶两种相变过程。两种相变同时发生并且相互影响，导致该类体系研究的复杂程度大大增加。同时其竞争和耦合关系决定着共混材料的凝聚态及相态结构，使得该类体系研究结果更具多样性和有趣性，并且更利于探索制备具有理想目标使用性能的共混材料，因而近年来一直是高分子共混体系研究领域的热点课题[118-124]。

1. 含有结晶性组分共混体系典型相变过程

以含有结晶性组分的、具有 UCST 特性的二元高分子共混体系为例，对热处理过程中体系内存在的相变过程进行描述。图 2.13 给出了该类体系的典型相图。相图中存在三条线：熔融线（或结晶线）、双节线和旋节线。熔融温度受体系组成影响，随另一组分浓度增加而降低。熔融线将相图分为上下两个区域，熔融线以上的区域为熔体，温度低于熔融线时要发生结晶。双节线和旋节线相图分成三个区域：稳定区（互容区）、亚稳定区和不稳定区。双节线以外的区域被称为稳定区，共混体系表现为均一稳定状态。在双节线和旋节线之间的区域（灰色部分），体系处于亚稳定状态，将发生 NG 相分离。在旋节线以内的区域，体系处于不稳定状态，将发生 SD 相分离。图 2.13 中 A、B、C、D 为四条不同的热处理路径，分别对应不同的相变行为。

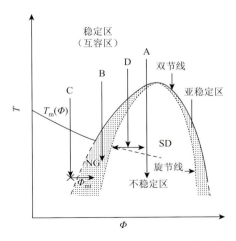

图 2.13　含有结晶性组分的二元 UCST 共混体系典型相图[125]

路径 A 所示热处理过程，体系由互容区降温进入不稳定区。因为体系处于不稳定区，SD 相分离由于能自发进行而立即发生。同时由于处于熔融线以下，结晶相变也会发生。不同时期，两种相变过程可能分别占主导地位。

路径 B 所示热处理过程，体系由互容区降温进入亚稳定区，并且温度低于熔融温度。此时，NG 相分离和结晶可能同时发生。两种相变都不是自发过程，因此两种相变发生的先后和强弱与各自的驱动力有关。

路径 C 所示热处理过程，体系由互容区降温到熔融线以下双节线附近区域。体系仍然处于互容区，那么结晶相变首先发生。随着结晶的进行，非结晶组分被排出晶区而富集，可结晶组分由于形成晶体而从体系中分离，造成体系的组成浓度变化。结晶发生到一定程度后，体系可能进入亚稳定区而发生 NG 相分离。也就是说，结晶可能诱导发生相分离。

路径 D 所示热处理过程，体系由互容区降温进入不稳定区，并且温度稍高于熔融温度。SD 相分离首先自发进行。随着相分离的进行，组分浓度发生变化，熔融温度也随之变化。相分离发生到一定程度，可能导致此时所处环境温度低于结晶性组分富集区域的熔融温度，因此结晶相变可能发生。也就是说，相分离也可能诱导结晶。

Tanaka 等在聚己内酯/聚苯乙烯（PCL/PS）体系的实验研究中直接观察到了结晶诱导相分离现象的发生。将质量比为 7/3（PCL/PS）的样品降温到稍低于 PCL 熔点温度使 PCL 缓慢结晶足够长时间，结果显示在 PCL 晶体的生长前端出现了很多液滴状的 PS 富集区。而此时体系其他未结晶的区域仍然为均一混合相，PS 富集区只在生长前端出现。这一现象可以用上述路径 D 的描述解释。本实验中能够成功观察到这一现象的原因在于巧妙的体系选取及实验条件控制，体系中 PS 分子量很低（M_w 和 M_n 分别约 950 和 840），在实验温度下 PCL 结晶速率很慢而 PS 分子扩散能力较强，如图 2.14 所示。

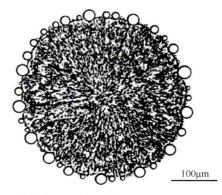

图 **2.14** PCL/PS 样品在 50℃等温结晶 6000min 后的光学显微镜照片[125]

2. 相分离对结晶行为的影响

对含有结晶性组分的共混体系，相分离的程度对其中可结晶组分的结晶行为有很大的影响。Han 课题组及合作研究人员对相分离程度对结晶的影响做了比较系统的研究。Matsuba 等[126, 127]、Shimizu 等[128]、Zhang 等[129, 130]利用光学显微镜和小角/宽角 X 射线散射技术研究了聚乙烯-己烯共聚物［poly(ethylene-*co*-hexene)］/聚乙烯-丁烯共聚物［poly(ethylene-*co*-butene)］（PEH/PEB）共混体系。他们发现，对于预先发生一定程度相分离后降温结晶和从相容状态直接降温结晶的样品，在成核数目、晶体生长速率、片晶厚度及晶体形态结构上存在较大差异。Shi 等[131]利用相差和偏光显微镜研究了聚甲基丙烯酸甲酯/等规聚丙烯（PMMA/iPP）共混体系。他们发现晶核优先产生于相分离产生的两相界面处，并且晶体环绕生长在无定形相富集区周围。Wang 等[132]研究了等规聚丙烯/聚乙烯-辛烯共聚物（iPP/PEO）相分离程度对相态的影响及其对力学性能的影响，发现随相分离程度增加，相区尺寸越大，力学性能下降，主要原因是两相界面层厚度降低。He 等[133]利用相差显微镜、差示扫描量热技术和扫描电子显微镜研究了聚丁二酸丁二醇酯/聚氧化乙烯（PBS/PEO）共混体系相分离程度对结晶动力学和相态结构的影响。如图 2.15 所示，他们发现随相分离程度增加，体系整体结晶动力学变慢，成核密度降低。同时，PEO 的存在状态由连续相变为被包裹进 PBS 晶体片晶间的小区域，继续降温PEO 表现出受限结晶的行为。

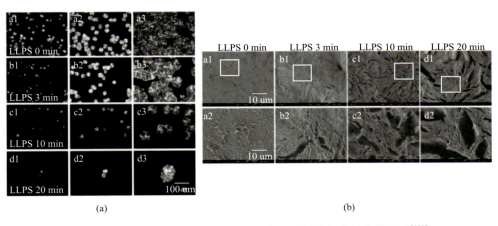

图 2.15　PBS/PEO 体系不同相分离程度对成核和相态结构的影响[133]

3. 相分离与结晶的耦合竞争

共混体系中相分离和结晶同时发生时，其耦合竞争关系决定着凝聚态及相态结构，进而影响宏观性能。耦合竞争的结果主要取决于两种相变的相对速率。

根据 WLF 方程，扩散速率 v_d 对温度的关系可表示为

$$v_{\mathrm{d}} = v_{\mathrm{d}}^{0} \exp\left[\frac{-\Delta G_{\mathrm{d}}(T_{\mathrm{g}}, T_{\mathrm{c}})}{R T_{\mathrm{c}}}\right] \tag{2.20}$$

结晶速率 v_{c} 对温度的关系可表示为

$$v_{\mathrm{c}} = v_{\mathrm{c}}^{0} \, \Phi_{\mathrm{c}} \exp\left[\frac{-k_{\mathrm{c}}}{T_{\mathrm{c}}(T_{\mathrm{m}} - T_{\mathrm{c}})f} + \frac{c_{3} T_{\mathrm{m}} \ln \Phi_{\mathrm{c}}}{(T_{\mathrm{m}} - T_{\mathrm{c}})}\right] \exp\left[\frac{-\Delta G_{\mathrm{d}}}{R T_{\mathrm{c}}}\right] \tag{2.21}$$

式中，Φ_{c} 是结晶组分的体积分数；T_{c}、T_{g} 和 T_{m} 分别是结晶温度、玻璃化转变温度和熔融温度；k_{c}、f、c_{3} 是常数。两者与温度的关系如图 2.16（a）所示，结晶速率在玻璃化转变温度与熔点之间存在一个极大值，当趋近两临界温度时，结晶速率为零；扩散速率随温度升高而提高。根据结晶温度范围，可以将结晶速率与扩散速率的相互关系分成三个区域，其特征如图 2.16（b）所示。当结晶温度较低时（$v_{\mathrm{d}} \ll v_{\mathrm{c}}$），非晶组分（可能是不结晶组分，也可能是熔点更低的可结晶性组分）被快速生长的晶体限制在片晶之间，体系的组成浓度和初始浓度相同不发生变化[图 2.16（b）中阶段 I]。这种情况下球晶结构存在很多缺陷，表面粗糙，可用光

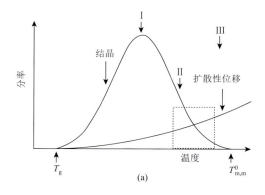

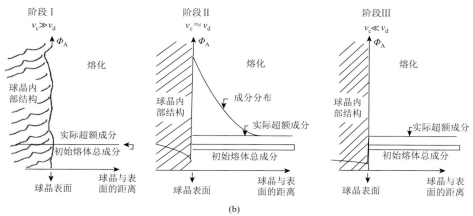

图 **2.16**　（a）结晶速率与扩散速率随温度的关系；（b）相分离与结晶耦合竞争示意图[134]

学显微镜和 X 射线散射进行检测。升高结晶温度到一定范围，结晶速率与扩散速率相当（$v_d \approx v_c$），此时非晶组分在晶体生长过程中被部分排出晶体，非晶组分在晶体中含量逐渐减少，同时在晶体生长前端富集，导致晶体生长前端的非晶组分浓度高于体系平均 [图 2.16（b）中阶段 Ⅱ]。当结晶温度很高时（$v_d \gg v_c$），非晶组分可通过扩散排出球晶区域，主要集中在球晶与球晶之间，其在球晶之间的浓度高于球晶内部 [图 2.16（b）中阶段 Ⅲ]。

1）耦合竞争对结晶凝聚态结构和相态结构的影响

耦合竞争会影响晶体形貌和两相分布状态。Tanaka 等[135-138]研究了球晶生长速率和分子扩散速率的相互关系，并从微观尺度证实了结构多样化与耦合竞争作用的复杂关系。Hashimoto 等[139, 140]利用光散射和显微镜系统研究了聚丙烯/乙-丙共聚物（PP/EPR）共混体系中结晶和相分离的竞争关系。结果显示，如果结晶速率快于分子扩散速率（相分离速率），原有的相态结构会被结晶过程冻结，球晶尺寸远大于相态结构的特征长度，在整个体积内填充 [图 2.17（a）]。如果结晶速率比相分离速率慢，相分离快速进行，相分离程度高，导致结晶优先在 PP 富集区产生。同时相态结构一直随相分离演化，相态结构的特征长度远大于晶体尺寸，在同一 PP 富集区内可能有多个球晶生长 [图 2.17（b）]。因此，通过改变条件，控制相分离程度及相分离与结晶的相对速度，可以很好地实现对共混体系相态结构的调控[117, 124]。

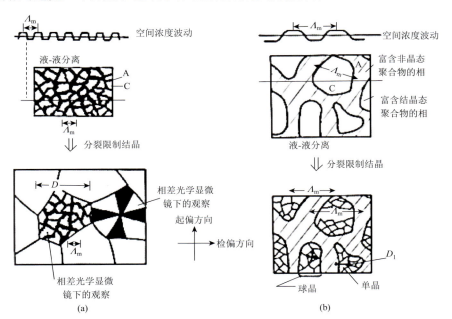

图 2.17　结晶速率快于相分离速率（a）、结晶速率慢于相分离速率（b）时的相态结构变化机制[140]

P 和 A 分别表示起偏方向和检偏方向

Hudson 等[119]利用光学和电子显微镜研究了聚醚醚酮/聚醚酰亚胺（PEEK/PEI）共混体系，Yan 等[141]利用偏光显微镜和原子力显微镜研究了聚丁二酸丁二醇酯/聚丁烯己二酸酯（PBS/PBA）共混体系［图 2.18（a）］，Saito 等[108]利用光散射、偏光显微镜和原子力显微镜研究了聚偏二氟乙烯/聚甲基丙烯酸甲酯（PVDF/PMMA）共混体系，He 等[134]利用扫描电子显微镜对 PBS/PEO 共混体系中的结晶形貌和两相分布状态分别进行了研究，结果发现随着体系组分浓度和结晶温度的变化，结晶形貌及两相分布发生了明显的变化，PBS 相可能分布于球晶内片晶间、片晶束间或者球晶与球晶之间［图 2.18（b）］。其最终原因来源于结晶与相分离相对速率的差异。

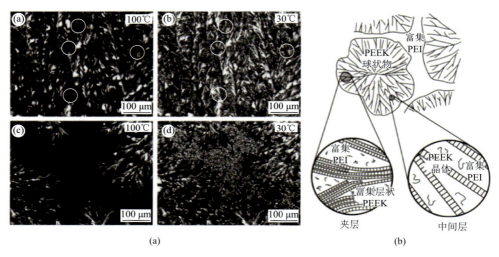

图 2.18　PBS/PBA 共混体系不同相态结构（a）[141]及示意图（b）[134]

2）耦合竞争对晶体生长速率的影响

耦合竞争会导致结晶性组分晶体的非线性生长现象。当体系处于上述讨论的阶段 II 状态时，非晶组分在球晶生长前端富集。这对结晶的影响主要体现在以下两点：①球晶生长前端结晶组分浓度变低，结晶组分链段扩散到生长前端所需时间变长，以规整有序状态有效排入晶格的概率降低；②在生长前端处，组分浓度发生变化，非晶组分浓度的增加导致该区域共混熔体中结晶组分的熔融温度降低，因而即使结晶温度保持一致，随着结晶的进行，生长前端处过冷度越来越小，结晶驱动力降低。由此造成的结果就是晶体生长速率偏离线性。Tanaka 等[125, 127]在对 PCL/PS、Lorenzo 等[142]在对 PBT/PCL、Zheng 等[143]在对 PHE/PEO、Inoue 等[120]在对等规聚丙烯/石蜡（iPP/LP）、Shimizu 等[144]在对 PEH/PEB、Hwang 等在对 PET/PEI、Saito 等[108]在对 PVDF/PMMA（图 2.19）共混体系的实验研究中都观察到晶体的非线性生长现象。

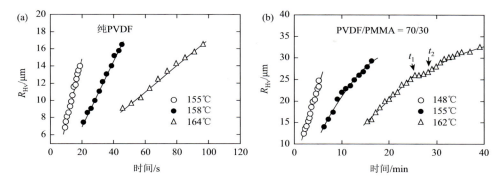

图 **2.19** （a）PVDF 纯料球晶线性生长；（b）PVDF/PMMA 共混体系中球晶的非线性生长[108]

3）耦合竞争促进结晶

Han 课题组[145-147]在具有 UCST 特性的共混体系的研究中发现，在相分离和结晶同时可能发生的情况下，体系初始的相容程度越高，降温后结晶成核密度越大，而且晶核优先在两相界面处产生。他们提出了耦合竞争促进结晶（fluctuation assisted crystallization，FAC）的机制来解释实验中的现象，其机制如图 2.20 所示。当体系进入非稳定区时，从热力学角度考虑，体系要进行分相来降低能量，体系能量最低的组成浓度处为双节线与所处温度的交点。体系要分相，就存在浓度的涨落。相分离发生时，在两相界面处分子链扩散移动，此过程可能造成链段的取向或有序排列，有助于成核的发生，并且优先成核于界面处。相分离对结晶促进作用的效果依赖于相分离过程涨落的强度，相分离过程涨落的强度由相分离驱动力决定，相分离驱动力来自初始状态和目标状态之间能量差。初始状态由初始时熔体状态相容程度决定；目标状态由温度决定，温度越低时，该温度对应的目标状态越偏离起始状态。也就是说，熔体状态时相容程度越高或者降温温度越低，对结晶的促进作用越强。Muthukumar、Hu 与 Frenkel 等也报道过类似的研究结果[148-150]。

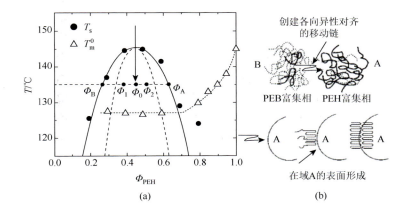

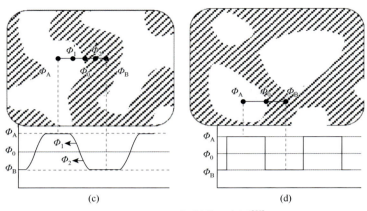

图 **2.20** FAC 机制的示意图[55]

（a）PEH/PEB 混合物相图；（b）液液相分离辅助成核过程示意图；PEH 与 PEB 在（c）相分离过程中的浓度涨落以及（d）相分离完成后的浓度示意图

4）耦合竞争促进新晶型生成

Li 课题组[151]研究了聚丙烯/聚丁烯-1（iPP/iPB-1）共混体系的相容性及热处理过程中相分离和结晶之间的耦合竞争作用对体系相分离和组分结晶行为的影响。FTIR、WAXD 以及 DSC 研究结果表明，共混体系降温结晶过程中，iPB-1 在常压条件下结晶生成了晶型 I'晶体。晶型 I'的相对含量与共混体系中两组分的相容程度及冷却结晶的温度相关。定量分析数据显示，晶型 I'的含量与两组分的相容程度呈正相关而与体系冷却结晶的温度呈负相关。通过控制共混体系的相容程度及体系冷却结晶的温度可以调控共混组分的结晶过程。iPB-1 的结晶晶型可以从一般熔体结晶生成的晶型 II 变为晶型 II 与晶型 I'的共混晶体，甚至只生成晶型 I'晶体。其机制如图 2.21 所示，两组分相容程度的增加促进了 iPB-1 晶型 I'的生成

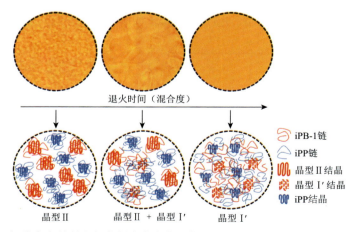

图 2.21 相分离和结晶之间的耦合竞争作用促进 iPB-1 晶型 I'生成的机制示意图[151]

和 iPP 的结晶，iPB-1 晶型 I′相对含量随降温温度升高而降低，而且两组分相容程度的增加促进了 iPB-1 晶型 I′的生成和 iPP 的结晶，iPB-1 晶型 I′相对含量随降温温度升高而减少。

2.5　高分子材料成型加工中的流变学问题

高分子流变学是研究高分子材料在热力等复杂外场中流动与形变的科学，是研究高分子材料结构-性能之间关系的重要手段。绝大多数的高分子材料的成型加工都是在熔体或熔融状态下进行的，流变学不仅能够阐明加工外场下高分子材料多尺度结构的黏弹性弛豫行为，也能够揭示外场诱导的结构演变和宏观性能变化。高分子流变学是高分子材料科学中的重要支撑学科，为高分子材料合成、加工工艺优化和性能预测提供重要指导，能够研究材料合成、加工和成型等环节的基本科学和关键技术问题[152]。作为高分子材料中的关键学科，流变学近年来为高分子材料精准合成、高分子共混物或合金及高分子复合材料高性能化和功能化等学科和产业发展提供了关键的推动作用。高分子流变学研究内容涵盖本构方程、分子流变学理论、流变测量学、线性及非线性流变学、复杂体系结构流变学等各个层次；研究方法和技术包括理论模型、数值模拟和实验测试等。目前，高分子加工中的流变学研究主要围绕加工流场环境中复杂体系高分子多尺度分子结构拓扑转变及形态结构演变等开展，主要包括 4 个方面：①多尺度流变学；②聚合物分子流变学；③多分子复杂流体结构流变学；④加工外场下的次级流动与不稳定流动。

2.5.1　多尺度流变学

由于高分子材料流变性能的复杂性，传统单一的依赖于平板剪切流变仪的检测手段很难揭示完整的高分子多尺度结构的黏弹性弛豫行为，限制了对高分子加工工艺的开发和制品性能的优化。近年来高分子流变学研究方法主要集中在采用具有较高时空分辨率的研究技术如宽频介电谱、核磁、流变光学、非线性单轴拉伸流变学技术等，来探究高分子链单体、链节、局部链段、整链甚至更高级结构等空间多尺度结构的弛豫动力学行为，明确其弛豫规律[153-155]。在理论上，运用分子动力学理论阐明高分子体系动力学行为背后的分子尺度的微观机制，为高分子材料的开发和应用提供理论指导。目前，最具吸引力的领域是基于高时空分辨率的研究手段，获得分子尺度上特征信息，构建材料的本构关系。其原因在于：任何高分子的复杂弛豫过程都是宏观时间/空间尺度上的响应综合过程，分离出链段和整链弛豫动力学过程可以得到高分子在固态和熔体状态下的热流变响应行为，并建立其与结构变化和力学性能之间的关联。可以预期，高分辨多尺度流变学研究技术及理论将成为该领域的热点方向之一。

目前学术界针对多尺度流变学的研究主要涉及以下几个方面。

（1）高分子多尺度流变学表征技术。现有的流变学研究主要依赖于剪切流变手段，限制了对真实高分子流变学规律的理解，因此近年来高分子流变学领域的研究者力图采用超高时间和空间分辨率的流变学和动力学研究技术，并结合分子流变学理论，探讨高分子链单体、链节、局部链段、整链等多尺度结构单元的流变学规律，从而系统研究高分子黏弹性或动力学行为特征[153-155]。

（2）不同尺度流变学或动力学的解耦与关联。近期的流变学研究表明，高分子在不同尺度的流变学和动力学行为可能不存在协同响应。例如，同一高分子链上链段和整链可能遵循不同的弛豫动力学规律，即存在热流变复杂性，因此近期有不少研究者尝试揭示不同尺度流变学行为之间的解耦与关联，这有望为揭示高分子从固态到液态的加工性能预测及最终产品性能优化提供可能[156, 157]。

2.5.2 聚合物分子流变学

因高分子按照分子构造可分为线形、长支化与短支化、星形与梳形、环状、树枝形等高分子，不同构造的高分子在加工过程中的应力变形下具有不同的黏弹性响应规律。例如，长支链的低密度聚乙烯在拉伸变形下呈现出明显的应变硬化现象，适合薄膜加工，而线形的高密度聚乙烯则为应变软化。另外，长链高分子具有不同尺度的运动单元以及分子间的拓扑缠结网络，导致高分子具有较宽分布松弛时间谱。近年来，高分子领域的学者们已经逐渐认识到拓扑缠结是控制聚合物动力学最关键的物理原因；同时，缠结效应也使得高分子材料具有一些独特的物理性能和现象，如弹性回复、韧性、挤出胀大与熔体破裂、相容性与黏接性。通过建立连接流变学和分子结构的理论模型，一方面可以发展高分子拓扑结构的流变学表征方法，另一方面可以指导高分子材料的分子设计，更重要的是，帮助测定和设置高分子加工工艺的关键参数，以此耦合复杂的加工外场条件控制材料内部微观结构演变，进而优化产品最终性能[158, 159]。

在流变学分子理论方面，早期的管道理论（tube theory）作为平均场理论，把复杂的高分子多链间的物理缠结问题简化为单链问题，已经取得很大的成功。但是，最近越来越多的实验和多链分子模拟结果都表明管道理论可能过于简化了复杂的多链问题，并不能很好地预测高分子的复杂黏弹性行为和最终性能。近年来随着流变学和动力学检测技术的进步，分子流变学理论也取得了长足发展。微观流变学研究理论主要在早期 Rouse 弛豫理论、管道 Reptation 理论基础上，延伸出轮廓长度涨落（contour length fluctuation）理论[160]、Likhtman-McLeish 线形分子理论[161]、约束脱落（constraint release）理论等[159, 162]，建立相关的记忆函数，来描述高分子材料复杂的弛豫过程，完善了早期分子理论的缺陷。

目前，分子流变学是高分子流变学的难点和关键，近期最为活跃的分子流变学领域的研究旨在阐述不同分子构造高分子的流变学规律，主要通过线性和非线性剪切及单轴拉伸流变学检测手段，或者宽频介电谱学、流变光学技术等，同时结合分子模拟数值手段，阐明聚合物分子构造与黏弹性响应之间的定量关联，从而指导化学合成工艺，并精确调控分子结构，实现对加工流变学行为和性能的有效控制。可以预期，分子流变学理论和测量学技术是该领域的热点研究方向之一。

针对聚合物分子流变学理论的研究，相关的基础研究工作在持续开展，主要围绕以下几个方面。

（1）复杂分子构造的分子流变学本构理论框架。目前高分子加工的对象从传统线形高分子转移到复杂分子构造的高分子体系，然而传统的基于线形高分子建立的流变学本构理论框架并不适用于描述复杂结构高分子材料的黏弹性规律，鉴于此，近期的分子流变学研究大量集中在复杂分子构造的分子流变学本构理论框架的建立[163, 164]。

（2）非线性流变学理论及其与高分子加工过程和制品性能之间的关联。目前高分子成型加工过程中通常涉及的是非线性流变学对制品微纳结构演变的控制，然而相对于线性流变学，非线性流变学理论目前还不成熟，近期有研究者进行了大量非线性剪切和拉伸流变学研究，建立了一些非线性流变学理论，并试图建立非线性流变与高分子加工过程和制品性能的关联，这也成为分子流变学研究的前沿问题之一[165]。

（3）基于分子动力学的新型本构关系的高效理论分析及计算方法。由于流变学研究手段的限制，仅仅依靠实验研究无法揭示复杂构造高分子的真实流变学规律，但是随着新时期计算机模拟和大数据研究手段的兴起，可望基于分子动力学手段，建立新型本构关系的高效流变学理论分析和计算方法，从而精确指导高分子的化学合成、分子结构调控以及加工过程，推进高分子材料的高性能和工程化进程[166, 167]。

2.5.3　多组分复杂流体结构流变学

高分子共混物以及填料增强高分子基复合材料日益成为工业加工中的主要材料体系，然而此类体系通常为热流变复杂体系，其流变行为往往展现出与均相体系不同的响应行为，所以也是非均相体系。流变性质与组分间相互作用、相形态密切相关，认识其黏弹性响应与微观相结构演变是指导加工的关键。在复杂多组分多相高分子研究方面，复杂体系的相行为、形态、结构与流变行为之间的关联一直是该研究领域的难点之一[168]。近年来，研究者开展了大量相关流变学研究，集中通过流变学响应规律，解析此类多组分复杂流体在流场中的相形态等结构演变规律，建立流动场-黏弹性响应-结构演变规律之间的定量关联，旨在实现对复杂聚合物流体加工流变学行为的有效控制。

此外，高分子基复合材料因其优异的力学和电学等性能而日趋重要，而流变学手段是揭示此类填充体系界面和微观结构的重要手段[169]。近年来，线性黏弹性被广泛用来评价填料表面改性、填料聚集结构和分子弛豫行为的影响，同时非线性流变学越来越多地被用来揭示界面相互作用和微观结构变化，并反映填充改性的高分子复合材料的加工性质和动态使用性能，因此填充改性高分子材料流变学也是高分子加工中的重要问题之一。目前较为活跃的研究主要集中在补强效应、类液-类固转变、剪切变稀、熔体弹性减弱等行为及其相关机制方面。可以预期，基于流变学理论解析多组分共混及填充体系的微观结构、相形态演变过程，并建立其与力-电等性能强化之间的关联，是该领域的热点研究方向之一。

目前，国内外研究者对复杂高分子体系结构流变学进行了大量研究，主要有以下几个方面：①复杂体系组分动力学与结构流变学理论框架。相容性高分子体系动力学异质性（dynamic heterogeneity）可谓 21 世纪高分子流变学最重要的发现之一，一度引起科研工作者的高度关注，尽管现有的组分动力学理论如 Lodge-McLeish 理论（又称自浓缩理论）、双蠕动（double reptation）理论等可以很好地解释玻璃化转变温度的宽化现象和链段摩擦系数的差异性[170]，然而在预测分子链尺度组分动力学异质性方面还存在不足。另外，多相高分子体系结构流变学研究已广泛开展，然而缺乏系统的理论体系。因此，近年来的研究者在复杂体系流变学上进行了深入研究，旨在建立复杂体系组分动力学与结构流变学理论框架。②多尺度微纳结构演变与材料力-电等宏观性能的内禀关联。现阶段流变学已成为多组分高分子基智能器件研究的重要工具之一，其在指导材料的筛选和结构设计上具有显著优势。近年来的研究者在理解多组分复杂体系结构流变学的同时，逐渐建立了多尺度微纳结构演变与制品力-电等宏观性能的内禀关联，这也已成为功能化高分子材料加工和应用的重要环节[87]。③填充型高分子复合材料的补强机制、线性和非线性流变学行为及其机制。高分子复合材料已成为现阶段高分子成型加工研究的热点材料体系，而流变学是研究复合材料网络结构形成、演变和性能优化的重要工具之一，其中高分子复合材料的补强机制、线性和非线性流变学行为及其相关机制是该领域较为集中研究的问题之一[169, 171]。

2.5.4　加工外场下的次级流动与不稳定流动

源于高分子流体的黏弹性、流体性质和外场等因素的影响，高分子流体容易发生次级流动与不稳定流动等现象，影响了高分子材料的加工性能。尤其是加工外场下多组分聚合物体系易发生界面滑移、界面流动不稳定、两相流黏性包裹、熔体断裂或破碎等不稳定现象，严重制约组分聚合物之间性能的协同强化[172, 173]。近年来不少研究者致力于研究流场下的聚合物流动不稳定现象背后的流变学机制，并探讨了聚合物分子结构-复杂外场-熔体形变之间的关系。目前，最为广泛的研究是多相高分子体系挤出加工过程中的熔体不稳定流动、熔体破裂、黏-滑转变现象及其微观机制。这些不稳定流动现象涉及高分子熔体黏弹性、解缠结、拉伸取向、解取向、界面作用以及加工流道和模具设计等。可以预期，明确高分子流体次级流动与不稳定流动背后的流变学规律及其微观调控机制，是该领域的热点研究方向之一。

针对高分子材料加工外场下的次级流动与不稳定流动问题，相关的研究工作也已逐渐开展，主要围绕以下几个方面：①多相体系界面不稳定现象的微观分子机制。多相高分子体系界面不稳定现象受到界面相互作用、高分子物化性质和外场因素的综合影响，然而其中涉及的微观分子机制还不明确，限制了加工过程中界面稳定性的调控，近期关于多相体系界面不稳定现象背后的微观分子机制的研究工作主要力图从分子水平上理解加工外场下的熔体不稳定流动、熔体破裂、黏-滑转变等不稳定现象，旨在实现对这些现象的合理调控[174]。②新型微纳结构多组分高分子界面稳定性与结构-性能的关联。新型微纳结构高分子材料是目前高分子材料领域的热点，然而随着结构尺度的降低，在复杂的热机械加工环境中，材料在微观上可能呈现界面不稳定性、纳米结构断裂，使得结构失去连续性。近期研究多围绕新型微纳结构高分子界面稳定性-结构演变-性能之间的关系，这一高分子微纳加工工艺优化和性能调控的关键开展[173, 174]。③复杂加工外场下界面不稳定的有效控制策略。多组分高分子体系界面不稳定流动不仅与高分子黏弹性、分子解缠结或取向以及界面作用相关，而且与加工流道、模具设计和热机械外场密切关联，近期研究工作主要基于实验研究和数值模拟手段，力图通过耦合复杂的高分子成型加工外场调控多相体系流变学行为，建立多相高分子流体不稳定流动行为的有效调控策略[96, 175]。

2.6　发展趋势与展望

高分子材料加工成型是实现高分子制品性能优异的关键，涉及结晶、表界面、相分离、流变等一系列基础的高分子物理问题。通过近几十年的不断努力，我国在高分子加工物理领域涌现了一批具有较高学术水平和创新能力的研究队伍，并开展了一些颇具特色的基础研究工作。然而，随着高分子产品更新迭代，高分子成型加工也越来越复杂，对高分子加工物理研究提出了新的挑战。特别是过去针对单一加工物理问题的模型化研究,在指导复杂的高分子工业加工方面存在不足。

为了更好地服务于实际工业生产,高分子成型加工的基础研究工作可从以下几个方面开展:①开展与实际工业加工环境相匹配的实验研究。高分子加工是材料组分、温度、流场等多变量参与的过程,在多维参数空间内开展模型化实验研究,有助于揭示实际工业加工背后的真实物理过程。②发展先进原位研究方法学。理解高分子材料在复杂加工外场下结构形态演变的动态过程,是实现结构-性能精准调控及精准工艺优化的前提,原位研究方法包括原位样品环境装置、时间/空间分辨多尺度结构检测等。③探究流变、结晶、相分离等相互作用规律及机制。高分子加工往往同时涉及多个物理过程,它们之间相互影响、相互协调,共同决定了高分子的终态结构和性能。④构建高分子材料加工基因数据库,关于分子参数-加工外场-结构形成-材料性能之间的关系,已积累了大量实验数据,针对不同的高分子材料体系,建立加工基因数据库以供工业生产参考,是实现高分子加工基础物理研究直接用于指导工业实践的有效途径。

参 考 文 献

[1] Gough J. A description of a property of caoutchouc on indian rubber:with some reflections on the case of the elasticity of this substance[J]. Mem Lit Phil Soc Manchester,1805,1:288-295.

[2] Pennings A,Kiel A. Fractionation of polymers by crystallization from solution. Ⅲ. On the morphology of fibrillar polyethylene crystals grown in solution[J]. Colloid Polym Sci,1965,205(2):160-162.

[3] Keller A,Kolnaar H W H. Flow induced orientation and structure formation[M]//Meijer H E H. Processing of Polymers. New York:VCH,1997,18:189-268.

[4] Wang Z,Ma Z,Li L. Flow-induced crystallization of polymers:molecular and thermodynamic considerations[J]. Macromolecules,2016,49(5):1505-1517.

[5] Cui K,Ma Z,Tian N,et al. Multiscale and multistep ordering of flow-induced nucleation of polymers[J]. Chem Rev,2018,118(4):1840-1886.

[6] Kornfield J A,Kumaraswamy G,Issaian A M. Recent advances in understanding flow effects on polymer crystallization[J]. Ind Eng Chem Res,2002,41(25):6383-6392.

[7] Somani R H,Hsiao B S,Nogales A,et al. Structure development during shear flow induced crystallization of iPP:*in situ* wide-angle X-ray diffraction study[J]. Macromolecules,2001,34(17):5902-5909.

[8] Hsiao B S,Yang L,Somani R H,et al. Unexpected shish-kebab structure in a sheared polyethylene melt[J]. Phys Rev Lett,2005,94(11):117802.

[9] Kimata S,Sakurai T,Nozue Y,et al. Molecular basis of the shish-kebab morphology in polymer crystallization[J]. Science,2007,316(5827):1014-1017.

[10] Flory P J. Thermodynamics of crystallization in high polymers. Ⅰ. Crystallization induced by stretching[J]. J Chem Phys,1947,15(6):397-408.

[11] Turnbull D,Fisher J C. Rate of nucleation in condensed systems[J]. J Chem Phys,1949,17(1):71-73.

[12] Wunderlich B. Macromolecular Physics[M]. Amsterdam:Elsevier,2012.

[13] Krigbaum W R,Roe R J. Diffraction study of crystallite orientation in a stretched polychloroprene vulcanizate[J]. J

Polym Sci，Part A，1964，2（10）：4391-4414.

[14]　Yamamoto M，White J L. Theory of deformation and strain-induced crystallization of an elastomeric network polymer[J]. J Polym Sci，Part A-2，1971，9（8）：1399-1415.

[15]　Coppola S，Grizzuti N，Maffettone P L. Microrheological modeling of flow-induced crystallization[J]. Macromolecules，2001，34（14）：5030-5036.

[16]　Tian N，Zhou W，Cui K，et al. Extension flow induced crystallization of poly(ethylene oxide)[J]. Macromolecules，2011，44（19）：7704-7712.

[17]　Liu D，Tian N，Huang N，et al. Extension-induced nucleation under near-equilibrium conditions：the mechanism on the transition from point nucleus to shish[J]. Macromolecules，2014，47（19）：6813-6823.

[18]　Gee R H，Lacevic N，Fried L E. Atomistic simulations of spinodal phase separation preceding polymer crystallization[J]. Nature Mater，2006，5（1）：39-43.

[19]　Tanaka H. Roles of bond orientational ordering in glass transition and crystallization[J]. J Phys：Condens Matter，2011，23（28）：284115.

[20]　Courty S，Gornall J，Terentjev E. Induced helicity in biopolymer networks under stress[J]. Proc Natl Acad Sci USA，2005，102（38）：13457-13460.

[21]　Zimm B H，Bragg J. Theory of the phase transition between helix and random coil in polypeptide chains[J]. J Chem Phys，1959，31（2）：526-535.

[22]　Kutter S，Terentjev E M. Networks of helix-forming polymers[J]. Eur Phys J E，2002，8（1）：539-547.

[23]　Smith S B，Finzi L，Bustamante C. Direct mechanical measurements of the elasticity of single DNA molecules by using magnetic beads[J]. Science，1992，258（5085）：1122-1126.

[24]　Tamashiro M N，Pincus P. Helix-coil transition in homopolypeptides under stretching[J]. Phys Rev E，2001，63（2）：021909.

[25]　Geng Y，Wang G，Cong Y，et al. Shear-induced nucleation and growth of long helices in supercooled isotactic polypropylene[J]. Macromolecules，2009，42（13）：4751-4757.

[26]　Zhao Y，Matsuba G，Moriwaki T，et al. Shear-induced conformational fluctuations of polystyrene probed by 2D infrared microspectroscopy[J]. Polymer，2012，53（21）：4855-4860.

[27]　Chai C，Dixon N，Gerrard D，et al. Rheo-Raman studies of polyethylene melts[J]. Polymer，1995，36（3）：661-663.

[28]　Snyder R，Schachtschneider J. Valence force calculation of the vibrational spectra of crystalline isotactic polypropylene and some deuterated polypropylenes[J]. Spectrochim Acta，1964，20（5）：853-869.

[29]　Yamamoto T. Molecular dynamics of crystallization in a helical polymer isotactic polypropylene from the oriented amorphous state[J]. Macromolecules，2014，47（9）：3192-3202.

[30]　Hashimoto T. "Mechanics" of molecular assembly：real-time and *in-situ* analysis of nano-to-mesoscopic scale hierarchical structures and nonequilibrium phenomena[J]. Bull Chem Soc Jpn，2005，78（1）：1-39.

[31]　Balzano L，Kukalyekar N，Rastogi S，et al. Crystallization and dissolution of flow-induced precursors[J]. Phys Rev Lett，2008，100（4）：048302.

[32]　Heeley E L，Poh C K，Li W，et al. Are metastable，precrystallisation，density-fluctuations a universal phenomena?[J]. Faraday Discuss，2003，122：343-361.

[33]　Doi M，Shimada T，Okano K. Concentration fluctuation of stiff polymers. Ⅱ. Dynamical structure factor of rod-like polymers in the isotropic phase[J]. J Chem Phys，1988，88（6）：4070-4075.

[34]　Shimada T，Doi M，Okano K. Concentration fluctuation of stiff polymers. Ⅲ. Spinodal decomposition[J]. J Chem Phys，1988，88（11）：7181-7186.

[35]　Ma Z，Balzano L，Peters G W. Pressure quench of flow-induced crystallization precursors[J]. Macromolecules，2012，45（10）：4216-4224.

[36]　Hamad F G，Colby R H，Milner S T. Life time of flow-induced precursors in isotactic polypropylene[J]. Macromolecules，2015，48（19）：7286-7299.

[37]　Cavallo D，Azzurri F，Balzano L，et al. Flow memory and stability of shear-induced nucleation precursors in isotactic polypropylene[J]. Macromolecules，2010，43（22）：9394-9400.

[38]　Ziabicki A，Alfonso G C. A simple model of flow-induced crystallization memory[J]. Macromol Symp，2002，185：211-231.

[39]　Su F，Zhou W，Li X，et al. Flow-induced precursors of isotactic polypropylene：an *in situ* time and space resolved study with synchrotron radiation scanning X-ray microdiffraction[J]. Macromolecules，2014，47（13）：4408-4416.

[40]　Cui K，Liu D，Ji Y，et al. Nonequilibrium nature of flow-induced nucleation in isotactic polypropylene[J]. Macromolecules，2015，48（3）：694-699.

[41]　Yu J W，Douglas J，Hobbie E，et al. Shear-induced "homogenization" of a diluted polymer blend[J]. Phys Rev Lett，1997，78（13）：2664.

[42]　Onuki A. Phase Transition Dynamics[M]. Cambridge：Cambridge University Press，2002.

[43]　Olmsted P D，Poon W C，McLeish T，et al. Spinodal-assisted crystallization in polymer melts[J]. Phys Rev Lett，1998，81（2）：373.

[44]　Bi D，Zhang J，Chakraborty B，et al. Jamming by shear[J]. Nature，2011，480（7377）：355-358.

[45]　Rathee V，Krishnaswamy R，Pal A，et al. Reversible shear-induced crystallization above equilibrium freezing temperature in a lyotropic surfactant system[J]. Proc Natl Acad Sci USA，2013，110（37）：14849-14854.

[46]　Li L，de Jeu W. Flow-induced mesophases in crystallizable polymers[J]. Adv Polym Sci，2005，181：75-120.

[47]　Housmans J W，Peters G W，Meijer H E. Flow-induced crystallization of propylene/ethylene random copolymers[J]. J Therm Anal Calorim，2009，98（3）：693-705.

[48]　Zuidema H，Peters G W，Meijer H E. Development and validation of a recoverable strain-based model for flow-induced crystallization of polymers[J]. Macromol Theory Simul，2001，10（5）：447-460.

[49]　Peters G W，Swartjes F H，Meijer H E. A recoverable strain-based model for flow-induced crystallization[J]. Macromol Symp，2002，185：277-292.

[50]　Wang Z，Ju J，Yang J，et al. The non-equilibrium phase diagrams of flow-induced crystallization and melting of polyethylene[J]. Sci Rep，2016，6（1）：1-8.

[51]　Ju J，Wang Z，Su F，et al. Extensional flow-induced dynamic phase transitions in isotactic polypropylene[J]. Macromol Rapid Commun，2016，37（17）：1441-1445.

[52]　Wang Z，Ju J，Meng L，et al. Structural and morphological transitions in extension-induced crystallization of poly (1-butene) melt[J]. Soft Matter，2017，13（19）：3639-3648.

[53]　Zhao J，Chen P，Lin Y，et al. Stretch-induced intermediate structures and crystallization of poly (dimethylsiloxane)：the effect of filler content[J]. Macromolecules，2020，53（2）：719-730.

[54]　Carton J P，Leibler L. Density-conformation coupling in macromolecular systems：polymer interfaces[J]. J Phys，1990，51（16）：1683-1691.

[55]　Liu A J，Nagel S R. Nonlinear dynamics：jamming is not just cool any more[J]. Nature，1998，396（6706）：21-22.

[56]　Graham R S，Olmsted P D. Coarse-grained simulations of flow-induced nucleation in semicrystalline polymers[J]. Phys Rev Lett，2009，103（11）：115702.

[57]　Wang M，Hu W，Ma Y，et al. Orientational relaxation together with polydispersity decides precursor formation in

polymer melt crystallization[J]. Macromolecules，2005，38（7）：2806-2812.

[58]　Graham R S. Modelling flow-induced crystallisation in polymers[J]. Chem Commun，2014，50（27）：3531-3545.

[59]　Cheng X，Putz K W，Wood C D，et al. Characterization of local elastic modulus in confined polymer films via AFM indentation[J]. Macromol Rapid Commun，2015，36（4）：391-397.

[60]　Gholami F，Pakzad L，Behzadfar E. Morphological，interfacial and rheological properties in multilayer polymers：a review[J]. Polymer，2020，208：122950.

[61]　Ning N，Fu S，Zhang W，et al. Realizing the enhancement of interfacial interaction in semicrystalline polymer/filler composites via interfacial crystallization[J]. Prog Polym Sci，2012，37（10）：1425-1455.

[62]　Bai D，Liu H，Ju Y，et al. Low-temperature sintering of stereocomplex-type polylactide nascent powder：the role of poly (methyl methacrylate) in tailoring the interfacial crystallization between powder particles[J]. Polymer，2020，210：123031.

[63]　Kobayashi D，Hsieh Y T，Takahara A. Interphase structure of carbon fiber reinforced polyamide 6 revealed by microbeam X-ray diffraction with synchrotron radiation[J]. Polymer，2016，89：154-158.

[64]　Laird E D，Li C Y. Structure and morphology control in crystalline polymer-carbon nanotube nanocomposites[J]. Macromolecules，2013，46（8）：2877-2891.

[65]　Zhang L，Qin Y，Zheng G，et al. Interfacial crystallization and mechanical property of isotactic polypropylene based single-polymer composites[J]. Polymer，2016，90：18-25.

[66]　Liu T，Ju J，Chen F，et al. Superior mechanical performance of *in-situ* nanofibrillar hdpe/ptfe composites with highly oriented and compacted nanohybrid shish-kebab structure[J]. Compos Sci Technol，2021，207：108715.

[67]　Priestley R D，Cangialosi D，Napolitano S. On the equivalence between the thermodynamic and dynamic measurements of the glass transition in confined polymers[J]. J Non-Cryst Solids，2015，407：288-295.

[68]　Jin S，McKenna G B. Effect of nanoconfinement on polymer chain dynamics[J]. Macromolecules，2020，53（22）：10212-10216.

[69]　Bay R K，Shimomura S，Liu Y，et al. Confinement effect on strain localizations in glassy polymer films[J]. Macromolecules，2018，51（10）：3647-3653.

[70]　Wang H，Hor J L，Zhang Y，et al. Dramatic increase in polymer glass transition temperature under extreme nanoconfinement in weakly interacting nanoparticle films[J]. ACS Nano，2018，12（6）：5580-5587.

[71]　Baeza G P，Dessi C，Costanzo S，et al. Network dynamics in nanofilled polymers[J]. Nat Commun，2016，7（1）：11368.

[72]　Luo S，Wang T，Ocheje M U，et al. Multiamorphous phases in diketopyrrolopyrrole-based conjugated polymers：from bulk to ultrathin films[J]. Macromolecules，2020，53（11）：4480-4489.

[73]　Xia W，Hsu D D，Keten S. Molecular weight effects on the glass transition and confinement behavior of polymer thin films[J]. Macromol Rapid Commun，2015，36（15）：1422-1427.

[74]　Ma M C，Guo Y L. Physical properties of polymers under soft and hard nanoconfinement：a review[J]. Chin J Polym Sci，2020，38（6）：565-578.

[75]　Xia W，Lan T. Interfacial dynamics governs the mechanical properties of glassy polymer thin films[J]. Macromolecules，2019，52（17）：6547-6554.

[76]　Lu B，Zhang H，Maazouz A，et al. Interfacial phenomena in multi-micro-/nanolayered polymer coextrusion：a review of fundamental and engineering aspects[J]. Polymers，2021，13（3）：417.

[77]　Liu R Y F，Jin Y，Hiltner A，et al. Probing nanoscale polymer interactions by forced-assembly[J]. Macromol Rapid Commun，2003，24（16）：943-948.

[78]　Liu R Y F，Ranade A P，Wang H P，et al. Forced assembly of polymer nanolayers thinner than the interphase[J]. Macromolecules，2005，38（26）：10721-10727.

[79]　Liu R Y F，Bernal-Lara T E，Hiltner A，et al. Polymer interphase materials by forced assembly[J]. Macromolecules，2005，38（11）：4819-4827.

[80]　Casalini R，Zhu L，Baer E，et al. Segmental dynamics and the correlation length in nanoconfined PMMA[J]. Polymer，2016，88：133-136.

[81]　Zhang H，Lamnawar K，Maazouz A. Rheological modeling of the mutual diffusion and the interphase development for an asymmetrical bilayer based on PMMA and PVDF model compatible polymers[J]. Macromolecules，2013，46（1）：276-299.

[82]　Nakhle W，Heuzey M C，Wood-Adams P M. Interdiffusion dynamics at the interface between two polystyrenes with different molecular weight probed by a rheological tool[J]. AIP Conf Proc，2019，2107（1）：040003.

[83]　Raupp S M，Siebel D K，Kitz P G，et al. Interdiffusion in polymeric multilayer systems studied by inverse micro-raman spectroscopy[J]. Macromolecules，2017，50（17）：6819-6828.

[84]　Zhang H，Lamnawar K，Maazouz A. Fundamental understanding and modeling of diffuse interphase properties and its role in interfacial flow stability of multilayer polymers[J]. Polym Eng Sci，2015，55（4）：771-791.

[85]　Zhang H，Lamnawar K，Maazouz A，et al. A nonlinear shear and elongation rheological study of interfacial failure in compatible bilayer systems[J]. J Rheol，2016，60（1）：1-23.

[86]　Zhang H，Lamnawar K，Maazouz A. Rheological modeling of the diffusion process and the interphase of symmetrical bilayers based on PVDF and PMMA with varying molecular weights[J]. Rheol Acta，2012，51（8）：691-711.

[87]　Lu B，Lamnawar K，Maazouz A，et al. Critical role of interfacial diffusion and diffuse interphases formed in multi-micro-/nanolayered polymer films based on poly (vinylidene fluoride) and poly (methyl methacrylate)[J]. ACS Appl Mater Interfaces，2018，10（34）：29019-29037.

[88]　Ji X，Chen D，Zheng Y，et al. Multilayered assembly of poly (vinylidene fluoride) and poly (methyl methacrylate) for achieving multi-shape memory effects[J]. Chem Eng J，2019，362：190-198.

[89]　Yin K，Zhou Z，Schuele D E，et al. Effects of interphase modification and biaxial orientation on dielectric properties of poly (ethylene terephthalate)/poly (vinylidene fluoride-*co*-hexafluoropropylene) multilayer films[J]. ACS Appl Mater Interfaces，2016，8（21）：13555-13566.

[90]　Zhang J，Ji S，Song J，et al. Flow accelerates interfacial coupling reactions[J]. Macromolecules，2010，43（18）：7617-7624.

[91]　Song J，Ewoldt R H，Hu W，et al. Flow accelerates adhesion between functional polyethylene and polyurethane[J]. AlChE J，2011，57（12）：3496-3506.

[92]　Song J，Baker A M，Macosko C W，et al. Reactive coupling between immiscible polymer chains：acceleration by compressive flow[J]. AlChE J，2013，59（9）：3391-3402.

[93]　Giustiniani A，Drenckhan W，Poulard C. Interfacial tension of reactive，liquid interfaces and its consequences[J]. Adv Colloid Interface Sci，2017，247：185-197.

[94]　Jeon H K，Macosko C W，Moon B，et al. Coupling reactions of end-*vs* mid-functional polymers[J]. Macromolecules，2004，37（7）：2563-2571.

[95]　Lu B，Bondon A，Touil I，et al. Role of the macromolecular architecture of copolymers at layer-layer interfaces of multilayered polymer films：a combined morphological and rheological investigation[J]. Ind Eng Chem Res，2020，59（51）：22144-22154.

[96] Lu B，Alcouffe P，Sudre G，et al. Unveiling the effects of *in situ* layer-layer interfacial reaction in multilayer polymer films via multilayered assembly：from microlayers to nanolayers[J]. Macromol Mater Eng，2020，305（5）：2000076.

[97] Lamnawar K，Baudouin A，Maazouz A. Interdiffusion/reaction at the polymer/polymer interface in multilayer systems probed by linear viscoelasticity coupled to FTIR and NMR measurements[J]. Eur Polym J，2010，46（7）：1604-1622.

[98] Olabisi O，Robeson L M，Shaw M T. Polymer-polymer Miscibiliyt[M]. Academic：New York，1979：89.

[99] Paul D R，Newman S. Polymer Blends[M]. New York：Academic Press Inc.，1978：445.

[100] Gunton J D，Miguel M S，Sahni P S，et al. Phase Transitions and Critical Phenomena[M]. New York：Academic Press，1983：267.

[101] Charlotte B，Ivanov D. Evolution of the lamellar structure during crystallization of a semicrystalline-amorphous polymer blend：time-resolved hot-stage SPM study[J]. Phys Rev Lett，2000，85（26）：5587-5590.

[102] Chen H L，Li L J，Lin T L. Formation of segregation morphology in crystalline/amorphous polymer blends：molecular weight effect[J]. Macromolecules，1998，31（7）：2255-2264.

[103] Cheung Y W，Stein R S. Critical analysis of the phase behavior of poly(ε-caprolactone)（PCL）/ polycarbonate（PC）blends[J]. Macromolecules，1994，27（9）：2512-2519.

[104] Kit K M，Schultz J M. Simulation of the effect of noncrystalline species on long spacing in crystalline/noncrystalline polymer blends[J]. Macromolecules，2002，35（26）：9819-9824.

[105] Penning J P，John Manley R. Miscible blends of two crystalline polymers. I. Phase behavior and miscibility in blends of poly(vinylidene fluoride) and poly(1, 4-butylene adipate)[J]. Macromolecules，1996，29（1）：77-83.

[106] Qiu Z，Ikehara T，Nishi T. Miscibility and crystallization in crystalline/crystalline blends of poly(butylene succinate)/poly(ethylene oxide)[J]. Polymer，2003，44（9）：2799-2806.

[107] Qiu Z，Yan C，Lu J M，et al. Miscible crystalline/crystalline polymer blends of poly(vinylidene fluoride) and poly(butylene succinate-*co*-butylene adipate)：spherulitic morphologies and crystallization kinetics[J]. Macromolecules，2007，40（14）：5047-5053.

[108] Saito H，Stuehn B. Exclusion of noncrystalline polymer from the interlamellar region in poly(vinylidene fluoride)/poly(methyl methacrylate)blends[J]. Macromolecules，1994，27（1）：216-218.

[109] Weng M，Qiu Z. A spherulitic morphology study of crystalline/crystalline polymer blends of poly(ethylene succinate-*co*-9.9 mol% ethylene adipate) and poly (ethylene oxide)[J]. Macromolecules，2013，46（21）：8744-8747.

[110] Flory P J. Thermodynamics of heterogeneous polymers and their solutions[J]. J Chem Phys，1944，12（11）：425-438.

[111] Scott R L. The thermodynamics of high polymer solutions. V. Phase equilibria in the ternary system：polymer 1-polymer 2-solvent[J]. J Chem Phys，1949，17（3）：279-284.

[112] 卓启疆. 聚合物自由体积[M]. 成都：成都科技大学出版社，1987.

[113] Binney J J，Newman M，Fisher A J，et al. In The Theory of Critical Phenomena：An Introduction to the Renormalization Group[M]. Oxford：Oxford University Press，Inc.，1992.

[114] Chen J H，Lubensky T C. Landau-ginzburg mean-field theory for the nematic to smectic-C and nematic to smectic—A phase transitions[J]. Phys Rev A，1976，14（3）：1202-1207.

[115] Han C. Phase decomposition in polymers[J]. Annu Rev Phys Chem，1992，43（1）：61-90.

[116] Hashimoto T. Dynamics in spinodal decomposition of polymer mixtures[J]. Phase Transitions：A Multinational Journal，1988，12（1）：47-119.

[117] Kaji K，Nishida K，Kanaya T，et al. Spinodal Crystallization of Polymers：Crystallization from the Unstable Melt[M]. Berlin：Springer，2005：187-240 .

[118] Chen H L，Hwang J C，Yang J M，et al. Simultaneous liquid-liquid demixing and crystallization and its effect on the spherulite growth in poly (ethylene terephthalate)/poly (ether imide) blends[J]. Polymer，1998，39（26）：6983-6989.

[119] Hudson S D，Davis D D，Lovinger A J. Semicrystalline morphology of poly (aryl ether ether ketone)/poly (ether imide) blends[J]. Macromolecules，1992，25（6）：1759-1765.

[120] Okada T，Saito H，Inoue T. Nonlinear crystal growth in the mixture of isotactic polypropylene and liquid paraffin[J]. Macromolecules，1990，23（16）：3865-3868.

[121] Wang H，Shimizu K，Kim H，et al. Competing growth kinetics in simultaneously crystallizing and phase-separating polymer blends[J]. J Chem Phys，2002，116（16）：7311-7315.

[122] Yoshie N，Asaka A，Yazawa K，et al. *In situ* FTIR microscope study on crystallization of crystalline/crystalline polymer blends of bacterial copolyesters[J]. Polymer，2003，44（24）：7405-7412.

[123] 刘念才，黄华. 高分子共混物增容用反应性高分子[J]. 高分子材料科学与工程，1996，（6）：1-8.

[124] 吴培熙. 聚合物共混改性进展[J]. 塑料工程，1994，（2）：19-48.

[125] Tanaka H，Nishi T. New types of phase separation behavior during the crystallization process in polymer blends with phase diagram[J]. Phys Rev Lett，1985，55（10）：1102-1105.

[126] Matsuba G.，Shimizu K，Wang H，et al. Kinetics of phase separation and crystallization in poly (ethylene-ran-hexene) and poly (ethylene-ran-octene)[J]. Polymer，2003，44（24）：7459-7465.

[127] Matsuba G，Shimizu K，Wang H，et al. The effect of phase separation on crystal nucleation density and lamella growth in near-critical polyolefin blends[J]. Polymer，2004，45（15）：5137-5144.

[128] Shimizu K，Wang H，Wang Z，et al. Crystallization and phase separation kinetics in blends of linear low-density polyethylene copolymers[J]. Polymer，2004，45（21）：7061-7069.

[129] Zhang X，Wang Z，Han C C. Fine structures in phase-separated domains of a polyolefin blend via spinodal decomposition[J]. Macromolecules，2006，39（21）：7441-7445.

[130] Zhang X H，Wang X H，Zhang R Y，et al. Effect of liquidliquid phase separation on the lamellar crystal morphology in PEH/PEB blend[J]. Macromolecules，2006，39（26）：9285-9290.

[131] Shi W，Chen F，Yan Z，et al. Viscoelastic phase separation and interface assisted crystallization in a highly immiscible iPP/PMMA blend[J]. ACS Macro Letters，2012，1（8）：1086-1089.

[132] Pang Y Y，Dong X，Zhao Y，et al. Time evolution of phase structure and corresponding mechanical properties of iPP/PEOc blends in the late-stage phase separation and crystallization[J]. Polymer，2007，48（21）：6395-6403.

[133] He Z，Shi W，Chen F，et al. Effective morphology control in an immiscible crystalline/crystalline blend by artificially selected viscoelastic phase separation pathways[J]. Macromolecules，2014，47（5）：1741-1748.

[134] He Z，Liang Y，Han C C. Confined nucleation and growth of poly (ethylene oxide) on the different crystalline morphology of poly (butylene succinate) from a miscible blend[J]. Macromolecules，2013，46（20）：8264.

[135] Tanaka H，Hayashi T，Nishi T. Application of digital image analysis to the study of high-order structure of polymers[J]. J Appl Phys，1986，59（2）：653.

[136] Tanaka H，Havashi T，Nishi T. Application of digital image analysis to pattern formation in polymer systems[J]. J Appl Phys，1986，59（11）：3627.

[137] Tanaka H，Nishi T. Direct determination of the probability distribution function of concentration in polymer mixtures undergoing phase separation[J]. Phys Rev Lett，1987，59（6）：692.

[138] Tanaka H，Nishi T. Local phase separation at the growth front of a polymer spherulite during crystallization and nonlinear spherulitic growth in a polymer mixture with a phase diagram[J]. Phys Rev A，1989，39（2）：783-794.

[139] Inaba N，Sato K，Suzuki S，et al. Morphology control of binary polymer mixtures by spinodal decomposition and crystallization. 1. Principle of method and preliminary results on PP/EPR[J]. Macromolecules，1986，19（6）：1690-1695.

[140] Inaba N，Yamada T，Suzuki S，et al. Morphology control of binary polymer mixtures by spinodal decomposition and crystallization. 2. Further studies on PP/EPR[J]. Macromolecules，1988，21（2）：442-447.

[141] Gan Z，Schultz J M，Yan S. A morphological study of poly (butylene succinate)/poly (butylene adipate) blends with different blend ratios and crystallization processes[J]. Polymer，2008，49（9）：2342-2353.

[142] Lorenzo M L，Righetti M. Self-decelerated crystallization in poly (butylene terephthalate)/poly (ε-caprolactone) blends[J]. J Polym Sci，Part B：Polym Phys，2007，45（23）：3148-3155.

[143] Zheng S，Jungnickel B J. Self-decelerated crystallization in blends of polyhydroxyether of bisphenol a and poly (ethylene oxide) upon isothermal crystallization[J]. J Polym Sci Part B：Polym Phys，2015，38（9）：1250-1257.

[144] Shimizu K，Wang H，Matsuba G，et al. Interplay of crystallization and liquid-liquid phase separation in polyolefin blends：a thermal history dependence study[J]. Polymer，2007，48（14）：4226-4234.

[145] Hong S，Zhang X，Zhang R，et al. Liquid–liquid phase separation and crystallization in thin films of a polyolefin blend[J]. Macromolecules，2008，41（7）：2311-2314.

[146] Zhang X，Wang Z，Muthukumar M，et al. Fluctuation-assisted crystallization：in a simultaneous phase separation and crystallization polyolefin blend system[J]. Macromol Rapid Commun，2005，26（16）：1285-1288.

[147] Zhang X，Wang Z，Xia D，et al. Interplay between two phase transitions：crystallization and liquid-liquid phase separation in a polyolefin blend[J]. J Chem Phys，2006，125（2）：656.

[148] Mitra M K，Muthukumar M. Theory of spinodal decomposition assisted crystallization in binary mixtures[J]. J Chem Phys，2010，132（18）：193.

[149] Hu W B，Frnekl D. Effect of metastable liquid-liquid demixing on the morphology of nucleated polymer crystals[J]. Macromolecules，2004，37（12）：4336-4338.

[150] ten Wolde P R，Frenkel D. Enhancement of protein crystal nucleation by critical density fluctuations[J]. Science，1997，277（5334）：1975-1978.

[151] Ji Y X，Su F M，Cui K P，et al. Mixing assisted direct formation of isotactic poly(1-butene) form I′ crystals from blend melt of isotactic poly(1-butene)/polypropylene[J]. Macromolecules，2016，49（5）：1761-1769.

[152] Wang J，Dealy J M. Melt Rheology and Its Applications in the Plastics Industry[M]. Dordrecht：Springer，2013.

[153] Watanabe H，Matsumiya Y，Chen Q，et al. Rheological Characterization of Polymeric Liquids [M]. Amsterdam：Elsevier，2012：683-722.

[154] Hashimoto T，Noda I，Rheo-optics. Polymer Science：A Comprehensive Reference [M]. Amsterdam：Elsevier，2012：749-792.

[155] Floudas G. Dielectric Spectroscopy. Polymer Science：A Comprehensive Reference [M]. Amsterdam：Elsevier，2012：825-845.

[156] Xie S J，Schweizer K S. Microscopic theory of dynamically heterogeneous activated relaxation as the origin of decoupling of segmental and chain relaxation in supercooled polymer melts[J]. Macromolecules，2020，53（13）：5350-5360.

[157] Wojnarowska Z，Feng H，Fu Y，et al. Effect of chain rigidity on the decoupling of ion motion from segmental relaxation in polymerized ionic liquids：ambient and elevated pressure studies[J]. Macromolecules，2017, 50（17）：

6710-6721.

[158] Schroeder C M. Single polymer dynamics for molecular rheology[J]. J Rheol，2018，62（1）：371-403.

[159] Dealy J M，Larson R G. Structure and Rheology of Molten Polymers[M]. Cincinnati：Hanser Gardner Publications，2006.

[160] Read D J，Shivokhin M E，Likhtman A E. Contour length fluctuations and constraint release in entangled polymers：slip-spring simulations and their implications for binary blend rheology[J]. J Rheol，2018，62（4）：1017-1036.

[161] Hou J X，Svaneborg C，Everaers R，et al. Stress relaxation in entangled polymer melts[J]. Phys Rev Lett，2010，105（6）：068301.

[162] Ianniruberto G，Marrucci G. Convective constraint release（CCR）revisited[J]. J Rheol，2013，58（1）：89-102.

[163] Chae D W，Nam Y，An S G，et al. Effects of molecular architecture on the rheological and physical properties of polycaprolactone[J]. Korea-Aust Rheol J，2017，29（2）：129-135.

[164] Zhou Y，Hsiao K W，Regan K E，et al. Effect of molecular architecture on ring polymer dynamics in semidilute linear polymer solutions[J]. Nat Commun，2019，10（1）：1753.

[165] Münstedt H. Extensional rheology and processing of polymeric materials[J]. Int Polym Proc，2018，33（5）：594-618.

[166] Zhao L，Li Z，Caswell B，et al. Active learning of constitutive relation from mesoscopic dynamics for macroscopic modeling of non-newtonian flows[J]. J Comput Phys，2018，363：116-127.

[167] Narimissa E，Wagner M H. Modeling nonlinear rheology of unentangled polymer melts based on a single integral constitutive equation[J]. J Rheol，2019，64（1）：129-140.

[168] Włoch M，Datta J. Rheology of Polymer Blends[M]. Amsterdam：Elsevier，2020：19-29.

[169] Rueda M M，Auscher M C，Fulchiron R，et al. Rheology and applications of highly filled polymers：a review of current understanding[J]. Prog Polym Sci，2017，66：22-53.

[170] Takahashi Y. Dynamic Heterogeneity in Polymer Blends[M]. Berlin-Heidelberg：Springer，2015：642-646.

[171] Song Y，Zheng Q. Concepts and conflicts in nanoparticles reinforcement to polymers beyond hydrodynamics[J]. Prog Mater Sci，2016，84：1-58.

[172] Freitas D M G，Oliveira A D B，Alves A M，et al. Linear low-density polyethylene/high-density polyethylene blends：effect of high-density polyethylene content on die swell and flow instability[J]. J Appl Polym Sci，2021，138（9）：49910.

[173] Feng J，Zhang Z，Bironeau A，et al. Breakup behavior of nanolayers in polymeric multilayer systems — creation of nanosheets and nanodroplets[J]. Polymer，2018，143：19-27.

[174] Bironeau A，Salez T，Miquelard-Garnier G，et al. Existence of a critical layer thickness in PS/PMMA nanolayered films[J]. Macromolecules，2017，50（10）：4064-4073.

[175] Vuong S，Léger L，Restagno F. Controlling interfacial instabilities in PP/EVOH coextruded multilayer films through the surface density of interfacial copolymers[J]. Polym Eng Sci，2020，60（7）：1420-1429.

第3章

高分子材料成型加工新方法

3.1 概述

以塑料、橡胶为代表的高分子材料是现代材料领域中的重要组成部分，具有成本低、质量轻、易加工等性能，在现代工业及生产、生活中应用越来越广泛。早在19世纪，人们就开始采用挤出方法生产橡胶制品。进入20世纪，高分子材料的加工技术和设备取得了飞速发展，相继研制出了针对不同材料和产品的多种成型加工方法和规模化生产设备，使高分子产品的性能显著提升，应用范围迅速扩展。然而目前，一些传统高分子成型技术，如挤出成型、注射成型、纤维纺织等，依然是产量最大、应用最广的高分子成型加工方法。

进入21世纪，随着社会发展和科技进步，诸如微电子、医疗器械、人工智能、军工、航天等技术领域等都对高分子零件及其制品的性能、尺寸精度、特殊功能、微纳结构等提出了更高要求。通过传统成型加工方法很难实现，因此研发高分子材料成型加工新方法和新原理正成为一个热点前沿研究。国内外许多学者、科研人员为此做出了不懈努力，取得了显著成果，本章重点讨论近年来高分子材料成型加工的新方法。

3.2 高分子材料增材制造

增材制造（additive manufacturing，AM）技术是一种与传统的减材加工技术（如切削加工）及等材加工技术（如铸造、注射成型）截然不同的制造方法。自20世纪80年代后期，增材制造技术开始逐步发展并被广泛应用。2009年1月，美国材料与试验协会（ASTM）于美国宾夕法尼亚州成立了专门的增材制造技术委员会（F42），根据该组织公布的定义，增材制造是基于三维 CAD 模型数据，通常采用逐层累加的方式将材料连接制作物体的过程。CAD 软件可对产品结构进行数字化处理，能够实现制品结构的细分，在制造复杂三维结构制品中具有独特优势，并且可实现异地分散化制造的生产模式。此外，增材制造技术可一次性"打印"出高性能、高精度的目标产品，不需要额外的组装拼接过程，大幅度减少了加工工序，缩短了加工周期，越是复杂结构的制件，其节约的时间成本越显著。

增材制造技术在过去 40 年内迅猛发展，在国防、军工、航空、航天、汽车、医疗等领域均有较多应用。美国 *Time* 周刊将增材制列为"美国十大增长最快的工业"，英国 *The Economist* 杂志则认为它是对第三次工业革命起推动作用的代表性技术之一，它将改变商品的制造方式，并改变世界经济的格局，进而改变人们当前的生活方式。

美国专门从事增材制造技术咨询服务的 Wohlers 协会在 2020 年 3 月 18 日发布了 *Wohlers Report 2020*，对 2020 年全球 3D 打印与增材制造工业的现状作了分析。根据该报告提供的关键数据，如图 3.1 所示，目前工业中使用增材制造技术最多的行业是汽车工业，以 16.4%的占比遥遥领先；消费品/电子产品和航空航天则紧随其后，分别为 15.4%和 14.7%。增材制造的应用以终端产品为主，占比30.9%，功能原型制造产品次之，占比 24.6%。从各国安装 3D 设备的占比情况来看，美国虽然从 2019 年的 35.3%降低到 34.4%，但还是保持着绝对领先的地位，中国以 10.8%的占比跃居全球第二位。

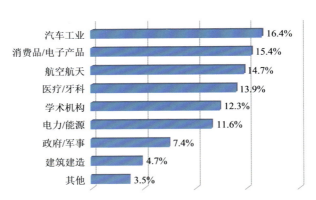

图 **3.1** 增材制造在各工业中的应用占比

资料来源：Wohlers 协会

3.2.1 高分子材料增材制造技术

增材制造技术可应用于金属、合金、陶瓷、高分子等多种材料制品的快速、差异化成型，十分适于小规模生产个性化产品，能够显著降低设备成本与生产成本，尤其是结构复杂的三维立体制品。近年来高分子增材制造技术和应用发展非常迅速，成为国际和国内学术领域的一个研究热点。在高分子材料的成型方面，增材制造技术也展现了极大的应用潜力，丰富了高性能多样化聚合物制品的成型工艺。以下针对常用的高分子增材制造技术分析其现状和进展。

1. 熔融沉积建模技术

熔融沉积建模（fused deposition modeling，FDM）技术由 Scott Crump 于 1988 年提出[1]，他随后创立了 Stratasys 公司。目前，该公司与 3D Systems 公司是仅有的两家在纳斯达克上市的 3D 打印设备制造企业。FDM 技术是将打印耗材经高温喷头熔融后，根据成型轨迹逐层累加制造出三维模型的增材制造技术。该技术可打印材料种类广泛，是热塑性聚合物 3D 打印的首选技术。常用聚合物包括：通用塑料［如丙烯腈-丁二烯-苯乙烯（ABS）、聚乙烯醇（PVA）、聚乳酸（PLA）、聚己内酯（PCL）和聚酰胺（尼龙）］和工程塑料［如聚醚醚酮（PEEK）和聚醚酰亚胺（PEI）］等。

瑞士苏黎世联邦理工学院 S. Gantenbein 等[2]利用 FDM 打印技术，将液晶聚合物分子自组装成高度定向的结构，形成有层次结构、复杂几何形状的制品，如图 3.2 所示。与传统 FDM 打印聚合物相比，所打印出的液晶聚合物样件的强度和韧性提升了一个数量级。西安交通大学 Tian 等[3]通过调整 FDM 工艺参数，制备得到高弯曲强度的 CF/PLA 复合材料，并验证了该材料在航空航天领域应用的可行性。

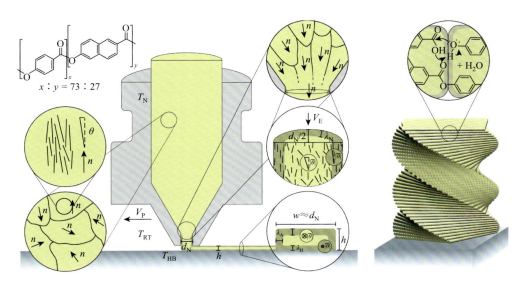

图 3.2　3D 打印方法生成的可回收的轻质结构[2]

　　FDM 工艺优点是设备体积较小，生产操作难度系数低，利用较低的成本即可获得制品；其缺点是部分制件表面会有明显的条纹，层与层之间的界面结合强度低，并且打印速度较慢，通常需要打磨等后处理，适合生产对精度要求不高的产品。

2. 选择性激光烧结技术

　　选择性激光烧结（selective laser sintering，SLS）是 C. R. Dechard 发明的一种增材制造方法[4]，利用高强度激光烧结塑料、金属、陶瓷等粉末成型制品。通过计算机控制激光熔化相应位置的粉末，逐层堆积成型。SLS 技术简单，其主要难点是粉末材料的研发与制备。而开发新型复合高分子粉末材料是提升打印材料性能的重要手段，也是目前的研究热点。

　　A. H. Espera 等[5]利用 SLS 打印结合了 PA12 和炭黑（CB），CB/PA12 烧结件表现出增强的机械、热力学和电气性能。当浓度大于 3 wt%①时，随浓度的增加，体系力学性能减弱，CB 在 PA12 基体中的附着力降低。Y. Chunze 等[6]采用 SLS 技术用纳米二氧化硅（SiO_2）作为 PA12 的纳米填料。采用溶解-沉淀法将 3 wt%的纳米 SiO_2 分散在 PA12 中制备了复合粉末。与未填充的 PA12 相比，SLS 打印 SiO_2/PA12 试样的抗拉强度、抗拉模量和冲击强度分别提高了 20.9%、39.4%和 9.54%。虽然 SLS 技术有着成型样件精度高、强度大、能量密度高、废料可回收等优势，但是粉体制备困难、样件内部缺陷严重、能源消耗大，并且高强度激光设备价格昂贵。

3. 液相沉积建模

　　液相沉积建模（liquid deposition modeling，LDM），也被称为直接墨水书写技术，近年来受到了越来越多的关注。与 FDM 类似，该技术通过在计算机设计的几何图形中连续添加挤出层制造三维结构。然而，LDM 涉及的是黏性液体的挤压，而不是熔融细丝。在室温下采用黏性液体成型方式可使 LDM 具有温和的成型条件与更广的成型范围，然而 LDM 存在着溶液的流动参数与溶剂的快速蒸发缺陷，这使 LDM 可选择的材料和溶剂体系较少。而且许多材料需要使用有机溶剂，进而增大了 LDM 的环境危害和对设备耐溶剂性的要求。

　　LDM 技术可以简易地制备多孔结构，例如，C. Zhu 等[7]通过 LDM 技术采用多种溶液打印出了具有微晶格结构的石墨烯气凝胶（图 3.3），该气凝胶具有多孔结构、超低密度和可控的几何形状与力学性能。近年来，LDM 技术也广泛应用于热塑性高分子材料的成型加工。由于 LDM 技术采用溶液而不是熔体成型，因而能够有效提高 CNT 在 PLA 中的含量，采用二氯甲烷（DCM）作为溶剂能够制备不同浓度的油墨。LDM 成型过程中的一个关键是其"固化"过程中溶剂的快速蒸发，从而实现 PLA/CNT 的快速固化，提高打印制品的精度。不同于 FDM，LDM 技术允许在热塑性聚合物中加入更高浓度的纳米填料而不至于造成喷嘴堵塞。此

---

① wt%表示质量分数。

外，LDM 技术还可用于微尺度上具有柔性编织结构的导电电子元件的 3D 打印。

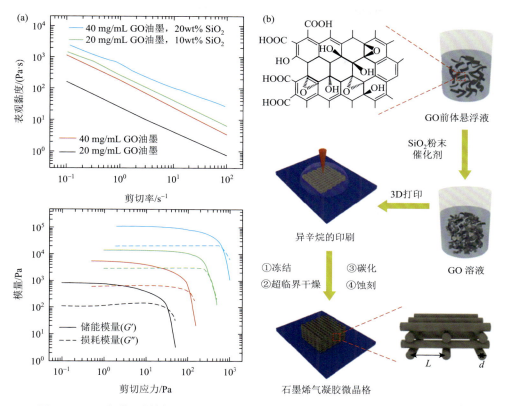

图 3.3　（a）氧化石墨烯（GO）油墨的流变性能；（b）LDM 3D 打印技术流程图[7]

4．立体光固化成型技术

立体光固化成型（stereo lithography apparatus，SLA）技术由 Charles W. Hull 提出[8]，利用液态光敏树脂作为成型材料，通过控制紫外激光扫描指定区域，将扫描区域的光敏树脂选择性固化，而未固化区域的树脂可轻易除去并回收，从而获得具有 3D 结构的打印制品。

SLA 技术是增材制造技术发展的一个里程碑，根据设备工作模式不同，可实现打印材料自下而上和自上而下的逐层累积。其主要特点是：原材料利用率接近100%，易于制作各种复杂结构的三维制品，并且制品有较高的尺寸精度和表面性能。R. Zhang 等[9]利用高精度的 SLA 技术打印出具有物质扩散功能并且结构稳定的聚乙二醇二丙烯酸酯水凝胶芯片，可以进行营养物质的有效输送。美国 Carbon 3D 公司的 J. R. Tumbleston 团队[10]创造性地通过在 SLA 系统的紫外图像投影平面下方添加透氧窗口，形成光聚合反应"死区"，实现了复杂部件的高速、连续打印。

M. He 等[11]利用 SLA 技术成功打印出具有热电性能的光敏树脂/热电材料混合样品，提供了一种热电材料的新型加工模式。

但 SLA 技术也存在着明显的缺陷，例如，可成型的原材料种类有限，固化树脂局限于光敏树脂，成本高且无法回收，强光照射下树脂易降解导致耐候性差，此外，SLA 设备成本也较高。

5. 3D 打印技术

3D 打印（3D printing）是麻省理工学院教授 Emanual M. Sachs 于 1993 年发明的一种增材制造技术，也是目前应用最广泛的技术[12]。3D 打印早期是采用类似喷墨打印机的装置，通过向金属、陶瓷等粉末喷射黏接剂将材料逐片成型，最终烧结得到三维实体。美国 Z Corporation 在得到麻省理工学院的专利授权后，从 1997 年开始推出系列 3D 打印机，包括第一台商用 3D 打印机 Z402、可成型 8 种不同色调原型件的 Z402C、可成型全彩原型件的 Z406 以及高清晰度的 Z50 彩色 3D 打印机等。近年，3D 打印的发展极其迅速，大量融合了其他增材制造技术的优势和特色，在许多领域展现了极大的潜力，因此，人们越来越倾向于采用 3D 打印的名称替代增材制造。

3.2.2　高分子材料增材制造前沿技术

高分子增材制造技术发展非常迅速，其主要发展方向一方面是适用材料的不断迭代优化；另一方面是不断涌现的创新技术，这些革新使 3D 打印在诸多方面带来了无限可能。以下介绍近年开发的高分子材料增材制造前沿技术。

1. 体积增材制造技术

加利福尼亚大学的 Brett E. Kelly 和 Hossein Heidari[13]合作开发的体积增材制造（volumetric additive manufacturing，VAM）技术能够实现复杂 3D 结构的立体成型，从根本上改变了传统 3D 打印逐层堆积的工作模式，极大地提升了 3D 打印的效率和表面质量。该方法采用两种不同波长的光束交集在一起来实现树脂前驱体的固化，可以在数秒时间内打印出毫米到厘米级 3D 制品，其最高特征分辨率可达 25 μm，凝固速率高达 55 mm³/s（图 3.4）。该方法的局限是：由于光束穿透树脂的距离是有限的，只能打印一些体积较小的产品；目前适用于该技术的树脂材料种类不多并且一次只能打印一种材料。

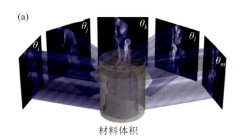
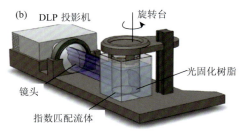

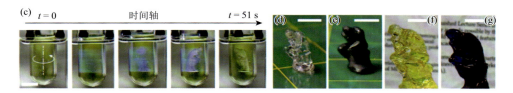

2. 内爆打印技术

麻省理工学院 Oran 与 Rodriques 等[14]利用水凝胶作为支架，在水凝胶内部打印了三维模型，之后通过水凝胶的脱水收缩使得打印于水凝胶内部的三维模型产生等比例收缩，从而使打印制品的尺度降低至亚微米级甚至纳米级，最低的尺度分辨率可达到 50 nm 左右。这一创新技术被称为"内爆打印"（implosion fabrication，ImpFab），为研究者提供了一种制备纳米尺度三维材料的新方法。研究中采用丙烯酸水凝胶作为支架，用银墨水打印了不同形态的三维结构，通过脱水收缩和丙烯酸的去除，最终获得了具有复杂三维结构的纳米银制品。

3. 双光子打印

1977 年，Swainson 提出了双色光聚合（dual-colour photo polymerization，DCP）工艺[15]，主要指单体或预聚体在发生双光子吸收后所引发的光聚合过程。基于此原理，德国勃兰登堡应用科学大学的 Martin Regehly 和柏林洪堡大学的 Stefan Hecht[16]巧妙地将双色光聚合应用于 3D 打印中，使用可光转换的光引发剂，通过两个不同波长的相交叉光束进行线性激发，从而在受限的单体体积内引发局部聚合，实现了更快、更高分辨率的 3D 打印。其中，一个波长的光束可激发溶液中的光引发剂，而另一个波长的光束方向与之交叉，将打印 3D 对象的截面图像投影到前一种光的平面上，并导致光引发剂分子参与的光聚合反应，从而选择性控制树脂中的交联固化点形成实体制品。

劳伦斯利弗莫尔国家实验室的 Sourabh K. Saha 教授[17]采用双光子打印（two-photon lithography，TPL）技术实现了亚微米级微结构的构筑。他们改变传统的逐点扫描交联的模式，采用掩模的方法实现了较大面积的同时交联，极大地提高了双光子打印的效率，同时仍然能够保持数百纳米的打印精度。

4. 生物体、组织工程支架 3D 打印

Manuel Schaffner 等[18]研发了可负载细胞的水凝胶体系，该水凝胶体系能够作为自支撑三维支架，具有良好的延展性和可塑性，可应用于 3D 打印。这种含有微生物或细胞的凝胶复合体被称为 Flink 功能活性墨水。基于 Flink 活性墨的 3D 打印开启了在一个工艺流程中将不同的生物体和化学物组合在一起打印的新方

法，实现了将生物活性材料通过 3D 打印塑造成新的几何形状和自适应功能结构。此外，利用该技术还可以将 Flink 活性墨打印成三维细胞结构进行生物组织修复，或打印成复杂形状的合成皮肤甚至器官。因而，该技术在生物科技领域有着极大的应用前景。

Levkin 等[19]将 3D 打印与聚合物反应相分离技术相结合，采用数字光学加工（digital light processing，DLP）技术将甲基丙烯酸羟丙酯与乙二醇二甲基丙烯酸酯在聚合过程中进行 3D 打印，构筑三维结构的同时诱发相分离，形成具有尺度在 10 nm～1 mm 的多级孔结构。该方法制备的三维支架十分适于细胞的黏附与繁殖，可用于组织修复。

5. 微流控、多材料同步 3D 打印

不同于传统喷墨打印，3D 打印技术难以实现多种色彩/多种材料按像素的层叠打印，一方面是由于打印材料的黏度较高，另一方面是由于多喷嘴的控制极为不易。哈佛大学的 Jennifer A. Lewis 教授[20]提出了借助微流控技术的多材料、多喷嘴的 3D 打印（MM3D）新方法。该方法能够按照像素单元设计，通过调控微流控喷嘴来实现材料组成、功能和结构未打印。通过调控不同流道内材料的性能组合，能够使 3D 打印材料展现出不同的颜色、结构和独特的力学性能。这一工艺不仅实现了多种材料的像素级打印，而且提高了 3D 打印材料、结构的丰富性，也显著提高了多材料制品的打印速率。

6. 4D 打印技术

4D 打印是在 3D 打印的基础上引入时间维度，通常指通过 3D 打印制备具有可变几何形状、配置、属性和功能的 3D 结构制品。通过结构的调控能够可控地打印具有空间依赖性的 3D 产品，在一定条件下实现可逆的刺激响应。通常通过光、温度、水和磁场等作用来引起打印制品结构、颜色等的变化。

相比于工艺技术的优化，4D 打印对材料性能的控制更为关键。目前研究的 4D 打印材料多采用不同的形状记忆聚合物（SMP）来制备，可通过不同的结构设计、热处理或分步交联等手段预置多阶段的记忆形状，从而使打印制品能够在一定刺激下产生形变。Fang 等[21]巧妙地结合亲水与疏水材料，采用多种掩模曝光的方式制备了不同亲/疏水材料结构的 4D 打印制品，使其能够在不同湿度下产生预置的可逆形变。

3.2.3　高分子材料增材制造的应用

增材制造技术被誉为"19 世纪的思想、20 世纪的技术、21 世纪的市场"，已经广泛应用于人类社会的诸多尖端领域，如航空航天、生物医学、核工业和柔性可穿戴设备等。

1. 航空航天领域

航空航天工业已将增材制造技术应用于生产许多零部件，因为它具有功能高、生产效率高和轻量化等优点。在增材制造技术出现之前，传统的制造方法无法进一步优化和降低航天器构件材料的质量。增材制造技术使之成为可能，同时可保证构件性能不会随着内部结构的优化而降低。此外，还可以使成型构件的应力分布更加均匀，从而减少磨损，提高使用寿命。

2020 年 5 月中国"长征 5B"运载火箭搭载的新一代载人飞船试验船上安装了连续纤维增强复合材料 3D 打印机。将 3D 打印的管道系统安装在无人机上，能够显著减少制造时间，提高大制品打印的灵活性。采用增材制造技术能够简便地制造结构复杂的由 40 个部件组成的无人机的变形翼模型，并用于风洞实验验证[22]。不仅是零部件制造商，航空公司也开始使用增材制造技术。荷兰皇家航空公司成为第一家用回收的 PET 瓶子 3D 打印飞机维修和维护工具的航空公司[23]。

2. 生物医学领域

增材制造技术在生物植入物中的应用越来越受到人们的关注。与其他领域的应用相比，医用植入物具有独特的需求，包括高复杂性、良好的定制化和小批量生产等，因此，增材制造技术非常适合这一领域产品的制备。除了金属和陶瓷外，聚合物由于良好的可加工性在假体应用中也很受欢迎。

组织工程的目的是通过功能构建或支架促进细胞增殖和组织再生，理想的支架应该为细胞迁移、增殖和分化到各种组织甚至器官提供一个仿生环境。增材制造技术的逐层成型原理实现了从微观尺度到宏观尺度的精细结构控制，是可控制备组织工程支架的理想方式。Xue 等在 3D 打印磷酸三钙支架表面包覆聚己内酯层，能够调节蛋白质的释放，达到更高的抗压强度[24]。Li 等[25]用 SLM 打印了组织工程支架，并在其表面修饰聚多巴胺，显著提升了支架与宿主骨组织的结合性。另外，Chen 等用明胶甲基丙烯酰/壳聚糖微球 3D 打印的多尺度支架可促进神经细胞增殖和分化[26]。

2020～2022 年，新型冠状病毒的传播对整个世界的经济和社会都产生了巨大的影响。增材制造技术在新型口罩和其他医疗工具的研究和制造方面显示出巨大的潜力，如经批准的呼吸器和病毒测试设备。增材制造技术同样可用于生产结构复杂、功能多样的口罩和防护眼镜，能够大幅减少材料浪费，提高效率。

3. 柔性可穿戴设备领域

近年来，柔性电子产品吸引了越来越多的关注，如应变传感器、纳米发电机、超级电容器、固态电池、柔性电极等。与传统制造技术相比，3D 打印技术具有明显的优势，包括精确控制、节省材料和多级制造能力。具有特殊结构的可打印弹性体对微弱变形更敏感，适用于各种传感器；具有可逆变形特性的多孔结构材料有助于提高纳米发电机的输出功率。

3.3 高分子材料微纳成型

随着科技进步和制造业的飞速发展，传统加工方式的加工精度越来越难满足诸多领域的应用和研究，迫切需要高精度加工技术的研发和应用。"微纳成型"的概念也应运而生。微纳制造技术是指尺度为毫米、微米和纳米量级的零件的制备及基于这些零件的部件和系统的设计、加工、集成和应用技术。微纳成型还包括材料表面或内部具有微米和纳米尺度微观结构的构筑和制备。随着微纳制造技术和装备的发展，材料加工精度从最初的毫米级转变为微米级到纳米级，制造水平实现了从宏观尺度到微观尺度的跨越[27]。

微纳加工技术是先进制造技术的重要组成部分，是衡量国家高端制造业水平的标志之一，具有多学科交叉的特点，在推动科技进步、促进产业发展、拉动经济增长、保障国防安全等方面都发挥着关键作用，并向信息、光电、材料、环境等领域快速渗透和延伸。近年来，微纳加工技术一直是我国研究发展的重要方面，尤其是针对高分子聚合物的微纳成型技术逐渐成为一个重要研究领域。在国务院发布的《国家中长期科学和技术发展规划纲要（2006—2020）》（以下简称《纲要》）中明确指出，制造业是国民经济的基础、国家安全的主要保障和国家竞争力的重要体现。《纲要》将"微纳制造"技术确立为 22 项引领未来产业发展的前沿技术之一。国家自然科学基金委员会和科技部等针对本领域的前沿科学问题和关键应用技术，也启动了"纳米重大研究计划""微纳制造技术主题"等重大研究计划[28]。

从成型制品的特点来看，高分子微纳成型可划分为微小制品的成型和微纳结构的加工两类。微小制品的成型主要聚焦于微小零件的加工成型及装配和应用；微纳结构的加工则聚焦于材料表面或内部微米级或纳米级结构的制备和应用。

3.3.1 高分子材料微纳成型技术

1. 微注射成型技术

随着微电子、微机械、微光学、微磁学、介入医学等领域的发展，微纳米零件的需求量飞速增加。微纳米注射系统因其连续化、自动化、效率高等优点被认为是一种极具潜力的工业技术，可以满足快速、精确制造的需求[29]。

微注射成型相比常规注射成型对设备提出了更高的要求，如高注射速率、精密注射量计量以及快速响应能力。微注射成型机根据其单元结构可以分为：

①螺杆式，微注射成型机的塑化、计量和注射均由一组螺杆完成，各单元回转和直线运动均在一条轴线上，构造简单，容易控制，如德国 Dr. BOY 公司的 BOY 12A 和日精树脂的 HM72DEN KEY 等；②柱塞式，熔体塑化后通过柱塞推动完成注射，如西班牙 Cronoplast 的 Babyplast 6/10 及美国 Medical Murray 公司的 Sesame 等；③螺杆柱塞混合式，以螺杆作为塑化单元，完成混料与塑化，以小直径柱塞配合伺服马达和控制器作为微注射单元，完成精密计量与注射，如日本 Sodick 公司的 TR18S3A。螺杆式设备有利于聚合物的快速、充分塑化；柱塞式设备能够提供更精确的注射量及更高的注射压力和保压压力；螺杆柱塞混合式设备结合了二者的优点，但通常需要采用双阶结构，使设备结构更复杂、成本更高。此外，微注射成型模具的精密加工技术是保证微注射制品尺寸精度、表面质量的重要因素。

2. 微挤出技术

高分子微挤出技术是采用精密挤出机，借助小型口模和系列辅机来制备具有小尺寸、特定连续结构的聚合物产品的方法，常应用于纳米介入导管、微型光纤等的制备。在聚合物熔体微挤出成型过程中，口模流道结构直接影响熔体流动时的流场分布与流动稳定性。口模设计的合理性、口模的尺寸精度、挤出速率/压力控制的稳定性、辅机的冷却定型控制等是影响微挤出聚合物制品尺寸误差、形状误差和机械性能的关键因素。微挤出技术在制备连续结构的高分子管材、线材、片材、异型材等方面具有效率高、成本低等独特优势，但在聚合物微挤出成型中也极易出现诸如壁厚不均、开裂、翘曲等缺陷。因此，对微尺度条件下聚合物流动行为和微结构熔体冷却定型过程中的应力研究尤为重要，是解决高分子微挤出缺陷的理论基础。目前该方面研究主要集中于微细流道聚合物溶体流动、表面张力、壁面滑移现象、微挤出机头与辅机的设计优化等。

另外，微挤出技术能够制备具有微纳多层结构的聚合物薄膜，该技术也被称为"微纳多层共挤"，是生产具有特殊阻隔性能与光学性能聚合物薄膜的重要方法。微纳多层共挤的新技术是通过层倍增器将聚合物熔体强制分流后，将其按照特定顺序沿特定方向强制组装，之后再通过口模合并挤出，此时层数加倍，经过拉伸、定型、冷却就出现首次多层结构，重复挤出后的循环过程就可得到微纳多层结构（图 3.5）[30]。由于具备高度取向的聚合物多层结构，该类薄膜通常具备极强的力学性能，隔氧、隔水性能，特定的光学反射、透射性能，甚至极强的介电性能。而限制聚合物微纳多层膜结构与性能稳定性的关键一方面是挤出口模及层倍增器，另一方面是聚合物原料的纯度及分子量稳定性。目前，国产设备基本能够实现 256～500 层的多层膜生产，而国际领头企业如 Cloeren、Dow、3M 等企业能够实现数千层甚至上万层的聚合物多层膜的稳定生产。

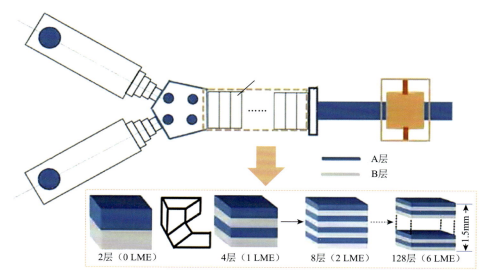

图 3.5 微纳多层共挤的新技术示意图

LME：层倍增器

3. 微纳米压印技术

微纳米压印技术是通过外力作用将具有纳米图形的模板上的微纳结构复制在某种高分子材料基底上的加工技术[31]。纳米压印技术是在纳米尺度复制模板结构的一种成本低且速度快的加工方法[32]。S. Chou 首次提出纳米压印概念时就可以实现 25 nm 图形的制备，目前已经可以达到 5 nm，甚至更小分辨率图形的制备。目前，纳米压印技术已经从实验室走向了工业生产，如数据存储和显示器件的制造。科学家们也正在努力为科研和工业界建立纳米压印的工艺标准，以使纳米压印行业更好更快地发展。2003 年，纳米压印技术被列入国际半导体技术路线图（International Technology Roadmap for Semiconductors，ITRS），被认为是 22 nm 节点以下的首选技术，并被《麻省理工科技评论》誉为"可能改变世界的十大未来技术"之一。高质量、高精度的纳米模板是纳米压印技术中的重要模板，是复刻精密微纳结构的基础，目前常用的纳米压印模板多采用易于加工的镍、铝、硅等材料。

另外，开发新的压印技术是实现多方向整体压印的重要手段。南洋理工大学于罗等开发了直接压印热绘图（DITD）技术[33]，实现了材料各个表面不同微纳米图案的同时高精度压印。该工艺不仅适用于纤维素材料，而且适用于几乎所有的热塑性材料［如聚碳酸酯（PC）、聚乙烯亚胺（PEI）、聚苯乙烯（PS）］或半结晶聚合物［如聚醚醚酮（PEEK）和聚偏氟乙烯（PVDF）］以及弹性体（如聚氨酯）等。

4. 激光微纳加工技术

激光加工技术是采用激光系统局部加热使材料定向熔融或分解的技术[31]。激光加工技术由于加工区域受热效应容易导致附近区域的热变形，从而使得加工结构的尺寸精度降低。因此，激光加工技术通常用于产品的粗加工，难以加工成型尺寸结构精度要求较高的微纳结构和微纳制品。近年来，随着激光技术的快速发展和激光波长及功率控制的提升，研究者实现了利用特定波长激光的微纳加工，使得激光技术可应用于微米级尺寸的精确制备，甚至在聚合物薄膜上加工几微米的激光孔[34]。此外，电子束、聚焦离子束和飞秒激光直写技术的开发，使激光加工技术的精度进一步提升。这些技术不仅能够应用于多种金属和陶瓷材料的加工，也适用于高分子材料的微纳加工和成型，在制备具有微纳结构的功能高分子制品方面展现了广阔的应用前景。

近期，武汉理工大学光纤传感技术国家工程实验室成功利用激光加工微孔、微孔阵列、倒锥微孔和倒锥微孔阵列[35]，华东师范大学刘聚坤等搭建了超分辨聚合物纳米加工系统，利用飞秒激光技术成功加工出直径约 80 nm 的聚合物纳米点[36]。然而，要提高激光加工的精度与适用性，最大的局限依然来自加工设备。我国虽然已具备自主生产大多数激光加工设备的能力，但其关键部件及精密元件依然高度依赖进口，尤其是高能光源和精密控制系统的国产化更是亟待突破的关键。

5. 模板复刻技术

模板复刻技术是一项历史悠久的材料制备工艺，其工艺灵活、成本低、应用广泛。在聚合物微纳加工方面也受到广泛关注。采用模板复刻技术加工聚合物微纳结构通常是采用溶液浸润、熔体浸润、真空辅助、高温模压、旋转涂覆等手段将液态或熔融态的聚合物或树脂预聚体涂覆于具有微纳结构的模板表面，经冷却固化、溶剂挥发或交联固化等步骤后在聚合物材料表面复刻微纳结构。该方法的一个关键环节是制备具有微纳尺度结构的模板，模板的精度和稳定性极大地影响着聚合物微纳制品的尺寸精度和使用性能。

目前研究和生产中常采用的微纳结构模板通常是采用光刻或湿法刻蚀制备的硅基模板，以及采用激光或等离子技术制备的金属（如 Ni）模板。因此，与直接加工方法类似，复刻模板的精度和稳定性直接决定着制备聚合物微纳结构的精度。另外，为仿生自然界中一些动植物的特殊润湿性能或结构光学性能，如荷叶、昆虫翅膀（如蝉、蝴蝶）、鳞片等[37]，许多研究者探索了采用自然界生物体作为模板的聚合物复刻研究。通过对自然界微纳结构的复刻能够使聚合物材料直接获得超疏水、自清洁、结构色等特殊性能。然而，模板复刻技术同样存在着许多局限，例如：聚合物在固化定型过程中的收缩导致结构精度降低；由于脱模限制，大于90°的结构难以复制；复刻高强度聚合物时，脱模过程中容易造成小尺寸微结构的断裂和损坏。

微纳加工技术制备的制品具有高精度、高质量、微型化、功能化特点，这使其逐渐成为一种高分子材料制造的关键技术。未来，微纳加工技术将不断向着自动化、智能化等方向发展，并通过不断提升精度和尺寸极限，实现更小尺寸结构的可控、精密加工[38]。而克服微纳加工中的技术壁垒，开发新型高分子微纳加工技术，实现微纳加工设备尤其是关键零部件的国产化是我国微纳加工成型发展的关键。

3.3.2 高分子材料微纳成型的应用

1. 微小、精密高分子零部件的加工成型

微小、精密高分子零部件具有操作尺度小、结构尺寸小、性能要求高、精度要求高、成型难度大等特点，是许多尖端仪器、设备、前沿科技，甚至军用武器、装备中的核心部件。实现高精度、高性能微小制品的微纳成型是具备战略发展需求的重要方向。我国在该方面受到了许多国际制约，同时也做出了许多努力。以下主要针对高分子微器件的几个战略前沿应用进行介绍。

（1）微齿轮等微小机械构件：传统金属微构件在没有润滑油的条件下会由于摩擦而出现磨损，影响使用寿命。而高分子聚合物材料具有低摩擦系数、高耐磨损性、低密度、高刚度强度等特点，不仅能够满足强度和刚度要求，还能实现零件的轻量化。聚合物微型齿轮在微机电系统（MEMS）等尖端科技中发挥重要作用，是 MEMS 中一种重要的机构。微型齿轮是齿轮模数小于 1 mm 的渐开线齿轮，国外研究人员已利用光刻技术在聚甲基丙烯酸甲酯（PMMA）上加工出模数为 0.2 mm 的微齿轮[39]，我国也利用注射成型技术制备出模数在 60 μm 左右的微齿轮[40]。常用的微纳加工技术如光刻、刻蚀、微注射或自组装等，都可成为微小制品加工的储备技术。

（2）医疗微器件和制品：微纳加工技术在先进医疗器械和医疗技术中也发挥着重要作用，可制备医疗过程中用到的微手术刀、内窥镜等外科手术微观工具，或者是应用于心血管移植、肌肉骨骼以及皮肤等的支架、缝合线、敷料等[41]。随着微纳成型技术的发展和进步，也为创新医疗技术、医用材料和器械的发展提供了新途径。大连理工大学利用微注射成型工艺成功制备聚合物血管支架。高分子聚合物材料作为血管支架的新材料，其突出特点是完成对血管的机械支撑后，可在自行降解后随机体的正常代谢排出[42]。

（3）聚合物探针：以微针为媒介将药物导入人体皮肤进行给药，药物从皮肤进入人体最终被血管吸收，微针给药凭借快速高效、无痛等特点，在医学和美容行业形成了强烈的市场需求[28, 41]。高分子聚合物材料生物相容性良好，是十分理想的药物媒介，常用的聚合物探针材料有聚乳酸（PLA）、聚羟基乙酸（PGA），而聚合物探针的制备精度要求高，目前多采用刻蚀、激光雕刻和快速成型等工艺来制备。

（4）微控流芯片：微控流芯片将生物和化学等领域中所涉及的生化反应、分离检测等基本操作单元的大部分或全部集成在一块数平方厘米的芯片上，使其具备物理或化学检测功能，可极大地提升医疗卫生检查效率、检测便利性，降低检测成本。而高尺寸精度、化学稳定性和界面适应性的高分子芯片基材的成型制备是其中的一个关键难题。目前制备聚合物微流控芯片的常用方法包括微注射、激光加工、等离子刻蚀、3D 打印、模板复刻、机械加工等。

2. 高分子表面微纳结构加工

在聚合物表面构造微纳米结构能够实现表面结构的多样化和复杂化，从而赋予聚合物制品特殊功能，使其在超疏水、自清洁、催化反应、界面化学、光电/光热转化、防伪识别、能量收集、智能传感等领域实现创新应用。而高分子表面微纳结构的加工尺度、精度和稳定性直接影响微纳结构高分子材料在这些领域的应用性能。实现复杂可控的三维微纳结构以及微纳层级结构的精确制备是高分子微纳加工的重要目标，在很大程度上决定着材料的使用性能、应用范围及稳定性。

近期研究中，Wang 等利用激光加工和掩模光刻等技术在聚合物表面加工出倒锥形结构，这种结构能够有效保护表面不易被外力破坏，从而得到坚固、稳定的超疏水表面[43]；王中林团队采用光刻、蚀刻技术制备摩擦带电门控晶体管（NTT）内微米尺寸沟槽，利用原子力显微镜针尖在介质顶层产生的纳米级摩擦起电可以在小于几微米的空间内调节 NTT 中的载流子运输。当纳米级针尖与材料表面摩擦时，在吸附电荷、转移电荷的过程中会在沟槽中产生电场，吸引其他层结构的电子并形成了增强区域，增大了漏电流，由此可以与外部刺激建立主动相互作用以实现直接信息获取，为未来人机接口、柔性电子和生物医学诊断治疗等提供了基础[44]。

微纳制造是全球竞争最激烈，也是发展最迅速的领域之一，尤其是基于聚合物的微纳加工技术和应用。研发新型高分子微纳成型技术，实现微小制品的精密快速制备，表面微纳结构的规模化、高精度、低成本加工是拓展微纳结构高分子材料功能化应用领域的关键，也是支撑许多学科和技术发展的重要基础。

3.4　高分子材料固相加工

高分子加工是将高分子原料转变成实用制品的必经过程，对于高分子材料的应用至关重要，传统的高分子熔融加工方法，如挤出、注射、压制、压延、吹塑等，已经在工业界被广泛地应用于加工各种尺寸、形状的高分子制品。然而，对于高温易分解和熔体黏度大、流动性差的高分子材料，采用传统的熔融加工方法难以成型，需要采用固相及准固相下的成型加工技术（统称固相加工）。借鉴金属材料或无机非金属材料的成型加工，高分子材料的固相加工技术包括烧结成型、辊压成型、柱塞成型、口模拉伸、深冲成型、锤锻成型等（图3.6）[45-51]。固相加工过程中，会发生晶粒细化以及分子链的择优取向，从而大幅改变聚合物的力学性能、光学性能、导热性能等。根据成型过程中的受力状态，固相加工可以分为自由拉伸、口模拉伸、固态挤出、辊压成型等。本节将对自由拉伸、口模拉伸进行重点介绍。

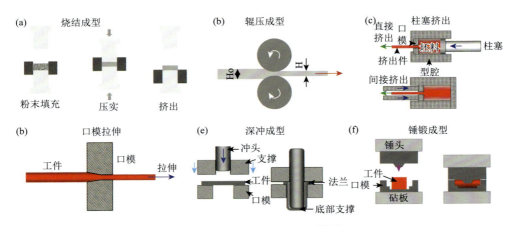

图3.6 高分子固态加工法[45-51]

（a）烧结成型制坯过程；（b）辊压成型；（c）柱塞挤出；（d）口模拉伸；（e）深冲成型；（f）锤锻成型

3.4.1　自由拉伸

　　自由拉伸是制备聚丙烯（PP）和聚乙烯（PE）锂离子电池隔膜（图 3.7）中至关重要的一个环节，决定着隔膜的孔径和孔隙率、力学稳定性、穿刺强度、拉伸强度等。除了用于生产锂离子电池隔膜，自由拉伸还可以用于制备拉杆箱等日用品，如美国著名时尚品牌 Samsonite 的拉杆箱，其主体部分就是通过自由拉伸技术制造的。

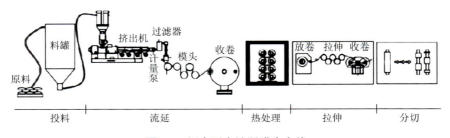

图3.7 锂离子电池隔膜生产线

图片来源：新时代证券研究所

3.4.2　口模拉伸

在自由拉伸与口模拉伸过程中，聚合物主要受拉应力作用，可以达到较高的加工速度。自由拉伸虽然可在高拉伸速度下制备高取向的制品，但是无法控制最终制品的截面尺寸。而口模拉伸结合了自由拉伸和固态挤出的优点，在高拉伸速度下也能稳定可控地制备高取向与大截面尺寸的制品。P. D. Coates 和 I. M. Ward 率先开展了口模拉伸方面的研究[45]。他们发现，通过口模拉伸，可以获得杨氏模量高达 20.6 GPa 的 PP 棒材。四川大学吴世见等[52, 53]研究了 PP 拉伸温度、名义拉伸比、拉伸速度和实际拉伸比之间的相互关系，发现提高拉伸温度或减小名义拉伸比，拉伸速度均可提高，对于名义拉伸比为 3 和 5 的口模，当拉伸温度分别提高至 115℃和 150℃时，拉伸速度可达到装置极限拉伸速度 22000 mm/min；实际拉伸比随名义拉伸比的增大而增大；当拉伸温度小于 115℃时，实际拉伸比随拉伸速度的提高而增大，当拉伸温度达 115℃以后，提高拉伸速度，实际拉伸比则增大到一定值后趋于稳定。拉伸温度、实际拉伸比越高，PP 自增强线材内部形成的微纤结构越完善，结晶度越高，热收缩性越好；拉伸温度为 70℃和 90℃时，拉伸强度随实际拉伸比的增大先增大后减小；而拉伸温度为 115、130 和 150℃时，拉伸强度随实际拉伸比的增大先增大后基本保持不变。北京化工大学蔡建臣等[54]利用固态挤出-口模拉伸成型技术制备了木塑复合材料棒材。结果显示随着挤出比的增大，复合材料的弯曲弹性模量从 2400 MPa 提高到 5800 MPa，抗拉强度从 20.7 MPa 提高到 81.6 MPa。扫描电子显微镜观察发现，复合材料内部形成了大量沿挤出方向有序排列的微纤结构。Men 等发现[55]，口模拉伸所得 PP 内外层结构会出现差异。当与口模距离发生变化时，差异也会有所不同，差异的出现主要是由应力场的不均匀分布造成的。另外，Men 等[51]证明与自由拉伸相比，口模拉伸更容易保存 PP 中的子母片晶枝化（cross-hatched）结构。

3.4.3　固相拉伸过程中的物理过程

在自由拉伸成型过程中，高分子内部结构会发生熔融重结晶、取向以及空洞化等物理现象，宏观上会表现出屈服和应变硬化以及应力发白。正如流变和结晶是高分子熔体加工的物理基础，屈服和应变硬化正是高分子能否实现固相拉伸的物理前提。如果高分子不能实现屈服，则会发生脆性断裂；如果高分子无法发生应变硬化，则会发生韧性断裂，不能实现冷拉。因此，为了理解高分子的固相拉伸成型，非常有必要对固相拉伸过程中的屈服以及应变硬化机制进行介绍。

拉伸成型中的屈服，对聚合物来说，可以通过两种思路来理解。第一种思路是利用 Eyring 黏度理论来解释屈服应力的温度和应变率依赖性[56-58]。该方法在许多非晶态和结晶态聚合物中已经得到了成功应用。Eyring 黏度理论假定屈服是一个速度控制的过程，即屈服过程与热活化过程有关。施加应力后，热活化过程得到加速，使得局部塑性变形速率与宏观应变速率达到平衡，从而发生屈服。这一思路在描述较高温度下聚合物的屈服行为方面非常成功。第二种思路是基于经典的晶体塑性理论，该理论认为屈服是由位错或向错的运动引发的，即屈服是一个成核控制的过程。这种方法最初由 Bowden、Raha 和 Argon 提出，然后 Young 等将其应用于解释无定形和半晶型聚合物的屈服行为[59-61]。Young 假设屈服应力与聚合物晶体中片晶内的螺旋位错成核所需的能量有关，从而发展了晶体塑性理论。

在 Eyring 黏度理论中，高分子内部黏度随着应力的增加而降低。塑性应变速率 $\dot{e}$ 由式（3.1）给出：

$$\dot{e} = \dot{e}_0 \exp\left(-\frac{E_a}{kT}\right) \sinh\left(\frac{V\sigma}{kT}\right) \tag{3.1}$$

式中，$\dot{e}_0$ 是参考应变速率；σ 是拉伸应力；E_a 是活化能；V 是活化体积（代表着一定大小的高聚物链段的体积）。根据这一观点，屈服应力表示内部黏度下降至使得所施加的应变率与由 Eyring 黏度方程所预测的塑性应变速率 $\dot{e}_p$ 相同的值。当应力值较高时，$\sinh x = \frac{1}{2}\exp x$，对式（3.1）进行近似处理，得到

$$\dot{e} = \frac{\dot{e}_0}{2} \exp\left[-\left(\frac{E_a - V\sigma}{kT}\right)\right] \tag{3.2}$$

Haward 和 Thackray 比较了 Eyring 活化体积与"统计随机链"的体积，结果显示活化体积从分子角度考虑的话非常大，比"统计随机链"的体积大 2～10 倍。这表明，与稀溶液中高分子构象变化相比，屈服需要更多的链段发生协同运动[57]。

Robertson 对 Eyring 黏度理论进行了发展[62]。为简单起见，将构象简化为两种状态，即反式低能态和顺式高能态。施加剪切应力 τ 会使每个键的两个稳定构象态之间的能量差从 ΔU 变为（$\Delta U - \tau V\cos\theta$）。$\tau V\cos\theta$ 是构象状态过渡过程中剪切应力完成的功，θ 是结构中某一部分相对于剪切应力方向的角度。在施加应力之前，处于高能状态的构象比例为

$$\chi_i = \frac{\exp\{-\Delta U/k\theta_g\}}{1+\exp\{-\Delta U/k\theta_g\}} \tag{3.3}$$

如果测试温度 $T<T_g$，则结构平衡温度 $\theta_g = T_g$；如果测试温度 $T>T_g$，即 $\theta_g = T$，即低于 T_g 时构象状态"冻结"为温度为 T_g 时所处的状态。在温度 T 处施加剪切

应力 τ，在较高状态下取向为 θ 的元素比例为

$$\chi_{\mathrm{f}}(\theta) = \frac{\exp\left\{-(\Delta U - \tau V \cos\theta)/kT\right\}}{1 + \exp\left\{-(\Delta U - \tau V \cos\theta)/kT\right\}} \tag{3.4}$$

显然，选取取向方向会提高固定部分的体积分数，使得

$$\frac{\Delta U - \tau V \cos\theta}{kT} < \frac{\Delta U}{k\theta_{\mathrm{g}}} \tag{3.5}$$

对于结构单元中的一部分而言，施加应力往往会导致这样一种平衡状态，在该状态中存在更多的挠曲键，这与温度升高相对应。对于其他部分，可以认为应力的作用倾向于降低温度。Robertson 认为[62]，构象变化发生的速率非常依赖于温度。因此，对于这些在施加应力下固定的单元，达到平衡的速率要快得多，因此计算在给定施加应力下可能发生的最大固定键的分数时，其他元素的变化可以忽略不计。该最大值对应于温度升高到温度 θ_1。根据 WLF 公式计算出 θ_1 处的应变速率 $\dot{e}$

$$\dot{e} = \frac{\tau}{\eta_{\mathrm{g}}} \exp\left\{-2.303\left[\left(\frac{C_1^{\mathrm{g}} C_2^{\mathrm{g}}}{\theta_1 - T_{\mathrm{g}} + C_2^{\mathrm{g}}}\right)\frac{\theta_1}{T} - C_1^{\mathrm{g}}\right]\right\} \tag{3.6}$$

式中，C_1^{g}、C_2^{g} 是通用 WLF 参数；η_{g} 是温度为 T_{g} 时的通用黏度。

拉伸过程中发生应变硬化时，高分子网络被高度拉伸。网络的连接点可以是物理缠节点，也可以是微晶（对半晶型聚合物而言）。应变硬化主要有两个原因：一个是拉伸引起分子链发生取向排列，因此拉伸应力随着应变的增加而增加，这一解释对半晶型聚合物和非晶聚合物都是适用的；另一个是冷拉过程中拉伸程度较高时可能会发生应变诱导结晶。这与橡胶在高拉伸度下发生的结晶相类似。从形态学角度来看，可能会形成伸直链晶体或者 shish-kebab 结构。

自由拉伸是制备锂离子电池隔膜最常用的方法之一。与非晶聚合物中的银纹不同，半晶型聚合物中的空洞形成长期以来并未得到足够重视。原因有二：一是非晶聚合物中的银纹直接决定着材料的脆韧转变；二是在拉伸场下半晶型聚合物中发生的结构转变异常丰富，难以厘清相互之间的主次关系。因此，半晶型聚合物在拉伸场下空洞形成的机制目前也仍未统一，主要有两种，都处于唯象阶段。第一种是自由体积波动理论：有研究者发现，如果利用超临界 CO_2 或不良溶剂对 PP 中存在的杂质和添加剂（抗氧化剂、稳定剂）进行清除，拉伸过程中空洞的形成会得到增强；与之相反，如果在非晶区内填充氯仿和己烷等非溶剂小分子，空洞的形成会得到抑制。另外，如果非晶区分子链发生部分解缠结，那么空洞的形成同样会得到增强。这些实验证据都指出空洞的形成与 PP 分子链的自由体积有关。基于以上实验结果，有研究者提出空洞形成是由自由体积波动造成的，这一观点也得到了较为广泛的认可。第二种是缺陷诱导理论：在半晶型聚合物的结晶

过程中，由于中间相的存在，片晶中必然会存在一些缺陷。这些缺陷会成为拉伸过程中空洞形成的引发点，这一理论在聚丁烯、聚己内酯等材料中得到了验证。

3.4.4 固相拉伸过程中的结构演化

1. 无定形变形

半晶型高分子普遍被认为是由三部分组成的：伸直链晶或折叠链片晶组成的晶区、无定形区和架桥分子链。无定形区也称非晶区，是结晶高分子非常关键的一部分。相比于规整的晶区，无定形区结构排列无序，通常无定形区中分子链的存在方式主要有以下几种形式：紧密折叠链（tight folds）、松散的环（statistical loops）、松散的链端（loose chain ends）、完全无定形链（fully amorphous chains）、系带链（tie chains）和受限缠结链（trapped entanglements）等[63, 64]，如图 3.8 所示。事实上，上述的晶体结构是由计算机模拟推算的，在高分子材料的制备过程中，无定形区的形变在高分子制品中占有重要作用，但现有的手段很少能对无定形区的形变进行精细结构表征，即使是用最新的同步辐射 X 射线散射技术，也是根据晶区和非晶区电子散射密度差，研究晶体的形变进而推测无定形区的演化过程。

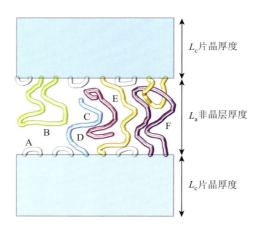

图 3.8 半结晶高分子无定形区分子链存在的可能方式

A. 紧密折叠链；B. 松散的环；C. 松散的链端；D. 完全无定形链；E. 系带链；F. 受限缠结链[63]

结晶高分子中无定形区形变机制主要包括片晶间的滑移（或剪切）、片晶间的分离以及片晶簇的旋转[65]，如图 3.9 所示。理想状态下片晶和无定形层平行排列，无定形层中的系带链能贯穿相邻数个片晶层。而且一般无定形区密度远低于结晶区，在应变状态下往往优先发生形变。当沿分子链不同取向方向进行拉伸时，应变较小时，片晶间容易发生剪切滑移，而且这种滑移是可以回复的。无定形区变形导致了相邻片晶的位置发生变化，无定形层的剪切和滑移直接导致片晶间滑移和旋转，无定形层的拉伸将引起片晶间分离，进一步拉伸片晶内出现细滑移，无定形层的旋转导致片晶簇的整体旋转。而拉伸方向倾斜的片晶，滑移将可能导致片晶旋转，降低结晶分子的链取向度[66, 67]。

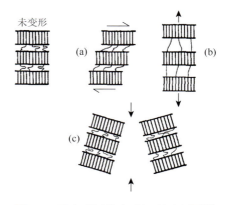

图 **3.9**　无定形区的变形机理示意图[65]

（a）片晶间的滑移（或剪切）；（b）片晶间的分离；
（c）片晶簇的旋转

2. 晶体滑移

在众多的变形机制中，晶体滑移机制是最重要的一种[65, 68]。晶体滑移是指晶体块沿一定（hkl）平面相互滑动（滑移面），通常在屈服点附近开始。Bowden 和 Young 进行了大量研究，他们将高分子晶体内部的滑移分为沿链方向的细滑移（fine slip）、粗滑移（coarse slip）、局部晶格的细滑移以及垂直于链方向的横向滑移。大分子晶体中的纵向或横向链滑移发生在同一平面上。无论是细滑移还是粗滑移，都只与片晶的变形有关。相反，片晶间的滑移与非晶层和片晶的平行剪切有关，如图 3.10 所示，c 方向表示链轴的平行方向，n 方向代表片晶的法线方向。晶面细滑移的特征是分子链轴方向上有许多的位错，这些位错会使片晶与片晶中折叠链的链方向形成一定的夹角。当细滑移发生时，晶体表面法向（n）与链轴（c）之间发生偏转，n 与 c 之间的夹角发生变化。这种变形导致晶体中的链逐渐倾斜，片晶逐渐变薄，长周期减小。粗滑移的特征是链滑移方向与片晶法线方向始终保持平行，粗滑移的位错发生在相邻的晶粒间或间隔几个晶面。粗滑移过程中的剪切是通过一个晶体块滑过另一个晶体块进行的。这个过程在 n 相对于 c 没

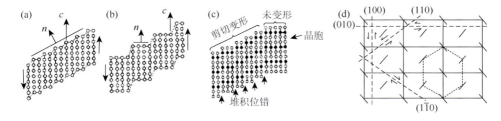

图 **3.10**　高分子晶体内链滑移示意图[65]

（a）细滑移；（b）粗滑移；（c）局部晶格的细滑移；（d）聚乙烯的横向滑移

有发生改变，晶体表面法线和分子链轴方向始终保持平行，晶体内发生剪切变形。非均匀变形通过粗滑移过程继续进行。具有较大晶格的高分子晶体（如聚酰胺）中通常发生在链方向的局部晶格的位错细滑移；横向滑移是由剪切应力引起在垂直于链方向上晶体内产生的滑移，其方向与链方向垂直。在高应变下，它可能导致片晶断裂，随后形成纤维状结构[69-73]。

对于许多半结晶聚合物来说，细滑移似乎是最常见的方式，特别是在压缩模式下[74,75]。在拉伸变形过程中，会发生粗滑移，有时粗滑移与细滑移并存，甚至相互竞争[76]，这取决于聚合物内部的固有缺陷、预变形处理和实验条件（如退火[65]、拉伸温度[77]）。研究表明，沿分子链不同取向方向施加应力时，当应变较小时，片晶间发生剪切滑移，其有序性并不会遭到破坏，并且这种滑移导致的形变是可回复的。通过广角 X 射线散射（WAXS）和小角 X 射线散射（SAXS）等仪器可以判定晶体链方向和滑移面法线方向，从而判断发生的是哪一种滑移。例如，Cowking 和 Peterlin 利用 X 射线和光学显微镜观察到很多半结晶高分子的晶体滑移过程[78,79]，Bartczak 等[76]利用双轴拉伸研究了等规聚丙烯（iPP）薄膜体系中不同取向角度拉伸的滑移过程，发现了滑移过程对滑移面应力法线的敏感性，以及线形聚乙烯晶体中观察到的滑移过程具有类似性。

滑移机制对各种变形模式的适应性很好地说明了模型的普遍性，更重要的是，相关的关键晶体学事件（如晶体块的滑动和片晶的倾斜）也可以在接下来的变形模型中建立基本分子过程。

3. 熔融重结晶

Flory 等认为结晶高分子非晶区存在大量的缠结以及分子链在片晶间相互连接，导致分子链的运动能力受限，晶体滑移仅能解释小应变或中等应变下的晶体行为，但对拉伸后期大应变下的形变行为，特别是纤维化的晶体行为，仅依靠晶体滑移难以实现。因此，他们提出了结晶高分子拉伸形变过程中存在局部晶体受应力诱导的熔融-重结晶理论[80]。他们认为熔融和重结晶在聚合物的塑性形变过程中起主要作用，根据片晶的插线板模型，片晶之间紧密相连，无规缠结被限制在折叠部分，拉伸过程中片晶活动受阻，通过形变逐渐演变为纤维结构的过程中，必须通过熔融来减轻链缠结的作用，使得分子链的活动性增加，再一步经历重结晶现象来形成纤维内的折叠链结构。

应变诱导熔融-重结晶模型用于解释屈服以外的大应变变形（图 3.11 B 点至 C 点）[81]。在变形作用下，聚合物晶体发生局部应变熔融，此时试样整体仍旧保持固体状态，这是一种与熔融相当的高度无序的中间状态。因此，熔化后的晶体沿应力方向形成具有较好链状取向的新晶体（图 3.11）。熔融-重结晶模型考虑了从折叠链状到未伸展纤维状结构的片晶形态的演变。

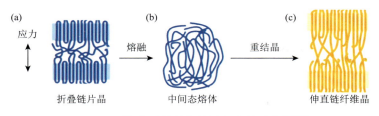

图 3.11　熔融-重结晶拉伸过程中的示意图[73]

（a）初始折叠链晶体；（b）中间熔融；（c）重结晶成伸直链纤维晶；黑色箭头表示应变增加

在熔融-重结晶模型中，塑性的扩展是由链取向导致的局部应力水平降低所驱动的。长周期只与拉伸温度有关，而对应变速率、屈服应力和其他拉伸条件不敏感[82, 83]，这是支持熔融-重结晶理论的主要依据。另一个支持的结果来自屈服点附近结晶度的下降和随后的升高，当施加更高的拉伸温度（T_s）时，这一点更为明显[84, 85]。Peterlin 等[86]利用 SAXS 研究 PE 样品的拉伸行为，发现长周期随拉伸温度的升高先缓慢增加后迅速增加，但与样品的热历史无关，说明在拉伸过程中晶体发生重排，由此认为在拉伸过程中发生了熔融-重结晶现象，之后他们又对 PP 进行拉伸研究，得到了和 PE 拉伸同样的结论[87]。Men 等[88]采用同步辐射 WAXS 实验观察聚丁烯-1（PB-1）在高温拉伸过程中的晶体演化，发现在晶型 I 向晶型 II 转变过程中发生应力诱导熔融重结晶过程。Li 等[89]在研究线形低密度聚乙烯（LLDPE）在拉伸过程中的结构演化时发现不同应变速率均出现了六方晶系，这是因为在拉伸过程中出现应力诱导熔融-重结晶。

3.5　发展趋势与展望

（1）由于增材制造技术的普适性、灵活性和在诸多领域的巨大潜力，该技术正逐渐成为一项重要的战略技术。虽然我国在增材制造领域的研究论文数量高居全球首位，但近年开发的高分子增材制造创新技术和变革性技术绝大部分都来自国外科研机构。而我国的许多科学研究都集中于对 3D 打印新材料的研发和新应用的拓展。这体现了我国在增材制造原创技术方面创新性不足的问题，也反映了我国在精密装备生产方面的欠缺。为开发具有自主知识产权的高分子增材制造新技术，我国应加大对技术创新的投入，鼓励原创性和变革性技术创新，整合增材制造上下游产业，构建跨学科、跨领域的立体研究体系，使技术理论研究与设备开发和设备控制协调发展。

（2）随着我国长期发展战略的开展，微纳加工迎来了前所未有的发展机遇和前景。新型航空航天装置采用大量高性能高分子复合材料，但是一些零部件结构复杂且精度要求高，国防工业也需要高精度传感器和微机电系统。微纳成型的高分子制品和零部件对这些高精尖器械和设备的小型化、多功能化、低成本化具有重要意义。微纳加工成为衡量国家尖端制造业水平的重要指标之一，各个发达国家非常重视其发展，并纷纷加快战略布局。我国研究人员在高分子微纳成型和微纳加工方面都取得了长足的进步，许多新材料、新技术、新应用的研发中都有中国研究人员的身影，部分成果甚至取得世界领先的成绩，并成功将科研成果转换为产业成果。微纳技术不断发展，工艺不断迭代更新，产品设计技术不断进步，而目前存在的最大问题是先进微纳加工设备的国产化和创新工艺的研发能力不足。

（3）与挤出、注射、吹膜、溶液纺丝等传统加工手段相比，固相加工具有操作简单、耗能低、无污染等诸多优点，同时可以用于成型加工熔体黏度大、高温易分解的高分子材料。然而，目前研究主要集中于少量高分子材料，如聚乳酸、聚四氟乙烯、聚偏氟乙烯、聚丙烯、聚乙烯等，尚未在更多材料上进行验证，缺乏通用性；其次，早期固相加工技术主要用于成型，忽略了成性这一关键指标，但是材料的多功能性正是 21 世纪新材料所必需的特征。因此，为了扩展高分子制品的固相加工方法，发挥固相加工的优势，有必要对以下几方面进行进一步发展：①固相加工过程中高分子材料结构破坏与重建的原位检测；②固相加工过程中高分子材料连续性方程的建立以及数值模拟；③发展高分子复合材料的固相加工工艺或者实现高分子固相加工制品的功能化。

参 考 文 献

[1] Crump S S. Apparatus and method for creating three-dimensional objects：US 5121329A[P]. 1992-06-09.

[2] Gantenbein S，Masania K，Woigk W，et al. Three-dimensional printing of hierarchical liquid-crystal-polymer structures[J]. Nature，2018，561（7722）：226-230.

[3] Liu T，Tian X，Zhu W，Li D. Mechanism and Performance of 3D printing and recycling for continuous carbon fiber reinforced PLA composites[J]. Journal of Mechanical Engineering，2019，55：128-134

[4] Bourell D L，Marcus H L，Barlow J W，et al. Multiple material systems for selective beam sintering：US 5382308A[P]. 1995-01-17.

[5] Espera Jr A H，Valino A D，Palaganas J O，et al. 3D printing of a robust polyamide-12-carbon black composite via selective laser sintering：thermal and electrical conductivity[J]. Macromol Mater Eng，2019，304（4）：1800718.

[6] Yan C，Shi Y，Yang J，et al. A nanosilica/nylon-12 composite powder for selective laser sintering[J]. J Reinf Plast Comp，2008，28（23）：2889-2902.

[7] Zhu C，Han Y J，Duoss E B，et al. Highly compressible 3D periodic graphene aerogel microlattices[J]. Nat Commun，2015，6：6962.

[8] Hull C W，Uvp I. Apparatus for production of three-dimensional objects by stereolithography：US 4575330A[P]. 1986-03-11.

[9] Zhang R，Larsen N B. Stereolithographic hydrogel printing of 3D culture chips with biofunctionalized complex 3D

perfusion networks[J]. Lab on a Chip，2017，（24）：4163-4358.

[10]　Tumbleston J R，Shirvanyants D，Ermoshkin N，et al. Continuous liquid interface production of 3D objects[J]. Science，2015，347（6228）：1349-1352.

[11]　He M，Zhao Y，Wang B，et al. 3D printing fabrication of amorphous thermoelectric materials with ultralow thermal conductivity[J]. Small，2015，11（44）：5889-5894.

[12]　Sachs E M，Haggerty J S，Cima M J，et al. Three-dimensional printing techniques：US 5204055A[P]. 1993-04-20.

[13]　Kelly B E，Bhattacharya I，Heidari H，et al. Volumetric additive manufacturing via tomographic reconstruction[J]. Science，2019，363（6431）：1075-1079.

[14]　Oran D，Rodriques S G，Gao R X，et al. 3D nanofabrication by volumetric deposition and controlled shrinkage of patterned scaffolds[J]. Science，2018，362（6420）：1281-1285.

[15]　Swainson W K，Method，medium and apparatus for producing three-dimensional figure product：US 4041476A[P]. 1977-08-09.

[16]　Regehly M，Garmshausen Y，Reuter M，et al. Xolography for linear volumetric 3D printing[J]. Nature，2020，588（7839）：620-624.

[17]　Saha S K，Wang D，Nguyen V H，et al. Scalable submicrometer additive manufacturing[J]. Science，2019，366（6461）：105-109.

[18]　Schaffner M，Rühs P，Coulter F，et al. 3D printing of bacteria into functional complex materials[J]. Sci Adv，2017，3（12）：eaao6804.

[19]　Dong Z，Cui H，Zhang H，et al. 3D printing of inherently nanoporous polymers via polymerization-induced phase separation[J]. Nat Commun，2021，12：247.

[20]　Skylar-Scott M A，Mueller J，Visser C W，et al. Voxelated soft matter via multimaterial multinozzle 3D printing[J]. Nature，2019，575（7782）：330-335.

[21]　Zhao Z，Kuang X，Yuan C，et al. Hydrophilic/hydrophobic composite shape-shifting structures[J]. ACS Appl Mater Interfaces，2018，10（23）：19932-19939.

[22]　Svoboda F，Hromcik M. Construction of the smooth morphing trailing edge demonstrator[C]. 2019 22nd International Conference on Process Control（PC19），Strbske Pleso，2019.

[23]　Roberts J，Jepsen R，Gotthard D，et al. Effects of particle size and bulk density on erosion of quartz particles[J]. J Hydraul Eng-ASCE，1998，124（12）：1261-1267.

[24]　Xue W，Bandyopadhyay A，Bose S. Polycaprolactone coated porous tricalcium phosphate scaffolds for controlled release of protein for tissue engineering[J]. J Biomed Mater Res Part B：Applied Biomaterials，2010，91B（2）：831-838.

[25]　Li L，Li Y，Yang L，et al. Polydopamine coating promotes early osteogenesis in 3D printing porous Ti6Al4V scaffolds[J]. Ann Transl Med，2019，7（11）：240-240.

[26]　Chen J，Huang D，Wang L，et al. 3D bioprinted multiscale composite scaffolds based on gelatin methacryloyl（gelma）/chitosan microspheres as a modular bioink for enhancing 3D neurite outgrowth and elongation[J]. J Colloid Interf Sci，2020，574：162-173.

[27]　彭万波. 微纳制造技术的发展现状与发展趋势[J]. 航空精密制造技术，2009，45（2）：32.

[28]　孙靖尧，吴大鸣，刘颖，等. 聚合物微纳制造技术[J]. 橡塑技术与装备，2016，42（10）：1-9.

[29]　Rajhi A A. An investigation of micro and nanoscale molding for biomedical applications[D]. Bethlehem：Lehigh University，2019.

[30]　熊良钊，杨卫民，周星，等. 微纳层叠挤出技术的研究进展[J]. 中国塑料，2015，29（8）：9-16.

[31]　顾长志，等. 微纳加工及在纳米材料与器件研究中的应用[M]. 北京：科学出版社，2013：353.

[32]　王国彪. 纳米制造前沿[M]. 北京：科学出版社，2009：346.

[33]　Wang Z，Wu T，Wang Z，et al. Designer patterned functional fibers via direct imprinting in thermal drawing[J]. Nat Commun，2020，11（1）：1-9.

[34]　Liu F，Nair C，Khurana G，et al. Next generation of 2-7 micron ultra-small microvias for 2.5 D panel redistribution layer by using laser and photolithography technologies[C]. 2019 IEEE 69th Electronic Components and Technology Conference（ECTC），Las Vegas，2019.

[35]　何西琴，童杏林，陈续之，等. 倒锥微孔阵列的激光微加工技术研究进展[J]. 激光杂志，2021，42（1）：7-10.

[36]　刘聚坤. 飞秒激光在半导体和聚合物材料上的超分辨纳米加工研究[D]. 上海：华东师范大学，2015.

[37]　张德远，蒋永刚，陈华伟，等. 微纳米制造技术及应用[M]. 北京：科学出版社，2015：252.

[38]　中国科学技术协会，中国机械工程学会. 2012—2013 机械工程学科发展报告：特种加工与微纳制造[M]. 北京：中国科学技术出版社，2014：257.

[39]　Liu Y，Sheng P. Modeling of x-ray fabrication of macromechanical structures[J]. J Manuf Process，2002，4（2）：109-121.

[40]　张富城. 聚醚醚酮微型齿轮的注射成型技术研究[D]. 大连：大连理工大学，2016.

[41]　Chavoshi S，Rabiee M，Rafizadeh M，et al. Mathematical modeling of drug release from biodegradable polymeric microneedles[J]. Bio-Des Manuf，2019，2（2）：96-107.

[42]　张铠. 聚合物血管支架的微注射成型工艺研究[D]. 大连：大连理工大学，2014.

[43]　Wang D，Sun Q，Hokkanen M J，et al. Design of robust superhydrophobic surfaces[J]. Nature，2020，582（7810）：55-59.

[44]　Bu T，Xu L，Yang Z，et al. Nanoscale triboelectrification gated transistor[J]. Nat Commun，2020，11（1）：1054.

[45]　Coates P D，Ward I M. Drawing of polymers through a conical die[J]. Polymer，1979，20（12）：1553-1560.

[46]　Zachariades A E，Mead W T，Porter R S. Recent developments in ultraorientation of polyethylene by solid-state extrusion[J]. Chem Rev，1980，80（4）：351-364.

[47]　Wu S Z，Lee W B. Orientation relationship and mechanical properties of rolled polypropylene sheets[J]. Key Eng Mater，2000，177-180：357-362.

[48]　Younesi D，Mehravaran R，Akbarian S，et al. Fabrication of the new structure high toughness PP/HA-PP sandwich nano-composites by rolling process[J]. Mater Design，2013，43：549-559.

[49]　柏栋予，白红伟，傅强. 高分子材料烧结成型研究进展[J]. 高分子通报，2017，（10）：13-22.

[50]　Lin Y，Li X，Chen X，et al. Deformation mechanism of hard elastic polyethylene film during uniaxial stretching：Effect of stretching speed[J]. Polymer，2019，178：121579.

[51]　Lyu D，Sun Y Y，Lai Y Q，et al. Advantage of preserving bi-orientation structure of isotactic polypropylene through die drawing[J]. Chin J Polym Sci，2021，39（1）：91-101.

[52]　刘义，曾佳，张鹏飞，等. 口模拉伸聚丙烯线材的性能[J]. 塑料工业，2016，44（2）：83-87.

[53]　曾佳，刘义，张鹏飞，等. 等规聚丙烯的口模可拉性[J]. 工程塑料应用，2015，43（11）：35-38.

[54]　蔡建臣，薛平，陈同海，等. 挤出比对固态挤出成型自增强木塑复合材料性能的影响[J]. 工程塑料应用，2013，41（5）：38-41.

[55]　Lyu D，Sun Y，Thompson G，et al. Die geometry induced heterogeneous morphology of polypropylene inside the die during die-drawing process[J]. Polym Test，2019，74：104-112.

[56]　Bauwens-Crowet C，Bauwens J C，Homès G. Tensile yield-stress behavior of glassy polymers[J]. J Polym Sci Part A-2：Polym Phys，1969，7（4）：735-742.

[57]　Haward R N，Thackray G，Sugden T M. The use of a mathematical model to describe isothermal stress-strain curves in glassy thermoplastics[J]. Proc R Soc Lond A，1968，302（1471）：453-472.

[58]　Boyce M C，Parks D M，Argon A S. Plastic flow in oriented glassy polymers[J]. Int J Plasticity，1989，5（6）：593-615.

[59]　Bowden P B，Young R J. Deformation mechanisms in crystalline polymers[J]. J Mater Sci 1974，9：2034-2051.

[60]　Young R J. A dislocation model for yield in polyethylene[J]. Philos Mag A，1974，30（1）：85-94.

[61]　Argon A S，Galeski A，Kazmierczak T. Rate mechanisms of plasticity in semi-crystalline polyethylene[J]. Polymer，2005，46（25）：11798-11805.

[62]　Robertson R E. Theory for the plasticity of glassy polymers[J]. J Chem Phys，1966，44（10）：3950-3956.

[63]　Nilsson F，Lan X，Gkourmpis T，et al. Modelling tie chains and trapped entanglements in polyethylene[J]. Polymer，2012，53（16）：3594-3601.

[64]　Gedde U W，Mattozzi A. Polyethylene morphology[M]//Albertsson A C. Long term properties of polyolefins，Berlin：Springer Berlin Heidelberg，Heidelberg，2004：29-74.

[65]　Bowden P B，Young R J. Deformation mechanisms in crystalline polymers[J]. J Mater Sci，1974，9：2034-2051.

[66]　Hiss R，Hobeika S，Lynn C，et al. Network stretching，slip processes，and fragmentation of crystallites during uniaxial drawing of polyethylene and related copolymers. A comparative study[J]. Macromolecules，1999，32（13）：4390-4403.

[67]　Jiang Z，Chen R，Lu Y，et al. Crystallization temperature dependence of cavitation and plastic flow in the tensile deformation of poly（ε-caprolactone）[J]. J Phys Chem B，2017，121（27）：6673-6684.

[68]　Bartczak Z，Galeski A. Plasticity of semicrystalline polymers[J]. Macromolecular Symposia，2010，294（1）：67-90.

[69]　Wang Y，Wu T，Fu Q. Competition of shearing and cavitation effects on the deformation behavior of isotactic polypropylene during stretching[J]. Polymer，2023，273：125888.

[70]　Li Y，Ma G Q，Sun Y，et al. Understanding the morphological and structural evolution of α- and γ-poly(vinylidene fluoride) during high temperature uniaxial stretching by *in situ* synchrotron x-ray scattering[J]. Ind Eng Chem Res，2020，59（41）：18567-18578.

[71]　Seguela R，Elkoun S，Gaucher-Miri V. Plastic deformation of polyethylene and ethylene copolymers：Part Ⅱ. heterogeneous crystal slip and strain-induced phase change[J]. J Mater Sci，1998，33（7）：1801-1807.

[72]　Gaucher-miri V，Elkoun S，Séguéla R. On the plastic behavior of homogeneous ethylene copolymers compared with heterogeneous copolymers[J]. Polym Eng Sci，1997，37（10）：1672-1683.

[73]　Xu S，Zhou J，Pan P. Strain-induced multiscale structural evolutions of crystallized polymers：from fundamental studies to recent progresses[J]. Prog Polym Sci，2023，140：101676.

[74]　Bartczak Z，Lezak E. Evolution of lamellar orientation and crystalline texture of various polyethylenes and ethylene-based copolymers in plane-strain compression[J]. Polymer，2005，46（16）：6050-6063.

[75]　Bartczak Z，Cohen R E，Argon A S. Evolution of the crystalline texture of high-density polyethylene during uniaxial compression[J]. Macromolecules，1992，25（18）：4692-4704.

[76]　Bartczak Z，Galeski A. Yield and plastic resistance of α-crystals of isotactic polypropylene[J]. Polymer，1999，40（13）：3677-3684.

[77]　Gaucher-Miri V，Séguéla R. Tensile yield of polyethylene and related copolymers：Mechanical and structural evidences of two thermally activated processes[J]. macromolecules，1997，30（4）：1158-1167.

[78] Peterlin A. Crystalline character in polymers[J]. J Polym Sci Part C: Polymer Symposia, 1965, 9 (1): 61-89.

[79] Cowking A, Rider J G. On molecular and textural reorientations in polyethylene caused by applied stress[J]. J Mater Sci, 1969, 4 (12): 1051-1058.

[80] Flory P, Yoon D Y. Molecular morphology in semicrystalline polymers[J]. Nature, 1978, 272: 226-229.

[81] Saalwächter K, Thurn-Albrecht T, Paul W. Recent progress in understanding polymer crystallization[J]. Macromol Chem Phys, 2023, 224 (7): 2200424.

[82] Seguela R, Staniek E, Escaig B, et al. Plastic deformation of polypropylene in relation to crystalline structure[J]. J Appl Polym Sci, 1999, 71 (11): 1873-1885.

[83] Ranganathan R, Kumar V, Brayton A L, et al. Atomistic modeling of plastic deformation in semicrystalline polyethylene: role of interphase topology, entanglements, and chain dynamics[J]. Macromolecules, 2020, 53 (12): 4605-4617.

[84] Lv F, Chen X, Wan C, et al. Deformation of ultrahigh molecular weight polyethylene precursor fiber: crystal slip with or without melting[J]. Macromolecules, 2017, 50 (17): 6385-6395.

[85] Zanjani J S M, Poudeh L H, Ozunlu B G, et al. Development of waste tire-derived graphene reinforced polypropylene nanocomposites with controlled polymer grade, crystallization and mechanical characteristics via melt-mixing[J]. Polym Int, 2020, 69 (9): 771-779.

[86] Corneliussen R, Peterlin A. The influence of temperature on the plastic deformation of polyethylene[J]. Die Makromol Chem, 2003, 105 (1): 193-203.

[87] Baltá-Calleja F J, Peterlin A. Plastic deformation of polypropylene[J]. J Mater Sci, 1969, 4: 722-729.

[88] Wang Y, Jiang Z, Wu Z, et al. Tensile deformation of polybutene-1 with stable form i at elevated temperature[J]. Macromolecules, 2012, 46 (2): 518-522.

[89] Feng S, Lin Y, Yu W, et al. Stretch-induced structural transition of linear low-density polyethylene during uniaxial stretching under different strain rates[J]. Polymer, 2021, 226: 123795.

第4章

功能化、绿色化高分子材料成型加工

　　高分子材料是继金属材料、无机非金属材料之后迅速发展的一种新型材料，在国民经济和国防建设等领域发挥着不可或缺的作用。然而，目前使用的高分子材料绝大多数源于不可再生的石油资源，并且废弃后在环境中难以降解。这些废弃的塑料特别容易引起严重的环境污染问题，特别是最近引起极大关注的海洋"微塑料"问题。

　　塑料污染在全球普遍存在，它遍布海洋、湖泊河流、土壤和沉积物中，甚至在大气和动物体内。这是由于刻意追求经济的线性生长导致塑料被快速生产从而忽略了废弃物对外部环境的影响。一次性塑料消费的急剧上升和不断扩大的"一次性"文化加剧了环境恶化问题。废弃物管理系统在全球范围没有足够的能力安全处理或回收废塑料，导致塑料制品不可避免地增加环境污染。研究估计，每年约有 800 万吨大颗粒塑料和 150 万吨微塑料进入海洋。事实上，全球塑料污染率尚待量化。如果塑料的生产和废物的排放按目前的速率持续增长，因管理不当造成的年均废弃塑料量预计在 2050 年会翻倍，并且海洋残余塑料的累积质量从 2010 年到 2025 年会增加十倍。

　　越来越多的证据表明塑料污染具有广泛性和严重性。目前已知约 700 种海洋生物和 50 种淡水生物已摄入或卷入大颗粒塑料中。同时陆生生物摄入废弃塑料的量也在逐级提升。不仅是影响动植物生态系统，塑料污染也在影响人类生活的各个方面，如影响海滩美观、阻塞排水、废水处理系统，以及为病毒和细菌提供繁殖场所。据统计，塑料污染对渔业、旅游业和航运业等行业每年的经济影响保守估计为 130 亿美元。尽管微塑料的有害影响尚未得到证实，但目前已在跨营养水平层级和所有深度的海洋生物中发现均有微塑料的摄入。除此之外，在个体生物、物种群集、陆生生物中也有发现。并且已有研究发现人类食物中的微塑料也越来越多，塑料的生产、收集和处理也是温室气体主要的排放源。

经济高效的废弃塑料解决方案在不同地理和社会环境差别很大。地方、国家和地区各个层级已提出各种塑料污染问题的解决方案。一些拟议的干预措施侧重于消费后管理，需要在废物管理解决方案的投资和能力方面有相当大的增长。个别国家已对选定的塑料制品实施强制禁令或征税，特别强调禁止一次性使用包装袋和化妆品中的微珠。欧盟通过了一次性塑料禁令，《巴塞尔公约》修正了塑料废弃物的国际贸易规范。高分子材料废弃引起的巨大环境污染压力，直接导致了近期全球范围内"限塑"和"禁塑"令的出台。因此，高分子材料的来源以及废弃后对环境的影响已成为高分子材料可持续发展迫切需要解决的两大问题。

为了减轻高分子材料废弃后引起的环境污染问题，一方面可以发展循环塑料高值化回收技术及绿色制造，既可以节约资源，又降低环境的负担；另一方面，对于不好回收的一次性产品，可以用完全生物降解的高分子材料替代，废弃后可以回收，丢弃在环境中则可被微生物分解为二氧化碳和水，对环境无害。此外，为了减轻对石化资源的过度依赖，可以利用地球上丰富的生物质资源，开发生物基高分子材料。

4.2 ▶ 功能高分子材料成型加工

高分子材料由结构材料向功能材料转化是目前高分子学科的重要发展方向之一。功能高分子材料一般指在传递、转换或存储物质、能量或信息的基础上还额外具有化学反应活性、光敏性、导电性、催化性、生物相容性、药理性、选择分离性、能量转化性、磁性等功能的高分子及其复合材料。功能高分子材料在电子信息、航空航天、生物医药、人工智能、仿生、物质分离等领域都有广阔的应用前景[1]。高分子材料功能化极大地拓展了其应用领域，在科学研究和实际应用中具有十分重要的意义。随着新材料的开发、应用场景的变更、加工技术的变革，对功能高分子材料的要求也越来越多样化和复杂化。因此，功能化高分子材料主要向高性能、多功能、智能化、微型化、规模化制备等方向发展。

4.2.1 本征型功能高分子材料成型加工

本征型功能高分子材料是通过分子结构设计，在主链或侧链上引入特定功能官能团，通过化学手段聚合，再通过成型加工制备的功能高分子材料产品，如离子交换膜、分离膜、光学膜、聚合物电解质、介电储能聚合物薄膜、本征导电导热高分子等。此类功能高分子性能主要取决于所含官能团的种类、与高分子骨架的协同作用以及功能链段的聚集态结构，因此也要求特定的成型加工方式去构筑此类功能高分子产品。

分子级别的结构设计和调整是本征型功能高分子材料功能性发挥的关键。相关研究主要针对特定应用场景而进行特定的分子结构设计，通过原位聚合方式得到相关材料；或通过特定高分子加工方式，获得具有特定聚集态结构，使普通高分子材料转变为功能高分子材料。相应产品的成型需要考虑所设计分子的稳定性、溶解性，所合成高分子构象结构的稳定性、可调性，所需功能高分子产品的宏观外形和使用环境等多种因素的耦合作用。具体地，分子设计中需要考虑功能基团的元素、键能、位阻以及空间构型等与成型加工方式的匹配效应，合成高分子链段结构、几何立构、端基结构、分子间作用力、氢键、结晶度等对材料功能性的影响及对成型加工条件的要求，以及外部应用环境、产品外形特性、使用寿命对分子结构设计和成型加工方式选择的要求。

多数本征型功能高分子材料主要通过功能性官能团实现特定功能，其性能也依赖于分子结构的设计，如超共轭分子结构可赋予聚合物的本征电子导电性，解离型高分子链结构实现聚合物的本征离子导电。成型加工过程中对分子链段聚集态结构的控制也是其性能发挥程度的关键，例如通过限制加工过程对分子链结晶行为可大幅提高本征聚合物的离子传导性，通过控制超共轭分子链聚集态结构的有序排列可显著改善本征导电性。

模板法因简单、高效、可控的特点被广泛用于制造包括 0～3 维结构的微纳尺寸导电高分子材料。其中以物理模板作为模具的硬模板法可通过选择不同的模板控制聚合物的尺寸和形貌，模板多为具有微纳米结构的纳米颗粒或纳米管道，如多孔氧化铝（AAO）、聚合物纤维、碳纳米管（CNT）等[2]。硬模板法的优势在于既可以直接浸入单体溶液内用于本征高分子的化学聚合，也可以与金属板一起作为电极用于电化学合成。通过单体分子在模板微纳结构表面的原位合成直接成型为具有微纳结构的功能高分子材料。然而，在后期模板去除过程中可能导致微纳结构的破坏，此外，硬模板的尺寸也限制了成型聚合物的尺寸和数量，不利于规模化生产。

功能高分子分子链的有序分布可以最大程度发挥官能团的特性，以获得材料的最佳功能性或在特定方向上获得功能显性。就本征导电高分子而言，共轭分子链的有序取向分布可以减少电子的无序传输，在取向方向上获得最优的电子传输性能。就成型加工而言，利用外场作用，如电场、磁场、流动剪切场等，诱导高分子分子链取向排布，又称定向组装法，可以实现更低的制造成本，简单的加工程序和更高的生产效率，以及选择纳米尺度的构件、结构和基板更好的是活性。以流动剪切外场为例，溶液剪切刮涂是目前获得取向高分子分子链的主要方式之一，该方法易于操作、可规模化生产，在制备小分子取向结晶、本征导电高分子有序排列、1D 聚合物纳米线等方面广泛应用[3]。主要利用刮涂对高分子溶液所产生的单一定向剪切场实现分子链的有序排列，剪切场的强度决定了分子链取向的有序程度，剪切速度、溶液黏度、刮刀间距等都直接影响最终产品中分子链取向排布。目前，含微纳结构刮涂、与电磁等外场的结合等多种刮涂工艺的相继出现实现了分子链取向排布的精确调控[4]。

通过控制聚合物分子链聚集态结构变化实现高分子功能化，如分子链的高度结晶和有序取向可实现聚合物材料的本征声子传输散热和导热特性。制品的成型加工是改变该类聚合物聚集态微结构的有效手段，也是基于控制微结构来实现调控本征导热高分子导热性能的重要途径[5, 6]。加工成型过程中产生的拉伸、剪切效应，特殊加工方式如辅助模板法，流场、电磁场辅助加工，特殊聚合法等均利于分子链段发生取向，提高结构有序性及聚合物本征导热率。例如，通过固态挤出成型或固态拉伸形成的强剪切场可有效调控半结晶型聚合物的晶态结构，促使聚合物分子链沿剪切方向取向排列，构筑高效声子传导通路[7]。此外，基于聚合物分子链段间分子间氢键作用自构筑多重连接结构作为声子传递通道，结合外场剪切加工，可获得高本征导热高分子材料[8]。随着新技术的开发，静电纺丝、3D 打印等技术可以为本征导热高分子材料的成型提供了更先进的生产工艺。

对于交联聚合物而言，含液晶基元的预聚物能在固化网络中产生微观有序结构。基于液晶基元自组装有序结构在交联空间内形成的相互连接结构来提高原本无规网络的有序程度，提升交联聚合物的本征热传导[9]。控制液晶自组装成晶体的温度应低于固化温度时才能优先产生自组装液晶有序结构，获得同步具有微观有序和宏观无序的高导热率的热固性树脂。此外，在交联过程采用辅助外场如电/磁场、应力和流场可使自组装液晶沿外场发生取向排列，增加交联网络的微尺度有序结构，构筑出更多促进声子传递的导热通路。例如，外加磁场可以有效调控部分液晶单元取向结构，相比于自组装液晶单元交联结构，材料本征导热率显著提高[10]。

功能高分子光学薄膜的成型加工是温度、拉伸外场耦合驱动的多尺度结构的演化过程。其中拉伸过程是光学功能薄膜加工的重要环节，也是最复杂的加工流程，涉及高分子链的取向、结晶等现象。以 PET 光学膜的双向拉伸加工为例，从工艺角度来看，PET 光学膜加工涉及挤出流延、纵向横向拉伸、松弛定型等工艺过程，与工艺所对应的物理过程则包含熔融、拉伸诱导结晶等[11]。在取向薄膜加工过程中，由分子链拉伸或取向导致初始熔点熵降低、结晶动力学加速引起的拉伸诱导结晶决定了薄膜的力学和光学性能[12]。

新型本征型功能高分子的开发与应用，需要从分子结构精准设计与合成，到凝聚态结构精确调控，再到加工成型精密控制，贯穿全链条跨尺度耦合设计。此外，新型成型加工方法的出现，为该类功能高分子在复杂结构与功能产品的应用开辟了新的途径。

4.2.2　微纳结构功能高分子材料成型加工

微纳结构功能高分子材料，是通过成型加工手段调整通用高分子的物理结构，在材料内部或表面形成微纳结构（如多孔结构、表面荷叶结构等），从而实现高分子材料的功能性。常见的此类功能高分子主要应用于表面疏水、离子阻隔、隔热、隔声、油水分离等领域，如消音海绵、保温隔热泡沫、油水分离泡沫材料等。功能高分子的微纳米化不仅可以节省能源与原材料，还能实现多功能的高度集成和生产成本的大幅降低。实现材料微纳结构化的基础是先进的微纳加工技术。目前，微纳加工技术获得了广泛的应用，成为当今微纳米研究与产业化不可缺少的手段，该技术除了用于高分子功能材料的加工，还广泛应用于晶体管、集成电路、微电子、微机械与微流体中，得到了飞速发展。

微纳结构的精准调控是实现材料功能性的关键。相关研究主要集中在微纳结构的设计和微纳结构的成型新方法研究。微纳结构成型需要考虑功能性要求、高分子构象可控性以及微纳结构尺寸形状。目前微纳结构成型的主要方法包括模板法、相分离法、纺丝技术等。

聚合物整体微纳多孔结构赋予了常规聚合物材料油水分离、催化、吸附、隔热、隔声等作用。其中，泡孔的结构、尺寸、密度、分布决定了多孔聚合物的基本性质和应用领域。按照泡孔的形成机理不同，可以分为化学法和物理法。其中，化学法以超交联多孔聚合物为典型，其合成主要基于 Friedel-Crafts 化学，提供快速动力学以发生强键合，形成具有高孔隙率的高度交联的网络，多用于制备纳米孔或介孔多孔材料[13, 14]。选择合适的单体、交联剂和优化反应条件可以制备具有可调性多孔拓扑结构的聚合物骨架，而在后期引入其他的化学官能团，可导致其性能进一步增强，从而应用于特定场合。多孔聚合物具有可调控的表面积和良好的孔隙结构，且可以在分子水平上进行设计和制备。多孔聚合物的基本聚合物具有易加工性的特性，并且其微观形态具有可控性，如准直径的纳米颗粒、中空胶囊、二维膜及三维单片等。

微米级尺寸多孔聚合物的制备主要依靠物理法成型，如相分离法、超临界发泡、冰模板法等。物理法成型通过打破稳定聚合物溶液体系热力学平衡状态，引发相分离以制备多孔材料。该方法成本低、操作简单，易于规模化。制备工艺上，该方法主要通过在稳定的聚合物溶液体系中添加非溶剂或采用降温的方式使其处于热力学不稳定状态，引发相分离后，体系形成聚合物富相（溶剂贫相）与聚合物贫相（溶剂富相）。聚合物富相形成多孔整体材料的骨架，聚合物贫相在经过冷冻干燥后则形成多孔整体材料的孔结构。相分离法通过分别引入非溶剂、热变量或两者结合引发相分离可分为非溶剂诱导相分离（NIPS）、热诱导相分离（TIPS）和热影响非溶剂诱导相分离（TINIPS）[15]。此外，聚合物溶液浓度、非溶剂添加量、降温速率和温度等都是影响孔结构与性能的关键因素。

超临界流体是温度和压力高于临界值的物质，兼具液体与气体特性，并具有高可压缩性。因而可以通过改变压力，快速大幅度调整其密度，为快速可控聚合物多孔结构的形成提供可行性。以超临界二氧化碳发泡构筑聚合物微孔结构为例[16]，二氧化碳在一定压力下形成超临界流体状态，容易与聚合物形成共混物，在快速压力变化下可快速改变气体在聚合物内的溶解度，导致气体过饱和并实现泡孔结构的形成，其中二氧化碳在聚合物中的溶解度是调节泡孔结构的关键。聚合物的相结构直接影响聚合物的物理性能，从而影响其发泡性能，多相聚合物的相结构（如共连续结构、海岛结构、纤维结构等）为调节泡孔形态提供了可能，共混多相聚合物的发泡行为也是目前研究的热点之一。

以冰晶为模板的冰模板法可以认为是一种由冰晶生长诱导的相分离过程，本质上是冰晶自组装技术。冷冻干燥技术可复制冰晶结构，所得材料的孔道形貌与冰晶形貌直接相关[17]。此外，低温凝胶（或冷冻结构）是一种特殊的凝胶形成类型，发生在可能形成凝胶的系统的低温处理的结果中。基本特征是溶剂的强制性结晶，例如在半冰冻的水介质中合成，冰晶作为致孔剂，融化后形成连续的相互连接的孔，其中溶剂的冷冻先于反应的发生是该方法的关键。

多孔聚合物薄膜因特殊的孔结构和柔性等特性在组织工程、分离、传感等领域有着广阔的应用前景。微孔薄膜的制备和加工主要集中在微纳孔结构的形成和调控，基于微纳孔的形成机制，其成型方式主要分为自上而下的轨迹蚀刻、纳米压痕、微模板等和自下而上的嵌段共聚物自组装、静电纺丝等[18]。轨迹蚀刻是基于高能重离子、电子、X射线照射或紫外光照射聚合物，导致裸露的聚合物薄膜形成线性损伤轨迹，然后通过化学刻蚀获得损伤轨迹所形成的多孔结构，因此蚀刻溶剂和时间是控制孔形状和直径的关键参数，而照射时间决定了孔密度。轨迹蚀刻技术能够精确控制多孔聚合物薄膜的均匀孔径、形状、位置和密度[19]。该技术的优势在于能够分别控制从纳米到微米尺度的孔径大小，并实现孔密度的跨数量级调控。

纳米压印光刻技术是一种常用于多孔聚合物膜制备的软光刻技术，具有成本低、工艺简单、成型周期短等特点。该过程涉及将模板压在硅晶片或金属表面的可变形抵抗层，主要包含热纳米压印和光纳米压印技术两种[20]，模板的精度和结构是印压在聚合物表面孔结构的关键。热纳米压印通过加热将热塑性聚合物升至玻璃化转变温度以上，沉积在基质表面形成软化层，以压印微纳结构。其中压印的温度和压力是该技术的关键。不同于热纳米压印技术，光纳米压印技术涉及在液体光致抗蚀剂层上压印所需的图案，并通过紫外（UV）曝光对其进行固化，从而通过诱导聚合物交联来固化抗蚀剂。

聚合物自组装通过特定非共价相互作用驱动聚合物前体的自发组装，形成多孔聚合物膜。通常，自组装可以通过相转化过程来诱导，主要的相转化过程包括非溶剂诱导相分离（NIPS）、热诱导相分离（TIPS）和气相诱导相分离（VIPS）等。嵌段共聚物自组装的 NIPS（自组装 NIPS）基于嵌段聚合物链段的热动力学不相容性，通过相分离形成多孔结构，对于制备具有小纳米孔的聚合物结构具有显著优势[18]。嵌段共聚物自组装可以在 3～50 nm 范围内提供高密度均匀的纳米级孔，而不需要复杂昂贵的设备[21]。尽管嵌段共聚物自组装具有多种优点，如仅通过调整每个嵌段的化学成分和长度，就可以在低纳米范围内精确控制孔径，但要实现直径超过 100 nm 的孔径仍然是一个挑战。

商用 PE/PP 电池隔膜的加工是温度、拉伸外场、溶剂挥发等多场耦合驱动的微纳多孔结构演化过程，其中拉伸加工是电池隔膜加工的重要环节，主要制备方法包含干法单向拉伸、干法双向拉伸及湿法双向拉伸等[12]。以干法单向拉伸为例，工艺过程包含熔融挤出、拉伸冷却、退火、冷拉、热拉及热定型等过程。加工过程中，高分子熔体被拉伸产生晶核，并诱导取向片晶生长，经退火工艺形成完善的结晶结构，得到硬弹性体。之后，晶格拉伸使无定形分子链拉伸、片晶簇分离，形成微孔核。在最后热拉过程中，微孔核附近片晶逐渐纤维化形成纤维架桥，同时微孔核扩大形成微孔电池隔膜。其中，冷拉工艺是微孔核形成的关键步骤，冷拉应变、温度和速率主要决定了形成的微孔膜结构和性能，而热拉工艺由热效应和机械效应协同控制，受热拉温度、速率和应变等影响。相比于单向拉伸，双向拉伸工艺通过纵向与横向的耦合拉伸，使结构在两个方向上同步演化，不仅决定隔膜的最终形态与性能，还能显著提高其尺寸稳定性与微孔分布的均匀性[22]。

表面微纳米结构是指表面具有一定规则形状排列的组织结构或具有微纳米尺寸的图案形貌。这些微织构主要通过表面包覆、表面改性、化学处理、激光加工、离子注入和表面刻蚀等方法制备加工，从而修饰物体表面的物理和化学特性，优化材料表面的疏水、减阻、抗黏附等性能，赋予材料防水、防尘、减阻等重要的功能特性。目前，表面微纳结构的制备方法主要包括沉积法、模板合成法、静电纺丝法、自组装技术、飞秒激光加工技术、刻蚀技术和微纳增材制造技术等。就飞秒激光加工技术而言，其作为一种新型的微纳米结构加工手段，表现出加工精度高、热损伤面积小、加工材料不受限等诸多优越的特性，在微纳米精细加工领域有着广泛的应用。此外，将飞秒激光技术与仿生设计理念相结合，通过飞秒激光精确可控地制备微纳米结构，不仅可精确制备微纳米结构，还能显著调控材料表面的物化性质，展现出卓越优势[23]。

微纳纤维无纺布是通过熔融或溶液形成纤维并控制纤维的取向、堆积和折叠的方式组装形成的纤维布材料。微纳米纤维的制备方法多样，包括拉伸法、模板合成法、自组装法、微相分离法、静电纺丝法等。然而各种成纤的方法均有其局限性，拉伸法对溶液的黏度有很高的要求，模板合成法不能进行连续生产，自组装法和微相分离法产率不高等[24]。综合工艺可控性、纤维尺度调控能力与大规模生产的可能性，静电纺丝法被认为是制备连续纳米纤维的最有效技术。静电纺丝具有工艺可控性强、可重复性高、纤维尺度可控性等优点，此外通过调节静电纺丝过程的参数，制备出多种精准控制纤维成分、直径、形貌和取向的微纳米纤维。

不同的表面微纳结构可以呈现出不同的功能，随着科技的发展，不同功能的微纳结构表面有望开发出更多应用。当前，表面功能微纳结构的发展受制于加工技术，需要从设计与制造两个层面深入研究。研究新型微纳加工的技术，设计不同功能的微纳结构是表面微纳结构研究的重点方向。当前，微纳结构功能高分子加工主要方向包括：微纳结构规模化成型加工理论与方法，复杂三维微纳结构的成型理论与方法，扩展微纳结构功能高分子材料的应用。

4.2.3　功能高分子复合材料成型加工

复合型功能高分子材料（功能高分子复合材料）是在通用高分子材料中引入功能性填料（如有机或无机导电填料、导热填料、介电填料、磁性填料等）实现结构高分子材料向功能性高分子材料的转变。因功能可设计性广、制备方法简单，功能高分子复合材料是目前功能高分子材料实现功能化的主要途径。

功能填料在复合材料内的分散、界面以及有序分布是构筑功能高分子复合材料的关键。相关研究主要集中在功能填料的表面改性、功能填料与聚合物基体的界面结构、功能填料在基体内宏观分布和微观结构对复合材料功能性的影响等。具体到成型加工方面，包括：熔体加工中剪切过程与填料分散和有序结构之间的定性定量关系，溶液加工中功能填料在溶液中分散性与最终制品的分散性的关系，新型三维有序网络结构的预构筑及其新型成型方法和理论。因此，功能高分子复合材料成型重点是考虑功能填料在高分子凝聚态结构中的演变，包括分散、界面、有序结构的多外场耦合作用加工。

功能化作为高分子复合材料发展的重要方向备受重视，其功能性包括：导电、导热、介电、电磁屏蔽、形变感应等。这一系列功能需要特定功能性填料或结构来实现。因此，功能性填料或结构在加工中的形态调控对更好实现复合材料的功能性影响显著。以导电高分子复合材料（CPC）为例，导电填料网络在加工中的形态调控与最终导电性能关系密切。近年来，高长径比导电填料（如碳纳米管和石墨烯）的出现，推动了此类材料制备与多功能化研究的迅猛发展。目前加工方法主要包括3D打印、模板法、原位生长、逐层组装、溶液共混、熔融共混以及发泡技术等。

下面简要讨论各种加工方法的研究进展。

3D 打印是一种结合计算机软件、材料、机械等多领域的系统性、综合性新兴技术，运用粉末金属或线材塑料等可黏合材料，通过选择性黏结逐层堆叠积累的方式来形成实体。3D 打印的主要技术包括熔融沉积成型（FDM）、光固化立体成型（SLA）、选择性激光烧结（SLS）以及立体喷墨打印（3DP）等[25]。高分子丝材主要应用于 FDM 技术[26]。该技术所用机型较小，一般为桌面型，价格较为便宜，故应用较广。光敏树脂即 UV 树脂是 3D 打印中 SLA 技术所用主要材料，通过激光、数码光等光束在计算机控制下照射光固化材料表面，逐层扫描凝固，堆积构成一个三维实体。其特点是表面精度高、细节表现好，质量甚至超过注塑产品，可用于原型及模具制造、精密铸造。SLS 技术是一种以激光为热源烧结粉末材料成型的快速成型技术。从理论上来说，任何受热后能够黏结的粉末均可作为 SLS 烧结的原料，包括高分子、陶瓷、金属粉末和它们的复合粉末。高分子粉末因烧结能量需求低、烧结工艺简单且成型质量高，已成为广泛应用于选择性激光烧结成型的原材料。

模板法是制备纳米复合材料的一种重要技术，也是功能高分子复合纳米材料研究中应用最广泛的方法之一，特别是制备性能特异的功能高分子复合纳米材料，模板法可以根据合成材料的性能要求以及形貌设计模板的材料和结构，来满足实际的需要。目前已有的模板法包括 DNA 分子模板法、蛋白质分子模板法、矿物骨架模板法、氧化铝模板法、二氧化硅模板法以及为适应各种情况而单独设计的模板法等[27]。模板法合成纳米材料与直接合成相比具有诸多优点，主要表现为：能精确控制纳米材料的尺寸、形状、结构和性质；实现纳米材料合成与组装一体化，同时可以解决纳米材料的分散稳定性问题；合成过程相对简单，很多方法适合批量生产。

原位生长是一种在聚合物基质中直接分散功能性填料并促进聚合的技术。该方法的优点是可以在分子层级上分散和接枝聚合物链和填料[28]，提供了优异的填料分散性、在填料和聚合物基质之间的潜在良好的界面强度，以及控制填料的均匀分散，改善机械性能和电气性能。近年来，原位生长被用于制造含有石墨烯的 CPC，实现填料分散与功能性提升的同步优化。在聚合过程中，通过相对较高的温度将氧化石墨烯还原成聚合物基体中的石墨烯，省去了后续处理步骤即可获得 CPC。

逐层组装法是开发具有强度高、黏合性可控、柔韧性和环境稳定性超强且坚固的薄膜以及涂层的有效制造方法[29]。通过交替沉积功能性填料悬浮液和聚合物溶液中的互补成分，可在分子水平上精确设计填料-聚合物界面并控制填料的成分分布和含量。此外，可以通过直接浸渍或旋转、喷雾辅助组装施加剪切力，精细调整纳米复合膜的形貌。

溶液共混技术是利用溶剂介质将功能填料分散在聚合物中的方法。蒸发溶剂后，可得到导电填料均匀分散的聚合物混合物。制备过程中往往需要超声处理以使填料（尤其是高长径比的填料）在微米尺度上相对均匀地分散。溶液共混技术合成的高分子复合材料通常都具有良好的填料分散性和机械性能。溶液共混之后，化学键合对于稳定填料分散形态和增强组分界面强度至关重要。

熔融共混是将功能性填料掺入黏性聚合物熔体中的有效方法。该技术的优点是可以将填料直接分散到基体中，不需要化学修饰，并且通过黏性聚合物基体防止填料重新聚集。该方法非常适合当前的工业实践。需要注意的是，熔融共混需要较长的分散时间才能达到良好的分散性。熔融共混是制造CPC的一种有吸引力的方法，因为它可实现大批量生产且降低生产成本。但是，与其他方法相比，由于表面张力、熔体黏度及导电填料长径比等多因素的复杂影响，调控共混物中导电网络的分散状态极具挑战性。

目前，直接使用发泡剂是大规模生产泡沫类纳米复合材料的常用方法。发泡剂是在泡沫中形成气相的物质。目前使用的发泡剂分为物理发泡剂和化学发泡剂。化学发泡剂通常是经过化学反应产生并释放气体，例如偶氮二异丁腈（AIBN），已被用作生产聚偏二氟乙烯（PVDF）/石墨烯纳米复合泡沫的发泡剂[30]。物理发泡剂是在发泡条件下气化的物质，如超临界二氧化碳，常用于生产 PS/石墨烯和PMMA/石墨烯纳米复合泡沫[31]。

4.3 废弃塑料高值化回收及绿色制造

近年来，塑料制品的过度使用以及大部分塑料制品的填埋和废弃对固体废物管理系统和自然生态环境带来巨大压力。根据相关学者的研究，废弃塑料中12%被焚烧，79%被填埋或废弃到自然环境，只有大约 9%得到循环利用。如果不能大大提高塑料的回收利用率，预计到 2050 年累计会有 120 亿吨的废塑料被丢弃在自然环境中。废弃塑料是一种蕴含大量能量和有机高分子的资源，直接掩埋或丢弃也是一种资源浪费。对废弃塑料进行高效回收与利用，不仅可以创造良好的社会效益和经济效益，还事关人民群众健康、我国生态文明建设和高质量绿色发展需求。

4.3.1 废弃塑料回收利用技术

对于废弃塑料的回收处理需要考虑两个方面。首先，如果不能及时和全面地处理塑料废料，它们将需要很长时间才能自然降解。其次，如果使用不合理的回收处理方法，可能会增加处理成本或引起严重的二次污染问题。塑料回收利用过程是将废弃塑料以物理或化学的方式将其中储存的化学能量或化学物质转化为新型产品或其他能源原料,实现废弃塑料的资源化利用。根据国际回收标准指南按优先顺序分为物理回收、化学回收和能量回收。图 4.1 为废弃塑料常用的回收技术。

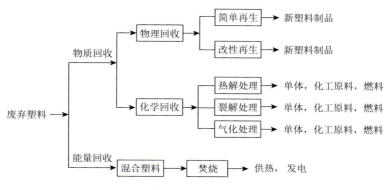

图 **4.1**　废弃塑料常用的回收技术

1. 物理回收

废弃塑料的物理回收是指采用物理的方法对废弃塑料进行再加工和成型,使之成为新的塑料产品进入市场,该技术具有工艺简单、投资成本小等优点,是热塑性废弃塑料回收领域的常用方法之一。根据加工工艺的不同,可将物理回收方法分为简单再生和改性再生。

简单再生是指将废弃塑料进行简单的分类、清洗和机械粉碎后直接进行熔炼成型的过程。简单再生采用简单的生产工艺和设备即可得到新的塑料产品,得到的产品与原始废弃塑料的化学成分相同,但是物理性能等有所下降。

改性再生通过交联、接枝和氯化等非高温热解工艺实现废弃塑料某种或几种特性的增强,具体结合物理和化学方法来改性废弃塑料以达到重新利用的价值。该方法所需生产工艺较为复杂,并且通常需要专用设备和较大的资本投入。如图 4.2 所示[32],对于大多数热塑性塑料,可以与改性添加剂和黏合剂混合通过机械破碎挤压再生,如翻新塑料瓶和再生橡胶。而热固性废塑料,由于优异的机械和化学稳定性,可以在机械粉碎后作为增塑材料直接回收,典型的应用是用作建筑填料和混凝土骨料。

2. 化学回收

废弃固体塑料中蕴含大量能量和高聚物分子,可作为生产高附加值化学物质和燃料的原料来源。当前绿色的回收方式不仅仅要提取其中的能量或者对其进行机械回收,更有必要对产生高附加值的单体及石油燃料等进行相关研究和探索。目前,对废弃塑料的化学回收方法以热解处理为主。

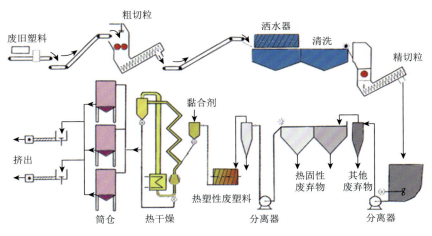

图 4.2　废弃塑料物理回收技术流程图

1）热解处理

在实际处理过程中，有些废弃塑料如混合塑料、多层包装用品及聚氨酯建筑材料等，不适合用于物理回收法，热解法可为这些塑料提供一种新的选择。热解法是指在无氧高温条件下，利用热能使废弃塑料中的分子化合键断裂，使其由大分子量的有机物转化成低分子量的化工原料气、液态油类与焦炭等。这些产品可用作固体和气体燃料，或用作各种下游工业的原料。同时，为了提高废弃塑料回收利用率，还可将其与其他物质如生物质、煤等实现共同转化。因此热解是废塑料化学回收的重要手段，具有环保、低污染、利用率高、产品价值高的优点。为了实现资源的最大化利用，往往采用某种介质与废弃塑料共同热分解。常见的介质有水和醇类（如甲醇、乙二醇和异辛醇等），基于这些介质形成的水/醇解法逐渐成为废弃塑料热解领域的常用手段。

2）裂解处理

废塑料的热裂解是一个复杂而连续的化学反应过程，反应的温度比热解处理要高，一般在 400～850℃。这种化学处理方法适用于裂解各种废旧塑料，其产品包括汽油、柴油、重油和其他高热值气体。德国 IKV 公司使用流化床在 450℃下裂解 PS 废塑料得到 62.5%的苯乙烯和 20.5%的苯乙烯三聚体，此过程无需对废弃塑料进行清洁和粉碎，并且在裂化过程中也很容易分离混入塑料中的杂质[33]。

随着技术的发展和设备的不断优化，在处理废弃塑料的过程中加入合适的催化剂不仅显著降低了聚合物热解所需的活化能，提高了反应速率，还提高了热解产物的质量，并控制了产物的类型和分布。通常用于废塑料催化裂解的催化剂主要包括介孔分子筛催化剂（如 MCM-41、ZSM-5、SBA-15 和 Y 沸石等）、过渡金属催化剂（Mo、Fe、Co、Cu 和 Ni 等）、氧化物催化剂（如 SiO_2、Al_2O_3、BaO 和

ZnO 等）和某些盐类催化剂。催化裂解可分为一步催化裂解方法和先裂化后催化改性方法。一步催化裂解方法是将催化剂和废塑料同时放入反应釜中直接分解生成相应的产物。而后者是对裂解后的废弃塑料进行催化改性，使产物异构化和芳构化以提高汽油和其他产物的质量和回收率。表 4.1 列举了几种不同废弃塑料催化裂解过程中所需的适宜温度和催化剂。

表 4.1　几种不同废弃塑料催化裂解过程中所需的适宜温度和催化剂

塑料种类	单体	温度/℃	催化剂
PP	丙烯	300~400 350~450 400~450	Al_2O_3 Al_2O_3-SiO_2 天然沸石
PE	乙烯	300~400 400~450 400~500	Y 沸石 Al-SBA-15 HZSM-5
PVC	氯乙烯	200~300 300~400 400~500	Cu $AlCl_3$，$ZrCl_4$ Na_2SO_3
PS	苯乙烯	300~400 400~450 450~500	Cu，ZnO，Fe_2O_3，Y 沸石 ZnO，Al_2O_3 过渡金属氧化物

3）气化处理

废弃塑料可以在空气、氧气或水蒸气等气化介质中分解生成 CO、H_2 和 CH_4 等合成气。这些合成气可用作生产甲醇和氨等化学产品的原料，以及用于发电、加热和供暖设施的燃料。废弃塑料气化处理的主要反应器包括：移动床气化炉、流化床气化炉和气流床气化炉。具体如图 4.3 所示[32]，对于移动床气化炉，将废弃塑料原

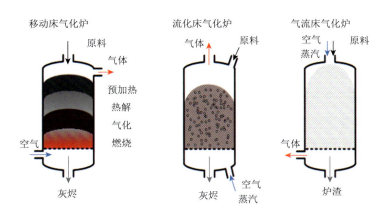

图 4.3　三种常见的废塑料气化反应器

料和其他添加剂从反应器的顶部加入，反应气体介质从下到上依次经过燃烧、气化、热解和预加热，塑料废料逐层向下移动，剩余的产物从底部连续排出。流化床反应器是使用反应气或空气自下而上通过床层以使废弃塑料原料处于悬浮运动状态并进行高温气-固相反应，具有很好的处理效果。气流床气化炉是指将废弃的塑料原料与高温气体接触后瞬间气化的设备。例如，德国 Espag 公司旗下的 Schwarze Pumpe 炼油厂每年处理 1700 吨废弃塑料用于城市燃气。赫斯特（Hoechst）公司使用 Uhde Gmb H 的高温 Winkler 工艺蒸发混合的塑料并将其转化为水煤气作为合成醇的原料。

3. 改性再生

1）物理改性

将适量的活化刚性无机颗粒（如粉煤灰、$CaCO_3$ 和 $BaSO_4$）掺入废弃塑料中可以改善再生材料的机械性能和耐高温性。Baheti 等[34]将球磨后粒径小于 500 nm 的粉煤灰颗粒掺入环氧树脂塑料中获得具有三层层压结构的玻璃纤维织物，发现当粉煤灰的含量是 3 wt%时，再生塑料的冲击强度从 253.75 kJ/m^2 增加到 407.81 kJ/m^2。

作为"生态友好型材料"的天然纤维比大多数合成材料具有更好的机械拉伸强度和物理性能，并且具有可再生、可生物降解以及天然储量丰富等特性，因此常被用作改性功能性填料。Laadila 等[35]通过包装行业回收的聚乳酸废塑料用纤维素复合改性获得了生物复合材料。结果发现再生的生物复合材料的机械性能与原始的再生塑料产品相比，杨氏模量从 64.47 MPa 增加到 887.3 MPa，拉伸应力从 29.49 MPa 增加到 41.36 MPa。

2）化学改性

化学改性是指通过交联、接枝、共聚等将其他单体小分子和功能基团引入原始分子链中，从而使废塑料具有较高的耐冲击性、优异的耐热性和耐老化性。废弃塑料化学改性的具体例子包括：再生聚乙烯的交联改性，再生聚乙烯的氯化改性，无规聚丙烯的氯化改性，再生聚氯乙烯的氯化改性，以及再生聚丙烯的共聚改性。我国已将废弃塑料通过化学改性成功地应用于建筑外墙水性基材的水性微乳液，具有较高的附加值。

4. 焚烧处理

废旧塑料中含有大量热量，其热值与煤相当，甚至更高。焚烧处理是一种操作简单、容易实现且有效的废弃塑料回收利用方法。废弃塑料燃烧后，其固体含量可减少 90%以上，减少了填埋所需的土地，具有良好的社会效益和经济效益。因此，在一定程度上直接焚烧法可以降低填埋法中废弃塑料对土地造成的污染；另外，燃烧过程中的高热量释放会破坏废弃物中的部分有毒物质，因此该方法适合于复杂结构聚合物、老化降解的塑料制品及含有毒性残留物的包装材料。目前，日本有近 2000 个废塑料焚烧炉，热能利用率高达 38%。在德国，焚烧废塑料产生的热能被用来发电，发电量占热能发电总量的 6%。废塑料焚烧的主要产物是二氧化碳和水，但由于塑料成分和焚烧条件的不同，也会产生多环芳烃、一氧化碳和其他有害物质。因此，焚烧处理不是处理废塑料的理想方法，它需要完整的污染物处理和净化系统。如图 4.4 所示，焚烧废塑料的气体需要经过去除氮氧化物、酸碱性气体、粉尘性气体后检测达标才可以允许排出。

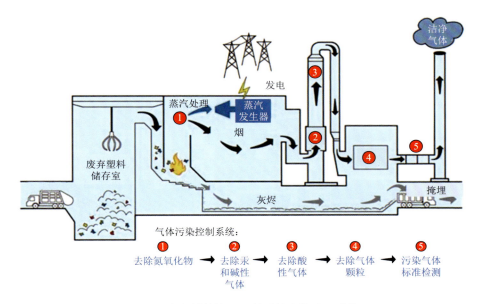

图 4.4　废塑料焚烧处理所需的净化处理系统

4.3.2　废弃塑料的绿色再制造

在过去的 30 年中，世界各国对循环废弃塑料回收利用的增值利用进行了广泛的研究，取得了可喜的成果，可以归纳为以下几个方面。

1. 能源化工行业应用

在上述废塑料处理方法中，裂解技术在隔绝空气条件下可阻止有害物质二噁英的形成。更重要的是，裂解会产生液体和气体燃料以及其他增值产品。Miandad 等[36]使用天然和合成的沸石催化剂在 450℃催化裂解 PE、PS 和 PP 三种塑料废物及其混合物。根据催化裂化的结果（图 4.5），发现 PS 塑料废料在使用天然沸石时显示出 54% 的最高液态油产率，而使用合成沸石时为 50%。此外，与使用两种催化剂的单个塑料原料相比，使用合成沸石催化裂解 PE、PS 和 PP 的所有混合物具有更高的液态油产率。气相色谱-质谱联用（GC-MS）分析结果如表 4.2 所示，所有废塑料的裂解液体油主要由芳烃组成，并含有少量的脂肪族烃化合物，且所得的液态油具有类似于普通柴油的较高热值（40～45 MJ/kg）。

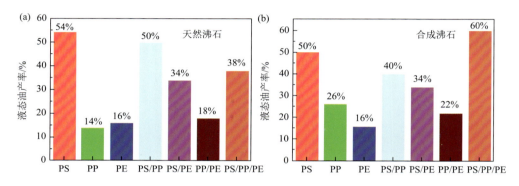

图 4.5　使用天然沸石（a）和合成沸石（b）催化裂化液态油的产率

表 4.2　天然和合成沸石催化剂催化热解制得的液态油的热值

废塑料类型	天然沸石热值/(MJ/kg)	合成沸石热值/(MJ/kg)
PS	41.9	40.6
PE	45.0	41.0
PP	41.7	42.2
PS/PP	40.2	41.6
PS/PE	41.7	41.2
PE/PP	40.8	41.8
PS/PE/PP	41.7	42.9

2. 建筑材料行业应用

在道路建设中，将有机废塑料掺入沥青不仅消耗了大量的生活或工业废料，还优化了其刚性、流变特性和其他工程特性。Hu 等[37]使用聚乙烯废料包装带（WPT）作为沥青的性能增强黏合剂，并对 WPT 的不同用量进行了流变学表征。

印度是第一个使用废塑料碎片和热拌沥青混合料铺路的国家，并已成功用于 11 个州的 100000 多 km 的公路建设[图 4.6（a）]。与传统道路相比，塑料道路不仅坚固、耐热，而且成本降低了 8%～9%。荷兰建筑公司 Volker Wessels 用废塑料代替传统的沥青和石头，开发了一种新型的空心道路建设解决方案[图 4.6（b）]。这种新颖的道路具有质量轻、易于组装和维护的优点。

图 4.6　印度的塑料路（a）和荷兰的新型空心路（b）的示意图

　　再生废塑料经过进一步处理，不仅为道路材料的改性和构造增加了价值，而且在墙体建筑材料的应用中也具有很高价值。日本正在逐步推广以聚苯乙烯泡沫为主要材料的泡沫房屋 DOME HOUSE。DOME HOUSE 的地基直接与混凝土融合在一起，每个阻燃泡沫板可承受 10 人的重量，因此在抵抗台风和地震方面发挥了良好的作用。另外，在混凝土中使用废塑料作为骨料可以经济地生产轻质混凝土。Corinaldesi 等[38]用废 PET 颗粒和玻璃纤维增强塑料（GFRP）废料代替传统混凝土中的天然沙子和石灰石填料，用石灰和水硬石灰代替水泥，木材废料和工业副产品二氧化硅粉颗粒作为功能性添加剂和助剂，最终得到了一种包含 100%废料的混凝土，该废料显示出低的导热性和轻质的特性，也可用于修复古代砖石。

　　结合国内外的研究现状，废塑料在建筑材料中的应用不仅可以达到相应的建筑标准，还具有良好的延展性，可抑制混凝土内部裂缝的产生和发展。另外，某些废塑料如泡沫塑料具有很强的高温稳定性和明显的隔热效果。

3. 合成碳纳米材料应用

　　废塑料的主要成分是聚烯烃，其碳含量约占聚烯烃质量的 86%。因此，使用废塑料合成高附加值的碳纳米材料无疑是一种回收废塑料的创新方法。Oh 等[39]开创了一种使用废塑料瓶合成垂直排列的碳纳米管（CNT）的新方法。所获得的碳纳米管的平均外径为 20～30 nm（图 4.7），石墨化程度略高于市售的多壁碳纳米管（MWCNT），重要的是，该方法可以应用于规模化工业生产 CNT。

　　石墨碳纳米材料也可以从废塑料中获得，这些废塑料可以用作锂离子电池中的电极材料。Kumari 等[40]将碎的废弃 PVC 塑料在高温铁水中碳化，以沉积石墨材料（图 4.8），并使用 PVC 衍生的石墨作为锂离子电池的阳极。这种新型电极材料的第一循环可逆比容量为 444 mA·h/g，并且比商用锂电池石墨具有更高的热稳定性。这项研究提供了一种通过废塑料的再利用来合成锂离子电池高附加值纳米碳材料的新颖方法。Wei 等[41]提出了一种经济实用的策略，以自行制备的微米硅

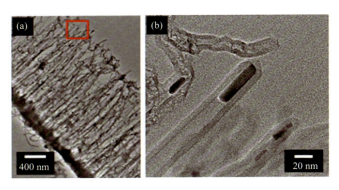

图 4.7 （a）CNT 的 TEM 图；（b）（a）中以正方形标记的区域的放大 TEM 图

和废弃的 HDPE 为原料制备用于锂离子电池的硅/碳纳米纤维/碳（Si/CNF/C）复合材料。所获得的 Si/CNF/C 电极材料在 100 次循环后具有 82.2%的高初始库仑效率和 937 mA·h/g 的稳定可逆比容量。

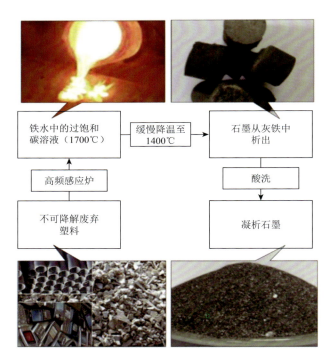

图 4.8 废弃 PVC 塑料合成石墨流程

4. 聚酯纤维行业应用
经过清洗和灭菌、高温熔融、纺丝和编织后，废塑料可以加工成聚酯纤维。

最近，安踏集团的研发团队突破了许多技术障碍，实现了从废塑料瓶到聚酯纤维的高效再生。在这项研究中，回收 11 个 550 mL 废塑料瓶可以制成一件能源技术服装，其总成本比国际水平低 30%～50%。利用再生废塑料制造地毯的工艺在我国已经相当成熟。山东省一家地毯公司一年消耗近 26 亿个废塑料瓶生产 600 万个毯子，不仅创造了经济效益，而且有效地解决了废塑料问题。一个典型的例子是，在中国 2019 年国庆阅兵中使用的红地毯是由 40 万个废旧塑料瓶制成的，这是壮观且环保的。与动物纤维和植物纤维相比，通过废塑料获得的纺织品（如衣服和地毯）具有抗虫、防霉、弹性和耐磨性良好的优点。

4.4 生物降解与生物基高分子材料成型加工

近年来，对来源于可再生资源的生物基高分子以及在环境中可降解的生物降解高分子的需求日益增长。

生物降解高分子材料是最早研究环境友好型材料。理想的生物降解高分子是指能够在自然界产生的微生物（如细菌、真菌）以及藻类的作用下完全分解成二氧化碳和水的材料。从生物可降解性的角度来看，生物降解高分子是环保的，不管它是以不可再生的化石资源还是以可再生的生物质资源作为原料[42-46]。

生物基高分子材料的定义是利用可再生碳资源生产的材料。从植物和木材生物质中提取的成分（如淀粉、纤维素、半纤维素、木质素）或由大气中的二氧化碳光合作用生成的植物油作为可再生的碳资源。因此，基于"碳中和"的概念，生物基塑料在使用后燃烧时被认为是环保材料，因为产生的二氧化碳再次通过光合作用转化为生物质。因此，生物基高分子材料不要求是否可生物降解。

生物基高分子材料强调的是材料的植物来源性，而生物降解高分子材料关注的是材料的生物可降解特性。生物基高分子材料不一定都能完全生物降解，而石油基高分子材料未必不能完全降解。

4.4.1 生物基生物降解高分子材料

目前，合成的生物基生物降解高分子材料主要有如下两类：一类是以聚乳酸为代表的由微生物发酵和化学合成共同参与得到的聚合物；另一类是以聚羟基烷酸酯为代表的由微生物直接合成的聚合物。

1. 聚乳酸

PLA 的原料乳酸，是由玉米等生物质资源合成的。PLA 是当前生物降解高分子材料中性价比最高，新兴生物塑料市场中产能规模最大、应用最广的品种。早在 1992 年，美国嘉吉公司（Cargill）建成 5000 t/a 的 PLA 中试线，10 年后建成世界上规模最大的 14 万 t/a PLA 生产线（更名为 Natureworks 公司）。2007 年，全球最大的乳酸生产商 Purac 公司开始生产用于合成 PLA 的单体原料丙交酯。2000 年，中国科学院长春应用化学研究所陈学思团队开始研究丙交酯的开环聚合，并于 2008 年与浙江海正生物材料股份有限公司合作建成了 5000 t/a 的 PLA 生产线，这是世界上第 2 条 PLA 工业化生产线，目前已达到了 1.5 万 t/a 的产能。陈学思团队还制备出立构规整度达 99.8%的旋光性聚乳酸，进而制备了两者的立体复合物，其熔点达到国际报道的最高值 254℃，达到了世界领先水平[43]。

PLA 作为热塑性材料，力学性能和透明性类似于 PS 或 PET。PLA 可以采用与通用塑料相同的方法加工，如注塑、挤出成型、吹塑、吸塑、纺丝、双向拉伸等。经过增韧改性后，PLA 可吹膜加工。此外，PLA 是一种具有良好的生物相容性与生物可吸收性的医用材料，广泛应用于药物缓释、手术缝合线、组织支架、骨科修复、运动医学固定材料等领域。

2. 聚羟基烷酸酯

微生物直接合成的高分子材料主要是聚羟基烷酸酯（PHA）。PHA 是微生物在碳源过剩的条件下合成的脂肪族聚酯，以颗粒形式存在于细胞内。大多数天然微生物只能合成其中一类 PHA，但通过改造菌株，可以设计合成不同结构和功能的 PHA 材料。PHA 的主要品种有聚-β-羟基丁酸酯（PHB）、聚-β-羟基戊酸酯（PHV），以及它们的共聚物聚羟基丁酸戊酸共聚酯（PHBV）。

中国目前拥有世界上最大的千吨级生物发酵法 PHA 生产线，但一直停留在千吨级的水平。该领域亟待突破的最大难题是如何低成本合成 PHA。清华大学陈国强团队从中国新疆艾丁湖分离得到嗜盐菌，以此为基础进行低成本 PHA 合成的探索，为 PHA 的低成本合成开辟了新路[43]。

PHA 可采用注塑、挤出吹塑薄膜、挤出流延、挤出中空成型、压缩模塑等方法进行加工。然而，PHB 熔体的热稳定性很差，在挤出造粒及成型过程中，应尽量降低加工温度、缩短停留时间。PHB 共聚物熔点比纯 PHB 有所降低，加工温度窗口变宽，加工热稳定性比纯 PHB 有所提升。PHA 结晶速率慢，在成型加工时得到的制品的结晶度低，放置后会发生二次结晶，材料性质随放置时间的延长而变差。例如，凝胶纺丝的 PHBV 纤维的初生态纤维性能很好，经放置则变脆。

4.4.2　石油基生物降解高分子材料

石油基生物降解高分子材料是指主要以石油产品为单体，通过化学合成得到的一类可生物降解聚合物，如丁二酸丁二醇酯（PBS）、聚对苯二甲酸己二酸丁二醇酯（PBAT）、聚己内酯（PCL）等。

1. 脂肪族二元酸和二元醇共聚物

脂肪族聚酯是完全生物降解材料，其中，PBS 和它的共聚物因熔点较高，又有热塑性良好、易加工等特点而被广泛研究，且已被工业化生产。现有的成型方法（注射成型、挤出成型、吹塑成型、发泡成型、真空成型等）均可适用于 PBS 的加工。PBS 成型加工性能与聚烯烃相似，比较容易确定加工条件。

2. 聚对苯二甲酸己二酸丁二醇酯

PBAT 是以对苯二甲酸（PTA）、1,6-己二酸（AA）、1,4-丁二醇（BDO）为原料单体制备而成的。PBAT 具有良好的加工性能，可制成各种薄膜、餐盒。PBAT 在加工前不用干燥，在低于 230℃时加工熔体稳定性好，与加工 LDPE 的设备相同。PBAT 可生物降解，但降解速率比纤维素稍慢。

3. 二氧化碳共聚物

二氧化碳共聚物作为一种新兴的高分子材料，以廉价的二氧化碳为原料，并具有生物可降解的特性，代表性品种是二氧化碳和环氧丙烷的交替共聚物（PPC）。

1969 年，井上祥平发现二氧化碳与环氧化物在乙基锌/水催化体系下发生交替共聚反应生成二氧化碳共聚物。1991 年，浙江大学沈之荃团队提出利用稀土三元催化体系制备二氧化碳共聚物，但共聚物中碳酸酯含量仅为 30%。2001 年，中国科学院长春应用化学研究所王献红团队在此基础上发展了稀土三元催化体系，成功实现了二氧化碳与环氧丙烷的交替共聚反应，得到的 PPC 显示出塑料的绝大部分特征，被称为二氧化碳基塑料。2018 年实现了 PPC 万吨级规模的产能。尽管如此，PPC 的工业化目前还处于初级阶段，在性价比上与传统的聚烯烃等材料仍然存在一定的差距。针对以薄膜制品为代表的规模化应用领域，研发低成本的聚合工艺和改性加工技术，是推动 PPC 规模化应用的关键[43]。

PPC 的玻璃化转变温度（T_g）在 35℃左右，其力学性能受环境温度影响很大。当环境温度大于聚合物的 T_g 时，PPC 变软，模量大幅下降。PPC 的氧气透过率低，气体阻隔性能比其他生物降解塑料如 PBS、PLA、PBAT 要优越得多。由于 PPC 的主链上存在酯键，容易发生水解反应，在高温下水解更易发生，因此，PPC 在熔体加工前必须严格干燥除水。

4. 聚己内酯

PCL 是一种重要的合成脂肪族聚酯。PCL 分子链的重复单元有 5 个非极性亚甲基和 1 个极性酯基，具有如下特点：①快速的结晶速率和较高的结晶度；②较低的玻璃化转变温度和熔点，比普通聚酯高近 100℃的热分解温度；③断裂伸长率比 PLA 高上百倍；④较好的流变性能和加工性能；⑤优异的生物相容性和生物降解性。PCL 在医用敷料、骨折固定器材等领域有广泛应用，还可用于可吸收手术缝合线、面部填充材料、组织工程支架、人工皮肤、人造血管以及长效药物缓释植体等。

5. 聚对二氧环己酮

聚对二氧环己酮（PPDO）是一种脂肪族聚醚酯，与 PLA、聚乙醇酸（PGA）、PCL 等类似。PPDO 分子主链中含有酯键，呈现优异的可生物降解性、生物相容性；其分子主链中含有醚键，兼具良好的强度和优异的韧性，是一种理想的可降解生物医用材料。PPDO 早期的应用是可吸收手术缝合线。除此之外，PPDO 还成功应用于可吸收血管夹、疝修补片、骨科固定材料、组织修复材料、细胞支架和药物载体等。

PPDO 具有优异的力学强度、韧性、耐热变形性，综合性能优于聚乙烯和聚丙烯等通用塑料。与常见脂肪族聚酯相比，PPDO 具有适宜的聚合/解聚平衡，可以在较常规的聚合反应条件下获得高分子量、窄分子量分布的 PPDO，综合性能接近甚至超过常用的通用塑料；反过来，PPDO 又可在较为温和的解聚条件下高效解聚为高纯度 PDO 单体。当选用适当的催化剂和真空度时，解聚反应的单体收率可达 97%以上，回收单体的纯度达 99%以上。因此，PPDO 是少见的可实现完全闭环循环利用的可生物降解聚合物，适用于一次性使用制品，产品废弃后既可以实现其反复循环利用，又能完全生物降解。四川大学王玉忠团队以二甘醇为原料一步法高产率合成 PDO，降低了单体 PDO 成本，为 PPDO 在量大面广的一次性制品领域的应用奠定了基础[43]。PPDO 在自然界水体或高湿度环境中具有比 PLA、PCL 等常用可生物降解聚酯更快的降解速度，原因在于 PPDO 分子链中独特的醚键使得其更容易与水发生亲核作用，而在水解过程中由于 PPDO 酯键断裂产生羧基，也可以进一步催化并加速 PPDO 的水解进程。PPDO 优异的水解降解特性为"微塑料"污染问题提供了一种有效的解决方案。

PPDO 是一种半结晶性的聚合物，其 T_g 为–10℃左右，T_m 为 110℃左右。PPDO 与绝大多数聚合物一样，属于假塑性流体，具有剪切变稀的特点。PPDO 熔体强度低，热稳定性差，黏度随温度和剪切速率变化明显，不利于高效的热塑性加工。这些问题可采用引入接枝、长链支化等结构或加入纳米颗粒等方法来解决。

4.4.3 生物基非生物降解高分子材料

生物基高分子材料是以可再生生物质为原料制造的新型高分子材料，主要有生物基聚乙烯（BioPE）、生物基聚对苯二甲酸乙二酯（BioPET）、生物基聚酰胺（BioPA）。BioPE、BioPET、BioPA 只是以生物质代替石油原料，而产物的结构和性能与石油基塑料没有区别，不能够生物降解，可以采用相同的加工设备和方法来生产产品，产品性能也一致。

1. 生物基聚乙烯

BioPE 是由甘蔗等农作物发酵产生的生物乙醇，催化脱水生成单体乙烯，再聚合得到的聚乙烯。我国用甘蔗生产的生物乙醇作为生产 BioPE 和 BioPET 的原料。巴西和印度作为世界上最大的甘蔗和甘蔗乙醇的产地，分别建立了 BioPE 和 BioPET 的生产基地。BioPE 的结构和性能与石油基 PE 没有区别。

2. 生物基聚酯

生物基聚酯的生物基成分为二元醇，与二元酸进行酯化反应生成生物基聚酯。生物基二元醇可由葡萄糖、蔗糖等发酵制备。例如，甘蔗等农作物发酵得到生物乙醇，经催化脱水成乙烯，再氧化成环氧乙烷，然后水解成生物基乙二醇（BioMEG），BioMEG 与对苯二甲酸进行酯化反应生成 BioPET；由葡萄糖发酵可以制备 1,3-丙二醇，再与对苯二甲酸酯化聚合成生物基聚对苯二甲酸丙二醇酯（BioPTT）。无论原料是生物基的还是石油基的，乙烯进一步转化为这些聚合物的过程都是一样的，产物也是相同的聚合物，与石油产品一致。

目前市售的 BioPET 是由生物基乙二醇和石油基对苯二甲酸制得的，其中生物基组分占 30%。近年来，BioPET 技术取得了新进展：使用非粮食生物质资源合成生物基对苯二甲酸，进而制备 100%BioPET 的技术已进入商业化生产阶段。可口可乐、亨氏公司的饮料与食品包装以及医用、卫生保健纺织品的需求正是催生 BioPET 产品快速进入市场的最直接的推动力。BioPET 生产技术足以改变聚合物纤维现状，它涉及 PET 及其纤维技术的进步和市场的拓展，具有替代传统 PET 材料，而无须改变或者调整现有聚合设备、深度加工工艺和消费习惯的优势。BioPET 一般用作纤维，其加工方法和工艺与石油基 PET 基本一致。

聚对苯二甲酸丙二醇酯（PTT）是继 PET 和聚对苯二甲酸丁二醇酯（PBT）之后新开发的一种新型聚酯，是以 1,3-丙二醇与对苯二甲酸为单体生产的。BioPTT 是以甘油、葡萄糖或淀粉等为原料通过微生物发酵法生产的 1,3-丙二醇和对苯二甲酸为单体聚合而成的。BioPTT 的性能与石油基 PTT 一致，完全可以替代石油基 PTT。

3. 生物基聚酰胺

聚酰胺是指分子主链含有酰胺键的一类聚合物。根据原料来源，聚酰胺一般分为两类，一类是由氨基酸缩聚或者内酰胺开环聚合得到的聚酰胺，称为 AB 型聚酰胺；另一类是由二元酸和二元胺缩聚得到的聚酰胺，称为 AABB 型聚酰胺。生物基聚酰胺的原料主要是淀粉、纤维素、木质素和动植物油等可再生资源。

AB 型生物基聚酰胺的研究主要集中在由生物质原料得到氨基酸，经缩聚制得聚酰胺，由生物质原料得到内酰胺，经开环聚合得到聚酰胺尚未见报道。在 AB 型生物基聚酰胺的研究中，最成熟的是 PA11。PA11 是第一个产业化的生物基聚酰胺，以蓖麻油为原料，经裂解、醇解、高温裂解、水解、溴化、氨解等制成ω-十一碳氨基酸。AABB型生物基聚酰胺通常是由生物质原料得到的二元酸和非生物基二元胺缩聚制得，或者由生物质原料得到的二元酸和二元胺经缩聚制得。近年来，阿科玛公司位于法国的生产装置以蓖麻油为原料生产出生物基PA1010产品。

4. 呋喃二甲酸基聚酯

呋喃二甲酸（2,5-FDCA）是美国能源部公布的12种生物基化合物中唯一的芳香类单体，有望替代石油基苯环用于高性能生物基高分子材料的合成。2016年中国科学院宁波材料技术与工程研究所朱锦团队通过聚合动力学调控，解决了呋喃二甲酸聚合过程中脱羧导致聚酯颜色发黑的问题，合成了近乎无色的系列FDCA基聚酯。FDCA基聚酯具有比普通的芳香聚酯如PET、PBT更高的T_g和更低的熔点[43]。制备的聚呋喃二甲酸乙二醇酯（PEF）对O_2的阻隔性是PET的5.5倍，对CO_2的阻隔性是PET的13.0倍，同时具有优异的耐热性、强度和模量。通过引入1,4-环己烷二甲醇单元，将PEF的断裂伸长率从5%提高到186%，同时保持了优异的O_2和CO_2阻隔性。通过2,5-FDCA与2,2,4,4-四甲基-1,3-环丁二醇（CBDO）的共聚，制备了T_g为105℃的抗冲击透明聚酯，有望替代双酚A型聚碳酸酯用于婴幼儿食品接触领域。

FDCA中的呋喃环在酸性条件下可以开环降解，彻底分解为CO_2和H_2O，在可降解聚酯方面有独特的应用。中国科学院宁波材料技术与工程研究所朱锦团队利用丁二酸、丙二醇与FDCA共缩聚制备了具有纺丝、包装等用途的共聚酯PPSF，其CO_2和O_2阻隔性能分别达到PBAT的10倍及20倍以上，在阻隔性要求较高的生物降解地膜上显示出一定的应用潜力。

5. 生物基弹性体

目前几乎所有的合成橡胶均是通过石油化工原料制备的。2008年，北京化工大学张立群团队在国际上首次提出了生物基弹性体的概念，即完全通过生物发酵得到原料单体。他们采用丙二醇、丁二醇、衣康酸、癸二酸、丁二酸等生物基二元酸和二元醇，利用多元共聚来破坏分子链的规整性，成功合成了主链为—C—O—C—结构的高柔顺、不饱和聚酯型弹性体材料，具有与传统合成橡胶相比拟的物理机械性能，且与传统的橡胶加工成型工艺有良好的相容性，即可采用传统的橡胶加工设备进行成型加工，在航空轮胎领域显示出一定的应用潜力[43]。张立群团队基于衣康酸酯和少量二烯烃（异戊二烯或丁二烯）制备了生物基衣康酸酯弹性体，在绿色轮胎材料、高温耐油材料、阻尼材料等领域显示出重要的应用潜力。张立群团队还证明无论是从分子结构、凝聚态结构还是从宏观性能方面，蒲公英橡胶是目前所有橡胶中最接近三叶橡胶的材料，可以实现二者的相互替代，表明我国在生物基弹性体的研究方面已形成了一个国际橡胶科学与工程领域的引领性方向。

4.4.4　生物降解高分子材料成型加工

生物降解塑料理论上可用熔融挤出成型、注射成型、吹塑成型、发泡及真空成型、3D 打印等传统的塑料成型方法加工成各种结构形状，只是在成型加工时需要注意生物降解塑料的特性[42]。

（1）挤出成型。生物降解塑料的挤出成型加工和普通塑料类似，但是要更注意水分处理。生物降解塑料一般都是聚酯类树脂，为了抑制加工过程中的水解，要事先进行干燥，还要控制加工温度。

（2）注射成型。生物降解塑料的注射成型，最需要注意的是避免树脂成型过程中的热降解。为了防止热降解，基本要求含水率在 300 ppm 以下，在树脂没有熔融残留的前提下，成型温度应尽量靠近树脂的熔点和软化点，越低越好。模具温度的设定，要看是否有结晶化要求。以 PLA 为例，其玻璃化转变温度在 57℃左右，从熔融态开始降温时，结晶化温度在 110℃附近。由于 PLA 的结晶速率很慢，当模具温度低于 40℃时，一般不会发生结晶，直接凝固成非晶态制品，耐热温度大概在玻璃化转变温度以下。对产品耐热性没有要求时，可以用这种方法成型。耐热要求在 60℃以上时，需要进行结晶化以提高耐热性。把模具温度设定在 110℃左右，可以推进结晶化，得到耐热性好的制品。设计模具时需考虑结晶与否对制品收缩率的影响。PLA 在成型加工时是否发生结晶，其收缩率会有较大的不同。低温模具不进行结晶化时，PLA 的收缩率为 0.3%～0.5%；结晶化时，收缩率为 1.0%～1.2%。除此之外，模具设计中还要注意出模斜度。PLA 属于硬质树脂，要把出模斜度设计得大一点，尽量避免强行脱模。

（3）其他成型方法。以 PLA 为例，它不仅可以通过熔融挤出成型、注射成型，还可以通过吹塑、发泡及真空成型等方法加工成各种结构形状。然而，PLA 由于分子链中长支链少、分子量低，熔体强度特别低，应变硬化不足，造成了加工困难。例如，在吹膜过程中膜泡不稳定、易破裂；在热成型过程中，如果温度太低，片材虽软化但没有完全熔融，导致成型制品的形状不能与模具形状精确相同；如果温度过高，片材在重力的作用下将过分下垂，导致成型制品壁厚不均匀，甚至片材撕裂。此外，熔体强度低造成 PLA 发泡成型困难，很难得到高倍率的发泡成型体。PLA 一般通过提高分子量或者在分子中引入长支链结构来提高其熔体强度[42]。

4.5　高分子材料超临界流体微孔发泡成型加工

1980 年，美国麻省理工学院的 Nam P. Suh 教授提出了微孔聚合物的概念，即泡孔直径为 0.1～10 μm，泡孔密度为 10^9～10^{15} 个/cm³，体积密度比原材料小 5%～

95%的泡沫材料[47]。相较于未发泡或毫米级发泡聚合物，微孔发泡聚合物的冲击强度、韧性和抗疲劳等性能更加优异，比强度高，热稳定性高，介电常数低，热导率低，同时具有良好的隔热和隔音等性能[48]。另外，与传统的聚合物化学发泡技术相比，超临界微孔发泡具有以下特点：①微孔发泡是由均相超临界气体/聚合物体系的热力学不稳定诱导的；②微孔发泡的成核数远大于一般的化学发泡；③微孔发泡聚合物的泡孔尺寸要比传统化学发泡的聚合物泡孔尺寸小。

微孔发泡聚合物由于比强度高、韧性高、绝缘性高、柔韧性高等特性而被广泛应用于生物医学、汽车、海军、航空航天、安全产品、建筑、包装、过滤器、膜、缓冲垫等领域[49]。不同类型的生物降解聚合物通过超临界二氧化碳挤出发泡，可以应用于许多工业领域，包括农业食品、生物医学、制药、包装等[50]。此外，开孔型微孔发泡塑料在化工上可以实现低能耗的非均相分离，在医药上能将复杂的药物分离提纯，在能源方面可以广泛地应用于蓄电池隔板隔膜，可使铅酸蓄电池免除维护，并大大提高冷启动性能。随着微孔发泡材料泡孔结构的细密化，如聚丙烯等一些聚合物可制成透明泡沫塑料，更扩大了泡沫塑料的应用范围。目前，超临界流体微孔发泡的高分子泡沫材料的主要用途有[51]：

（1）隔热保温、吸音材料，如硬质聚氨酯、聚苯乙烯、酚醛、脲醛发泡材料等；

（2）减震缓冲衬垫材料，如软质聚氨酯发泡材料、聚苯乙烯泡沫等；

（3）漂浮物及包装材料，如聚苯乙烯、聚氨酯、聚乙烯、聚氯乙烯、硅树脂发泡材料等；

（4）电绝缘性材料，如聚烯烃、聚苯乙烯、聚氯乙烯等发泡材料；

（5）轻质结构材料，如玻璃纤维增强的聚氨酯发泡材料可用作飞机、汽车、计算机等领域的结构件。

4.5.1　高分子材料超临界微孔发泡技术

超临界微孔发泡技术是一种绿色制造技术，被工业和信息化部列入我国优先发展的产业关键共性技术。根据加工设备不同，微孔聚合物的加工方法可以分为挤出发泡、微孔注射、珠粒发泡/蒸汽模压和间歇发泡等。

1. 超临界流体挤出发泡

挤出发泡是一种连续发泡方法，结合了超临界发泡技术和挤出机连续加工能力，可实现高分子泡沫材料的低成本批量化生产，在工业化生产中应用广泛。超临界流体挤出发泡过程中，聚合物粒料在一定温度下加热熔融，超临界态的气体发泡剂（氮气或二氧化碳）通过注气口注入熔体中形成聚合物/超临界流体的均相体系，并通过温度调控系统使均相体系的温度降低，均相熔体经挤出机螺杆挤出，熔体压力的急剧降低促使均相体系中超临界流体的成核及泡孔的生长，随着体系的冷却及发泡剂浓度的逐渐降低，基础发泡材料得以固化成型。超临界流体挤出发泡获得的泡沫材料通常为线材、片材、管材、棒材、异型材等[52]。

超临界流体挤出发泡中螺杆的剪切作用能够增强超临界流体与聚合物熔体的混合速率，易于获得均相体系和高含气量，使得挤出发泡聚合物通常具有较高的膨胀系数和减重。此外，超临界流体挤出发泡的连续化工作过程极大地提高了聚合物泡沫的生产效率，比间歇发泡工艺更经济高效，并且在所得产品的性质和形状方面非常通用，因而在工业生产中应用广泛。基于超临界流体的挤出发泡技术还具有绿色无污染的独特优势，所以在农业食品、制药、医用器械包装等领域受到广泛重视。开发新材料和新工艺来实现基础发泡材料泡孔微观结构、稳定性及宏观力学性能的精确调控是目前超临界流体挤出发泡的主要研究方向，也是拓展其应用范围的重要途径[53]。

Park 和 Suh 将挤出过程中聚合物均相体系的形成与泡孔成核结合起来，建立了一种连续微孔发泡的单螺杆挤出机，并描述了整个的挤出工艺过程。他们指出：挤出发泡过程的关键参数是超临界流体的溶解度、混合程度以及加工温度和压力[54]。Park 和 Suh 采用快速释压装置研究了加工压力和注射气体量对泡孔成核过程的影响，得出了超临界流体挤出发泡中泡孔结构调控的一般规律[55]。

我国研究人员在超临界流体挤出发泡方面也开展了大量研究工作，尤其在近年取得了许多成果。宁波材料技术与工程研究所高分子先进加工团队科研人员通过超临界二氧化碳连续挤出发泡，利用气泡在复合聚合物中两相成核能力的差异，在聚丙烯/聚苯乙烯共混体系中获得了具有不同尺度的双峰泡孔结构的发泡材料[56]。通过调控挤出发泡的工艺参数与注气量，实现了聚丙烯复合材料泡孔结构的精细控制，获得了优化的成型工艺条件，制备了开孔率大于 90%的高开孔泡沫材料。该材料对有机溶剂、食用油、机油等表现出优异的亲油疏水性，在油水分离、工业及海上污油处理等方面具有良好应用前景[57]。

超临界流体微孔发泡在反应挤出中也展现了良好的应用前景。在反应挤出中超临界二氧化碳既作为反应介质又作为发泡剂，同时实现反应挤出和发泡，既降低了反应温度，减少了降解，同时也改善了反应挤出聚合物材料的发泡行为，并拓展了其挤出发泡工艺窗口。此外，反应挤出直接生成界面相容剂是实现聚合物共混体系原位增容并改善力学性能的一种有效手段。利用超临界流体作为反应挤出的绿色介质，能够有效避免常规反应挤出温度较高、容易引发副反应造成聚合物降解的缺陷，实现复合聚合物体系的原位增容，减少副反应的发生，使复合发泡材料的力学性能显著提升。

在新型超临界流体挤出发泡技术方面，韦建召等采用了电磁动态成型技术，在聚乙烯醇超临界二氧化碳挤出发泡过程中引入振动力场，显著促进了均相体系的形成，使得泡沫材料的孔结构与制品质量得到明显改善[58]。电磁动态成型技术不仅可以通过改变挤出速度、温度等来控制挤出发泡过程和泡孔形态，还可以通过控制振动参数来对高分子的微孔发泡行为进行调控，这一技术丰富了挤出发泡成型理论，具有广阔的应用前景。

2. 超临界流体微孔注射

超临界流体微孔注射是将超临界流体注入装置和传统注塑机有机结合，实现聚合物熔体/超临界流体混合体系的注射成型。该技术的代表有美国 Trexcel 公司的 Mucell®技术、瑞士 Sulzer Chemtech AG 公司的 Optifoam 技术以及德国 Demag 公司的 Ergocell 技术。超临界流体微孔注射中聚合物熔体与超临界流体的混合同样是通过螺杆的旋转塑化实现的；混合体系在螺杆产生的背压的推动下前移并注入常压、高温的模腔中；熔体塑化过程中，气体注入量靠超临界流体泵调节。为保证超临界条件下发泡，具有良好气密性的喷嘴口模至关重要。影响超临界流体微孔注射成型的关键因素包括：喷嘴直径、螺杆转速、模具温度、型腔结构、冷却速率以及超临界流体注入量等。超临界流体微孔注射成型具有可间歇式批量化制备微孔高分子泡沫制品、有效减重、降低材料成本、缩短生产周期、改善制件尺寸稳定性以及减少制品的表面缩痕等优点。但该工艺同样存在以下缺陷：注射成型机需要配置超临界流体计量装置、工艺条件控制复杂、产品发泡倍率不高、发泡工艺参数难以调控、产品表面质量下降明显等。目前，超临界流体微孔注射成型大多应用于通用塑料及为数不多的通用工程塑料的发泡和减重，尤其在汽车零部件行业应用最为广泛。

国内外基于超临界流体微孔注射成型的研究目前多针对发泡产品表面粗糙度大、内部泡孔结构不均匀、泡孔形状不规则等问题开展。研究学者进行了大量探索，取得了积极的进展和成效。

段涛等研究了模具温度对注塑发泡制品性能的影响[59]。在较低模具温度范围内，随模具温度的升高，制品内部泡孔尺寸逐渐增大，同时泡孔密度呈逐渐减小的趋势；模温超过某一临界点后，原有的大泡孔破裂并新生成许多细小致密的泡孔，导致泡孔尺寸明显减小、泡孔密度急剧降低。适当的升高模具温度可以减少制品的表面缺陷，改善其表面质量。李帅等研究了 ABS 材料的型腔气体反压发泡，发现当模具型腔压力达到一定的临界值（P_a）时，熔体流动前沿的泡孔破裂行为被完全抑制，塑件表面螺旋纹及银纹缺陷完全消失，在此基础上模具型腔气体压力的提高对微孔发泡注塑件表面光泽度影响不大[60]。董桂伟等研究了变模温与型腔气体反压工艺对注塑发泡制品泡孔结构的影响，发现注塑过程中单独使用变模温工艺，可以改善产品大部分的表面形貌，却导致泡孔尺寸分布不均匀[61]。单独使用气体反压技术，可以消除产品表面的破裂气泡痕、改善内部泡孔形状，但产品内部泡孔密度以及发泡芯层厚度明显降低。变模温和气体反压的协同控制，可以实现微孔发泡注塑产品表面气泡形貌和内部泡孔结构的良好调控。Hou

等提出一种新型气体辅助微孔注射成型方法，大幅降低了制品质量，消除了成型零件的表面条痕，获得了良好的孔结构和致密的固体表皮层，有助于提高部件的机械性能[62]。

此外，超临界流体微孔注射成型能够低成本、快速制备具有特定外形的多孔材料，拓展超临界流体微孔注射技术的应用范围也是国内外研究者探索的新方向。目前，该技术在组织工程支架、隔热吸能材料、厚壁微制件等领域都展现了良好的应用潜力。

3. 超临界流体间歇发泡

超临界流体间歇发泡按工艺过程可分为一步发泡法（压力诱导成核发泡）和两步发泡法（温度诱导成核发泡）。一步发泡过程中，聚合物基体在高温、高压超临界 CO_2 环境中浸泡得到均相体系，通过快速卸压造成聚合物内、外压力不平衡，使气体迅速成核形成泡孔泡核，并不断生长，在冷却过程中得以固化，进而获得高膨胀倍率的高分子发泡材料。两步发泡过程中，聚合物基体在低温、高压超临界 CO_2 环境中浸泡得到均相体系随后快速降压，由于低温下聚合物分子链的稳定性抑制了超临界 CO_2 的成核与析出，随后将获得的均相体系迅速升温诱导气泡的成核与泡孔的生长。升温过程通常在高温油浴或热压机等设备中进行。两步发泡法相较于一步发泡法发泡过程较慢，易于控制泡孔形态和聚合物的熔体强度，有助于避免泡孔塌陷等缺陷；但一步发泡法成型周期短，通常能够获得更高的膨胀倍率。

超临界流体间歇发泡法工艺简单、易于操作，通过调控发泡温度、发泡压力、浸泡时间和卸压速率等参数，可制备发泡倍率较高的高分子泡沫材料。但该方法生产周期长，难以实现连续化生产，成型制品尺寸较小，几何结构有限，通常需要进一步后加工。间歇发泡由于设备简单、成本低、发泡过程和泡孔结构易于控制，是超临界流体微孔发泡原理研究的理想方法，一直受到研究人员关注。目前针对间歇发泡的研究多集中于不同高分子及其复合材料发泡过程中泡孔结构的精细调控、纳米泡孔结构的制备、功能化高分子泡沫的研究等。

Tang 等通过探索温度、压强等工艺因素与硅橡胶在超临界 CO_2 中的流变性能之间的关系，得出了较好的间歇发泡工艺，硅橡胶在超临界 CO_2 中保持适中的流变性能，基体强度适中，防止基体强度太高无法形成泡孔，又能避免基体强度太低，泡孔坍塌、破裂，导致基体收缩和形成开孔结构，实现了制品泡孔形态的良好调控[63]。Costeux 等通过在非相分离的丙烯酸和苯乙烯类聚合物中添加二氧化硅纳米颗粒，拓宽了聚合物的发泡工艺区间，制备出了具有纳米级尺寸的均匀泡孔结构的发泡制品[64]。研究还发现相同纳米填料填充量下，尺寸较小的二氧化硅颗粒更有利于降低泡孔的平均直径。Xiao 等通过调整还原氧化石墨烯（rGO）含量和发泡温度（T_f），研究了热塑性聚氨酯（TPU）纳米复合材料样品的黏弹性对其泡沫孔结构的影响[65]。发现 TPU/rGO 具有高的动态储能模量（G'）和熔体强度，更容易形成纳米孔结构，在 $T_f = 180℃$ 下，通过将 rGO 含量从 0.25 vol%增加到 0.75 vol%，可改善泡孔直径分布并获得低泡孔密度（N）的纳米泡孔结构。

4. 珠粒发泡/蒸汽模压

珠粒发泡与蒸汽模压的结合提供了一种简便、低成本的发泡材料制备技术。不同于微孔注射成型，珠粒发泡/蒸汽模压无需为每台设备配备价格高昂的超临界流体柱塞泵和控制器，而是将预发泡的珠粒热压熔接使其获得不同的几何结构。该方法首先通过挤出发泡结合水下切粒技术在高分子材料的挤出过程中混入物理发泡剂，得到高分子/发泡剂的均相熔体，熔体经双螺杆挤出后在挤出机口模处卸压发泡，后经旋转的切刀将发泡高分子基体切成珠粒，珠粒在循环的流体中发生固化、定型。需要指出的是，当循环流体的压力高于发泡剂的饱和蒸气压时，发泡剂将被封存在高分子珠粒内，经冷却后的高分子珠粒即为可发珠粒；相反，当循环流体的压力低于发泡剂的饱和蒸气压时，珠粒内所溶解的发泡剂则将会发生气化而发泡，得到已发的高分子珠粒。可发珠粒多为无定形高分子，在温度低于玻璃化转变温度条件下，无定形高分子基体具有封存发泡剂的能力，可发珠粒在进行珠粒熔接之前需要经过预发泡处理；已发珠粒主要为半晶型热塑性高分子，结晶高分子晶区的存在妨碍了发泡剂在基体中的充分溶解。结合挤出发泡和水下切粒技术来制备可发/已发珠粒进一步通过高压水蒸气在模具中熔接，从而获得具有特定几何外形的发泡制品。

然而，基于加压水蒸气熔接温度低的局限，常规珠粒发泡技术目前仅适用于具有低玻璃化转变温度或低熔融温度的通用高分子珠粒的熔接，发展高性能高分子珠粒发泡技术的瓶颈在于发泡珠粒的熔接工艺。如何突破珠粒发泡/蒸汽模压熔接温度低的问题，是制备高性能多功能高分子泡沫材料及制品的重点和难点。

4.5.2 超临界流体发泡前沿技术

1. 双峰泡孔结构微孔发泡高分子

双峰泡孔结构微孔发泡高分子是指在发泡材料中包含两种不同尺寸泡孔的发泡材料。一般认为小型泡孔能够提供机械强度、尺寸稳定性、隔热性能等；而大型泡孔主要用于降低材料的体积密度。与常规的单尺度发泡材料相比，双峰泡孔发泡材料往往具有更高的膨胀倍率，更好的隔音、隔热性能。目前研究中基于不同机制开发了多种双峰泡孔发泡材料的制备方法。

Li 等在聚苯乙烯发泡中，采用两步减压的方法制备了具有双峰泡孔结构的发泡材料[66]。在第一阶段减压中，产生较低密度的泡核和少量泡孔，这些泡孔在保压阶段自发收缩。在第二阶段减压中，由于较高的压降速率，泡孔成核密度较大，形成大量细密泡孔，溢出的 CO_2 气体大量集中于第一阶段形成的泡孔内使其再次膨胀，从而形成尺寸较大的泡孔。Gandhi 等的研究发现，在 ABS 发泡中引入超声波处理能够促进双峰泡孔结构的形成，其中超声频率是影响双峰泡孔结构的重要参数[67]。高超声频率能够产生微射流，这些微射流不断撞击聚合物表面可形成许多小孔，这些小孔在卸压过程中将形成较大的泡孔而其周围则会形成较小的泡孔结构，最终获得双峰泡孔结构。Huang 等开发了多步变温浸泡（MST）的双峰泡孔制备方法[68]。在该方法中，将 PLA 在较低的温度下浸泡达到超临界 CO_2 饱和状态，然后通过升温浸泡使超临界 CO_2 在 PLA 中的溶解度降低而析出，析出的超临界 CO_2 在 PLA 基体内聚集；卸压发泡时，聚集的超临界 CO_2 可形成较大泡孔，而 PLA 中溶解的超临界 CO_2 将形成细密泡孔。Xu 等则协同使用了变温浸泡和两步减压发泡的方法，在聚苯乙烯发泡过程中产生热力学不稳定性，成功制备了具有双峰泡孔结构的发泡材料[69]。

此外，将辅助发泡剂与主发泡剂混合也能得到双峰泡孔结构。两种不同发泡剂的分步成核是形成双峰泡孔结构的主要原因。通常，大尺寸泡孔是通过辅助发泡剂获得的，而小尺寸泡孔是通过主发泡剂获得的。在一些共混聚合物发泡中，由于聚合物共混物的非均质性以及刚度差异同样能够形成双峰泡孔结构。

2. 梯度泡孔结构微孔发泡高分子

具有梯度泡孔结构高分子泡沫内部泡孔结构不对称，通常存在两种以上平均尺寸不同的泡孔。这种结构能够提供许多独特性能，如各向异性的机械性能、良好的吸能性能；导电高分子泡沫具备梯度泡孔结构时能够获得优异的电磁波吸收性能。这些独特的性能为梯度泡孔结构高分子泡沫的功能化应用提供了可能。目前，梯度泡孔结构泡沫的制备通常从发泡工艺和基体材料两方面着手。

Ngo 等通过在聚甲基丙烯酸甲酯（PMMA）/超临界 CO_2 均相体系中建立温度梯度，高温区域形成的泡孔尺寸较大，低温区域形成的泡孔尺寸较小；他们采用该方法成功制备了具有梯度泡孔结构的 PMMA 发泡材料[70]。Zhao 等用溶液法将多壁碳纳米管组装在 PMMA 微球上，然后通过模压成型制备纳米复合材料，最后采用超临界 CO_2 作为发泡剂进行间歇发泡，从而制备了具有三种泡孔尺度的梯度泡孔纳米复合多孔材料，该材料具备优异的机械性能和电磁屏蔽性能[71]。

3. 气体反压发泡技术

气体反压（GCP）发泡是在注塑发泡基础上为控制型腔填充过程中聚合物发泡行为衍生的新技术。该方法是首先在模具型腔内注入高压气体，提高填充过程中熔体流动前沿压强，增大形成稳定泡核所需克服的临界自由能垒，抑制熔体前沿在填充过程中的发泡；熔体填充结束时通过快速卸压使聚合物在模具中发泡，从而减少发泡制品表面的气体流痕，提升发泡制品的表面质量。该技术目前在微孔注射成型应用中效果显著。Lee 等结合气体反压与开模发泡的工艺，在模具卸压后进一步使型腔动模板后退，以提高材料的发泡倍率；同时，气体反压技术的应用显著改善了泡孔尺寸的均匀性，提升了发泡制品的表面质量[72]。董桂伟等在微孔注射成型中将变模温和气体反压技术联用，一方面通过气体反压抑制产品表面的气体流痕，另一方面通过模具的快速升温和降温对产品表面进行"熨烫"，从而进一步提升发泡制品的表面质量[61]。

4.6　极端空间环境使役条件下的高分子材料成型加工

近年来，材料创新成为技术革新的关键因素，现代社会的许多卓越成就都离不开新材料的研制和应用。在航空和航天工业领域，目前使用的材料多为金属材料。高性能高分子及其复合材料不仅具有轻质、高强度、高刚度等特性，还有先进的成型加工工艺，正逐步代替金属材料。目前在航空和航天飞行器某些特殊部位已有大量具有透波、隐身和防热耐烧蚀的功能、结构性高分子复合材料[73]。

同时，随着科技的发展，世界各国均加速了对空间的探测和利用，我国在进一步开发和利用近地空间资源的同时，也加快了深空探测的步伐。嫦娥一号卫星和天宫一号飞行器的升空，拉开了我国深空探测和空间站建设的大幕。随着探月工程、火星探险等航天任务的提出，航天活动在时间上的延长和空间上的延伸，带来的新型轨道环境，如行星际及深空探测下的极端低温、月面的月尘、金星表面的酸性大气、火星尘暴、木星强磁场与强辐射带等，临近空间及亚轨道环境如臭氧、中高层大气、风场低气压、冰晶、蓝色闪电等，对航天器的在轨寿命和可靠性带来了严峻的挑战，造成其在轨性能退化或失效。这些大多数是由于所用材料、元器件在空间环境作用下发生性能退化而诱发的，因此，航天材料是实现航天器功能、提升航天器性能的重要保证，也是保证航天器长寿命、高可靠运行的技术基础。相对于金属或无机非金属材料，高分子及其复合航天材料的使役性问题则变得更为突出。而解决这些问题的关键在于具有特殊功能性高分子材料的筛选、成型加工及性能评估。

航天材料的选择是一个综合分析的过程，要综合考虑各方面的因素，既要实现航天器本身所需的机、电、热、光等基本功能，还要满足航天的特殊需求，即具有较好的空间环境实用性，满足在轨长期工作的特殊要求。此外，受发射质量的限制，航天材料往往结构复杂，具有高度集成性，因此对材料的质量、可加工性和经济性也有一定的要求。

4.6.1　极端空间环境使役条件下的高分子材料特性

1. 性能要求

航天材料的性能要求主要包括轻质化要求、力学性能要求、物理性能要求及空间环境适应性等。

（1）轻质化要求。选用轻质材料，提高有效载荷质量，是航天器结构设计的一个基本要求。通过减轻部件的结构质量，可以有效提高有效载荷质量，从而提高航天器的整体性能，降低发射成本，确保航天器进入规定的空间轨道。航天器的质量，特别是航天器结构的质量有严格限制，必须采用密度尽量低的材料。因此，一般不选用密度较大的材料如不锈钢、玻璃钢等作为主要结构材料，低密度的高分子及其复合材料成为优异的候选材料。

（2）力学性能要求。选用弹性模量高和强度高、延展性好的材料，这是结构材料需要承受载荷的特征所要求的。大多数航天器结构要求具有较高的刚度，而提高航天器结构刚度的最直接和最有效的途径是提高结构材料的弹性模量。为了更好地承受载荷，对航天器舱体结构和主要机构部件，需要采用强度高的材料。在满足一定的高强度的前提下，较高的韧性也可以提高航天器抗冲击的能力，避免过大的应力集中，并改善制造工艺条件。根据高弹性模量、高强度的要求与上述低密度要求相结合，需要采用比模量（材料弹性模量与密度之比）高和比强度（材料强度与密度之比）高的材料。其中，高比模量的要求是航天器结构材料的重要特征。

（3）物理性能要求。对于有特殊功能要求的部件，应选用满足规定物理性能要求的材料，如热稳定性、导热性、导电性、绝热性、绝缘性、透波性、密封性等要求。如果需要在空间温度变化条件下保持尺寸稳定的结构（如天线结构），材料需要具有较小的热膨胀系数。或者相近结构材料的热膨胀系数差较小，以防止过高的温度应力或温度应变。一般要求结构材料具有较高的比热容以减少结构上的温度变化，而对于返回式航天器外层隔热结构，则要求具有更优良的比热容以起到有效隔热降温的作用。较高的热导率可以使温度分布比较均匀，从而避免过高的温度应力或变形。但对于热控或防热需要，要求结构兼有隔热作用，则应采用热导率低的材料。对特殊结构材料或部位要求采用具有特定电导率要求的材料。如太阳电池阵结构粘贴太阳电池的一面则要求为绝缘材料，而天线反射器的反射表面则为导电材料。

（4）空间环境适应性。航天材料除了要具备基本的功能之外，还要具有良好的空间环境适应性，能够在空间环境如真空、高低温、粒子辐射、紫外辐射、原子氧等环境下仍然满足正常运行的性能指标，同时也要避免对航天器其他部件带来不良影响。如航天材料应具有良好的真空出气性能，避免出气污染对周围敏感材料与器件带来影响。一般规定为：材料的总质量损失（TML）不得大于 1%，收集到的可凝挥发物（CVCM）不得大于 0.1%。

2. 工艺要求

航天材料要通过各种制造工艺手段才能形成结构和机构产品，特别是对于复合材料制品来说，制造过程也就是材料成型的过程。因此，材料的制造工艺性能非常重要，制造工艺性能的好坏将直接影响材料性能的发挥程度，甚至可能决定材料的实际使用价值。

具有良好的可加工性能也是航天材料选用的重要原则。航天材料根据其使用位置和所要求的功能，往往具有复杂的结构，因此要求其应该具备比较容易实现结构设计需要的工艺，如切削、成型、焊接、胶接等。对高分子材料来说，它的加工需要具有良好的尺寸稳定性，且成型工艺简单，如大量使用成型工艺性好的环氧树脂等，复合材料成型工艺多采用缠绕成型、热压罐成型以及传递模塑（RTM）成型等。

航天材料的选择除了需要具备所要求的性能和可加工性之外，还必须考虑与材料使用有关的实际条件，如合适的成本、可靠的质量、稳定的供货等。

因此，航天材料的选择应综合考虑材料在航天器上所用的位置、构型、工艺性和成本等要求与条件后，再最终确定。

4.6.2 极端空间环境使役条件下的特种工程塑料

特种工程塑料是自 20 世纪 60 年代以来首先为满足国防军工和尖端技术的需求而发展起来的一类综合性能优异的结构性聚合物。与通用工程塑料相比，特种工程塑料最显著的特点是：高强度、耐辐射、耐化学品、耐高温等性能，且高温力学强度高，玻璃化转变温度大多在 150～200℃；熔融温度大多在 300℃左右或以上；大多难燃；价格昂贵；成型加工温度高，注塑工艺难度大[74]。到目前为止，国内外对特种塑料的定义及所涉及的品种均没有统一的认识，就称谓而言就有特种工程塑料（SEP）、超级工程塑料、高性能热塑性塑料和高性能聚合物等。定义和所涉及的品种随着科学技术的发展也会有所变化，目前特种工程塑料被认为是长期连续使用温度在 150℃以上的工程塑料，其分子结构特点是主链由苯环、联苯基团、萘环、氮杂环等通过醚键、酮基、砜基、硫醚基、亚氨基等连接而成，如聚酰亚胺（PI）、聚砜（PSF）、聚苯硫醚（PPS）、聚醚醚酮（PEEK）、聚醚砜（PES）等，独特的分子结构特点赋予了该类材料强度高、质量轻、耐热性好（长期使用温度在 200℃以上）和耐化学药品等优良特性，目前在机械、汽车、电子、电气和航空、航天等领域已广泛应用。这类聚合物都是热塑性树脂，可以根据具体的理化性质选择注射、挤出、吹塑、模压、旋转、流延等加工方法，通过设置合适的加工温度获得各种制品或薄膜。

1. 聚苯硫醚（PPS）

PPS 是结晶型高刚性白色粉末聚合物（结晶度 55%～65%），分子链含亚苯硫醚重复结构单元，高耐热性（连续使用温度达 240℃）、机械强度、刚性、难燃性、耐化学药品性，电气特性、尺寸稳定性都优良的树脂，耐磨、抗蠕变性优，阻燃性优，有自熄性[75]。在特种工程塑料中的 PPS 价格最为低廉，性价比很高，因此可广泛应用于玻璃等无机材料的黏接、高性能耐腐涂层、耐高温绝缘涂层、原子能、兵器、航空航天等领域。PPS 致命弱点是耐冲击性能差，未改性 PPS 的拉伸强度和冲击强度在工程塑料中仅属中等水平，伸长率较低且成型加工困难，因此，它的优异性能也难以发挥，PPS 通过增强、复合共混、共聚改性后，用途更为广泛。共混该改性后可提高其物理机械性能和耐热性（热变形温度），增强材料有玻璃纤维、碳纤维、聚芳酰胺纤维、金属纤维等，以玻璃纤维为主。无机填充料有滑石、高岭土、碳酸钙、二氧化硅、二硫化钼等。另外，PPS 还可以与其他聚合物形成聚合物合金，改善其脆性、润滑性和耐腐蚀性，如 PPS/PTFE、PPS/PA、PPS/PPO 等合金。

PPS 有良好的流动性。用于注塑的 PPS 的 MFR 一般为 20～50g/10 min（343℃，负荷 0.5 MPa）。一般料筒温度为 300～350℃。在注塑的熔体温度下，PPS 会产生部分交联，但通常情况下对流动性和力学性能影响很小。不过熔料在熔融加工温度下长期滞留，则会导致交联结构严重。

PPS 的加工方法包括以下三种：

（1）注射成型。注射成型是 PPS 主要的成型方法。由于 PPS 是结晶性高熔点聚合物，高温下长时间易氧化交联，各品种流动性差异较大，因此，在 PPS 注射成型加工中，除按照通常的注射成型加工原理及工艺外，还应注意一些因 PPS 自身特性而引起的模具与工艺的变化[76]。在注射成型的熔体温度下，PPS 会产生部分交联，但通常情况下对流动性和力学性能影响很小。不过熔料在熔融加工温度下长期滞留会导致交联结构严重。在注射成型工艺上要特别注意物料干燥、料筒温度和产品的后处理（退火）等。注射成型工艺参数如下：料筒温度为 290～370℃，大多数采用 310～320℃，注射压力为 50～200 MPa，一般采用 80～140 MPa，可注塑薄壁长流程制品。注射速度以中高速为好，螺杆转速为 50～100 r/min。注射时间为 5～10 s，保压时间为 10～15 s。模具温度一般为 135～165℃，低温时可选择 35～75℃，高温时可选择 120～180℃。选择高模温是为了使制品充分结晶，否则会引起制品的后收缩。使用较高的模具温度，使制品表面发生"富树脂化"（resin-rich），制品表面光泽好，制品的耐化学性提高；相反，冷模成型时，填料将在制品表面富集，使制品的表面光泽降低，耐化学性降低。

（2）压制成型和压延成型。使用传统的层压成型方法可制备厚型平板状制品。但随着 PPS 薄膜技术的进步，出现了 PPS 树脂的新层压技术，即采用 PPS 薄膜与碳纤维（CF）布分层叠加后放入模具内热压，以制得大型 PPS 高性能复合材料制品。使用该法制造的大型机翼前缘部件已成功应用于空客 A340-500 和 A340-600 等系列飞机。

（3）挤出成型。目前，PPS 的成型通常采用注射成型方法。随着挤出级 PPS 树脂的成功开发与产品供应，PPS 的挤出成型已逐渐成为不可忽视的重要成型手段。PPS 树脂流动性良好，可通过双螺杆挤出机直接挤出后，再通过拉伸或吹塑等手段制备 PPS 纤维和薄膜以及各类型材。

2. 聚酰亚胺（PI）

PI 是一类在大分子主链上具有酰亚胺环的芳杂聚合物，分为热固性 PI 和热塑性 PI 两种。热塑性 PI 成型温度高，且有小分子挥发物释放，因而作复合材料应用并不广泛[77]。热固性 PI 则不同，它以带可交联端基的低分子量、低黏度单体和其预聚物为初始材料，通过加热完成固化，从根本上改善了工艺性。它具有良好的耐热性、化学稳定性、电绝缘性、机械强度及耐磨性等优良性能，自问世以来获得迅速发展，以其为基本的复合材料广泛应用于航空航天、军用品等尖端技术领域，如反应型聚酰亚胺（PMR）-Ⅱ型 PI 树脂使用温度高达 371℃，可用作 B-2 隐形轰炸机的机身基材。新型部分氟化 PI 树脂已应用于新一代战斗机的装置上。PI 虽具有优异的性能，但其应用受到难加工和成本的限制，因此需对其进行改进。主要改性方法有：共聚改性、共混改性、填充增强改性和化学结构改性，而以化学结构改性最为突出。化学结构改性是：在高分子链上引入柔性基团，如异丙基、氟代异丙基、醚基、硅烷基、酯基、酰胺基等，引入不对称结构或将庞大侧基接枝于高分子链上，破坏 PI 的结构规整性，可使 PI 加工性能获得改善。由于硅氧烷链既有较好的柔性又有较高的热稳定性，因此在 PI 分子链上引入硅烷，不仅可以改进 PI 的加工性能，还可提高材料韧性，降低 PI 的玻璃化转变温度，从而拓宽 PI 的使用温度范围，用于制造飞机的零部件。聚苯并咪唑和 PI-二甲基硅氧烷的嵌段共聚物能组成相容性很好的合金，这种合金材料具有宇航材料所要求的卓越的热稳定性和机械强度，是一种极具潜力的航空材料。

PI 的熔体黏度相当高，成型时需要较高温度，在某些情况下，成型温度超过了它的分解温度，并且多数 PI 是热固性的，只有部分经过改性的 PI 才能注塑，且工艺控制难度较大。由于较高的耐高温性能，聚酰亚胺一直被认为难以加工。但经过几十年的发展，PI 已经可以用适用于大多数聚合物的方法进行加工。不可熔融类 PI 以流延法、模压法、层压法成型其产品。①流延法是将聚酰胺酸溶液流延在连续运转的不锈钢基材上，通过干燥逸去溶剂后，再经高温酰亚胺化，然后剥离制取 PI 薄膜的方法，如杜邦公司的 H 型 PI 薄膜。②模压法压制 PI 制品时，需先制取模塑粉，然后将模塑粉倒入高温模内在高压下采用阶梯升温方法进行压制，压制后再经降温、脱模、后处理等工序制得产品。模塑粉的制备是在固体含量（质量分数）为 15%～20%的聚酰胺酸溶液中加入胺类化合物，生成盐后加热沉淀，除去溶剂，然后经高温处理得到高比表面积的模塑粉。③层压成型是用聚酰胺酸溶液浸渍经偶联剂处理的玻璃布后，加热除去溶剂、高温酰亚胺化除去水分和残留溶剂后，再经高温高压成型板材的方法。除玻璃布外，还可用碳纤维、石墨纤维等作增强材料。可熔 PI 可以转变为黏流态，因此可以用熔融加工方法进行热压、挤塑注射成型，甚至也可以得到熔体黏度很低的预聚物进行传递模塑（RTM）；也可以用高固含量、低黏度的预聚物溶液进行预浸料的制备（PMR 方法）；可以进行溶液纺丝（湿法、干法及干喷湿纺）及熔融纺丝；以四元酸的二元酯为单体，还可以以独特的方法得到 PI 泡沫材料；此外，还可以利用单体二酐和二胺易升华而进行气相沉积法成膜。亚微米级光刻、深度刻蚀、离子注入、激光精细加工、纳米级杂化技术等都为 PI 的应用打开广阔天地。因此，PI 非但不是难以加工的聚合物，而且与其他聚合物比较还是有更多加工手段可供选择的聚合物。

尽管 PI 在许多领域得到了应用，但是存在的问题也很多，如毒性大、成型条件苛刻、固化温度高（300℃以上）、韧性不够好等。近年来国外 PI 的研究重点集中在对 PI 基复合材料、涂料和薄膜的开发，先后推出了许多适用于尖端设备、军用设备等的品级。成型材料主要向高性能、多功能化发展。

PI 的研究工作还将继续，今后将主要围绕以下几个方面开展工作：①深入研究聚合物结构与性能的关系，研究复合材料的性能；②进一步改善 PI 性能，包括工艺性、韧性、毒性和热氧化稳定性等，如 BMI 增韧、PMR 毒性和工艺性改进，对 PI 进行有机硅改性等；③开发新材料，包括二胺单体、共聚反应单体和新的亚胺齐聚物；④降低 PI 成本，开拓更多用途，向民用领域推广。

3. 聚醚醚酮（PEEK）

PEEK 是一种线形芳香族结晶型热塑性塑料，是具有极高性能的特种工程塑料，自诞生以来就一直作为一种重要的战略国防军工材料。它具有很高的耐热性（连续使用温度 260℃）、高耐热变形性、很好的阻燃性和耐热水性（200℃的蒸汽中可连续使用），其耐放射性也非常好，它是继聚四氟乙烯后又一种受欢迎的耐磨减磨材料，在航空、航天、原子能等领域有着广泛的应用。通过改性，PEEK 可以获得更高的物理性能[78]。例如，可与聚四氟乙烯（PTFE）、聚醚砜（PESU）等共混以满足不同的使用要求。J. Denault 和 S. H. Lin 分别采用玻璃纤维（GF）、碳纤维（CF）等复合增强 PEEK 树脂，以提高材料的使用温度、刚性、尺寸稳定性及冲击性能；纳米材料填充 PEEK 复合材料的硬度、抗拉强度及拉伸模量较纯PEEK 提高了 20%～50%，从而进一步扩大其应用范围。

以 PEEK 为基体的先进热塑性复合材料已成为航空航天领域最具实用价值的复合材料之一。CF/PEEK 复合材料已成功应用到 F117A 飞机全自动尾翼、C-130飞机机身腹部壁板、阵风飞机机身蒙皮及 V-22 飞机前起落架等产品的制造。特殊碳纤维增强的 PEEK 吸波复合材料具有极好的吸波性能，能大幅度衰减频率为0.1 MHz～50 GHz 的脉冲，型号为 APC 的此类复合材料已经应用于先进战机的机身和机翼。另外，ICI 公司开发的 APC-2 型 PEEK 复合材料是 CelionG40-700 碳纤维与 PEEK 复丝混杂纱单向增强复合材料，特别适合制造直升机旋翼和导弹壳体，美国隐身直升机 LHX 已经采用此种复合材料。

PEEK 的加工方法包括以下三种。

（1）注射成型。聚醚醚酮的熔点较高，因此成型温度也较高。注射时料筒温度控制在 350～400℃。由于它的熔融流动性与温度的依赖性不大，因此需较大的注射压力。成型前，物料一般均需进行预干燥，干燥条件为温度 150℃，时间 3 h。PEEK 是结晶性塑料，只有在成型时使其充分结晶化，才能得到性能优良的制品。当模具温度为 150～160℃时，得到低结晶性制品（尤其是表层）；而在 180℃的模温下，则能得到较高结晶性的制品。如无法获得较高的模温，则可对制品进行退火处理，以提高结晶度。PEEK 的注射成型，用普通的注射机即可满足要求。但对于成型大件、薄壁或复杂制品则应选用高长径比（$L/D>20$）和短压缩段（3/1）的螺杆。

（2）挤出成型。PEEK 可通过挤出成型得到薄膜、管材和单丝等制品。PEEK 未延伸薄膜的结晶度低，一般需与玻璃纤维、碳纤维、三聚氰胺纤维等材料进行复合。单独 PEEK 薄膜可通过拉伸和热处理以提高强度和耐热性。经拉伸和热处理的 PEEK 薄膜，熔点比 PET 薄膜高 80℃，并具有与均苯型聚酰亚胺薄膜 Kapton 相似的强度，而耐湿性和耐化学药品性比 Kapton 更好。

（3）层压成型和静电涂覆。以 PEEK 为基材，与玻璃纤维、碳纤维束或毡以及两者的混合体通过层压成型制得性能优良的复合层压材料。由于目前还没有一种有机溶剂能完全溶解 PEEK，因此无法对其进行溶液涂覆。但可利用 PEEK 粉末通过静电涂覆，得到具有电气绝缘性、耐腐蚀、耐热和耐水性十分优良的金属-PEEK 粉体涂装制品。

4. 聚砜

聚醚砜（PES）为非结晶热塑性塑料，玻璃化转变温度高达 230℃，是目前所有非结晶热塑性树脂中的最高的。其长期使用温度可达 180℃，短期可达 200～210℃，PES 的综合性能极佳，具有优良的尺寸稳定性、耐热水和蒸汽性、难燃、耐辐射等性能，且以高温刚性著称，在高温下的弹性模量几乎不变，PES 与玻璃纤维、碳纤维的复合材料，具有密度小、强度高、难燃、发烟量小等特点，广泛用于飞机、宇航等领域[79]。利用其耐锡焊性、尺寸稳定性、耐清洗剂等特点，作为绝缘材料用于电气电子工业。利用其抗蠕变性、尺寸稳定性、耐油性、耐热水和蒸汽性、韧性好的特点制作各种零部件应用于机械工业。

PES 的分子结构中既不含热稳定性较差的脂肪烃链节，又不含刚性大的联苯链节，而主要由砜基、醚基和次苯基组成。砜基赋予耐热性；醚基使聚合物链节在熔融状态时具有良好的流动性，易于成型加工；在对苯撑结构上交替连接砜基和醚基能得到非结晶性的聚合物。聚醚砜被人们誉为第一个综合了高热变形温度、高冲击强度和优良成型性的工程塑料。PES 虽然是一种高温工程热塑性树脂，但仍可以按常规热塑性加工技术进行加工。可采用注射成型、挤出成型、吹塑成型制成发泡体，还可以进行镀膜、超声波熔接、机械加工、溶剂黏接、涂敷等二次加工。良好的加工性能是 PES 的最重要特性之一。即使是复杂的大型制品也可以用适当的成型设备直接成型，注射成型制品不需要后热处理。PES 是一种无定形树脂，模收缩率很小，可加工成对容限要求高及薄壁的制品。

PES 的注射成型温度为 310～390℃；料筒温度为 300～340℃（下部），330～370℃（中部），330～390℃（喷嘴）；模具温度为 140～180℃；注射压力为 100～140 MPa；背压 5～10 MPa，螺杆转速为 30～60 r/min。干燥条件为：热风循环，160℃/3 h。

聚苯砜（PPSO）是砜类聚合物，在许多应用领域可代替金属使用，它耐高温，很适宜于制作电气电子零件。它由于强度高、耐化学药品和水解稳定性优良，也可代替玻璃和金属部件使用，由于阻燃性突出所以用于航空航天和安全设备中[80]。在医疗领域可用作可消毒的外科器具和设备、自备固定呼吸器等。在航空航天领域用作飞机、飞船的内部导管和内部板等。

PPSO 可以在一般的热塑性塑料加工设备上成型，但加工性较差，加工温度高，为 330～380℃。PPSO 由于熔体黏度高，注射成型制品的内应力较大，需要退火处理：在 166℃的甘油浴中为 1～5 h，在 166℃空气浴中为 3～4 h。由于 PPSO 在注射时易产生内应力，因此宜采用较高的模具温度。通常控制模具温度在 120～140℃。对复杂形状制件，模具温度可控制在 150～165℃。为防止制件产生应力开裂，可在 160℃左右进行退火处理。PPSO 的吸湿率比较高，因此，在成型前必须对物料严格干燥，使其含水量小于 0.1%；具体干燥工艺条件为：温度 135～165℃，时间 3～4 h。

5. 聚芳酯（PAR）

PAR 是一种非晶型的透明热塑性塑料，它具有优异的耐高温性能、阻燃性能、抗冲击性能和气候稳定性能，可用于航空航天领域，可通过提高其性能而用于制造相机、钟表等精密部件。

PAR 的熔体黏度较高，在同一温度下，大约为 PC 的 10 倍，这就要求有较高的成型温度，以获得较好的流动性。当厚度小于 2 mm 时，PAR 的流动性便迅速下降。微量水分易引起 PAR 成型过程中的降解，因此，成型前 PAR 的干燥十分重要。含水量通常应控制在 0.02%以下。干燥工艺：102～120℃，10 h。注射工艺：料筒温度前部为 310～330℃，后部为 280～300℃；模具温度为 120℃；注射压力为 70～120 MPa。

6. 聚对苯二甲酰对苯二胺（PPTA）

PPTA 是一系列半晶型工程聚合物，它介于传统的热可塑性工程材料（如聚碳酸酯、聚酰胺、聚酯和聚甲醛）和高成本的特种聚合物（如液晶聚合物、聚苯硫醚和聚醚酰亚胺）之间，兼具成本与性能的优点。PPTA 塑料在很宽的温度范围内都具有优越的机械特性，包括强度、刚度、耐疲劳性及抗蠕变性。对于结构性的应用，玻纤增强牌号在高温下具有更高的刚度、强度和抗蠕变性。矿物填充的塑料具有更高的尺寸稳定性和平直度，其中某些牌号还可以进行电镀和涂覆环氧漆。耐冲击改性牌号在很宽的湿度和温度范围内具有明显改善的韧性，可与超韧性尼龙相媲美，并且在很宽的温度和湿度范围内具有更高的强度和刚度。未增强牌号的塑料适用于通用型的注塑和挤塑用途，其材料特性包括高表面光泽度、良好润滑性、低翘曲性和韧性，同时在高温下仍具有较高的机械性能。

对于 PPTA 来说，最有代表性的产品是美国杜邦公司研制的 Kevlar 纤维。这种新型材料密度低、强度高、韧性好、耐高温、易于加工和成型，具有极强的防弹与耐穿刺性能，在军事上被称为"装甲卫士"。杜邦公司的 Kevlar 纤维采用的就是两步法工艺，其步骤如下：①溶解，将合成好的聚合物与冷冻浓硫酸混合，固含量约为 1914%；②熔融，将混合好的纺丝液加热到 85℃的纺丝温度，此时形成液晶溶液；③挤出，纺丝液经过滤后用齿轮泵从喷丝口挤出；④拉伸，挤出液在一个被称为气隙的约为 8 mm 的空气层，在气隙中进行约为 6 倍的拉伸；⑤凝固，液态丝条在温度为 5～20℃、含 5%～20%硫酸的凝固浴中凝固成型；⑥水洗、中和、干燥，丝条从凝固浴出来后水洗，在 160～210℃加热干燥；⑦卷绕，干的 Kevlar 纤维在卷筒上卷绕。这个工艺的纺速大于 200 m/min。

两步法芳纶纺丝过程复杂，生产成本较高。由于硫酸有腐蚀性，对设备的要求很高，且残存的浓硫酸会使纤维在纺丝过程中导致聚合物的降解，这就限制了纤维的强度和模量。为缩短流程，简化工艺，人们探索出由聚合物原液直接纺丝制纤维的新工艺。褚凤奎等的直接成纤工艺把缩聚后的聚合溶液不经纺丝，其中，聚合物溶液的浓度必须满足液晶态的形成条件，以确保后续沉析过程顺利进行。该工艺受搅拌速度的影响很大，一般搅拌速度增加会造成短纤维长径比增加。

另外，芳纶纤维得益于其独特的一维纳米尺寸、优异的力学性能、优异的热稳定性和化学稳定性，以及均匀的分散性、良好的界面结合性能，也常作为一种加工原料被成型加工成各种高性能的产品。芳纶纳米纤维（ANF）通过氢键自组装，生成柔性、透明、强的 2D ANF 薄膜。随着对 ANF 的形成和应用的不断发展和认识，已经加工成许多宏观的 ANF 基的不同形貌的先进材料，包括 1D ANF 气凝胶纤维、2D ANF 膜/纳米纸/涂层、3D 水凝胶/气凝胶及颗粒，在纳米复合增强材料、电池隔板、绝缘材料、柔性电子、电磁/紫外线屏蔽材料、热材料、吸附过滤介质等领域都有广阔的应用前景。

然而，材料的分子间作用力强、化学惰性大、溶液加工性能差，使得用宏观芳纶纤维制备芳纶极其困难。已有两种 ANF 的制备策略：①自底向上方法，即聚合诱导自组装；②自上而下方法，包括静电纺丝法、机械崩解法和脱质子法。不可否认，脱质子法制备的 ANF 在膜的直径及其分布、制备周期、力学性能等方面都具有明显优势。然而，脱质子法制备周期长、浓度低、效率低、成本高，极大地限制了 ANF

的大规模制备和工业化。近期研究人员提出了改进的方法，可以显著缩短制备周期到几小时。尽管 ANF 越来越受到人们的关注，在构建应用广泛的高级功能材料方面显示了巨大的潜力，但对于 ANF 的制备和应用的研究仍处于实验室阶段。

4.6.3　极端空间环境使役条件下的有机硅材料

1. 硅橡胶

硅橡胶材料不仅可以耐受高温，还可以承受较低的温度。硅橡胶正常的工作温度在 60～250℃，如果只是进行短时间的工作，硅橡胶的耐受温度可高达 300℃；如果只是进行瞬间操作，耐受温度可达 3000 K。除了耐高温的特性，硅橡胶还具有耐臭氧、耐日照、耐霉菌、耐海水等特点。

2. 硅树脂

有机硅树脂是以—Si—O—为主链、侧链带有有机基团的半无机半有机类型的聚合物，具有高分子的结构与性能特点。有机硅树脂是体型高分子聚合物，并带有多个活性基团，这些活性基团进一步交联反应，即转变成不溶不熔的三维结构固化产物。

通用溶液型有机硅树脂主要用作耐热涂料、耐候涂料和耐高温电绝缘材料的基础聚合物。有机硅树脂是高度交联的网状结构的聚有机硅氧烷，通常是甲基三氯硅烷、二甲基二氯硅烷、苯基三氯硅烷、二苯基二氯硅烷或甲基苯基二氯硅烷的各种混合物，在有机溶剂如甲苯存在下，在较低温度下加水分解，得到酸性水解物。水解的初始产物是环状、线形和交联聚合物的混合物，通常还含有相当多的羟基。水解物经水洗除去酸，中性的初缩聚体于空气中热氧化或在催化剂存在下进一步缩聚，最后形成高度交联的立体网络结构。有机硅树脂具有耐高低温、耐气候老化、憎水防潮、绝缘强度高、介电损耗低、耐电弧、耐辐照等优良性能。

有机硅树脂最突出的性能之一是优异的热氧化稳定性。250℃加热 24 h 后，硅树脂失重仅为 2%～8%。硅树脂另一突出的性能是优异的电绝缘性能，它在宽的温度和频率范围内均能保持其良好的绝缘性能。一般硅树脂的电击穿强度为 50 kV/mm，体积电阻率为 1013～1015Ω/cm，介电常数为 3，介电损耗角正切值在 10～30。此外，硅树脂还具有卓越的耐潮、防水、防锈、耐寒、耐臭氧和耐候性能，对绝大多数含水的化学试剂如稀矿物酸的耐腐蚀性能良好，但耐溶剂的性能较差。

有机硅树脂的固化交联大致有三种方式：一是利用硅原子上的羟基进行缩水聚合交联而成网状结构，这是硅树脂固化所采取的主要方式；二是利用硅原子上连接的乙烯基，采用有机过氧化物为触媒，类似硅橡胶硫化的方式；三是利用硅原子上连接的乙烯基和硅氢键进行加成反应的方式，例如无溶剂硅树脂与发泡剂混合可以制得泡沫硅树脂。因此，硅树脂按主要用途和交联方式大致可分为有机硅绝缘漆、有机硅涂料、有机硅塑料和有机硅黏合剂等几大类。

4.6.4　极端空间环境使役条件下的有机氟材料

氟是电负性最大、极化率低和范德华半径小的元素，它与碳原子能形成极强且高度极化的碳氟键（键能为 485.6 kJ/mol）。含有碳氟键的有机氟材料具有区别于其他材料独特的物理、化学和生物性能，如优异的热氧稳定性、耐化学腐蚀性、耐老化性、不黏性、电绝缘性以及极小的摩擦系数等。有机氟材料现已广泛应用于航空、航天、航海、化工、石油、汽车、机械、电子信息、生物医学材料、建筑、环保等众多行业和领域。

自 PTFE 问世以来，氟树脂的研制、生产、加工和应用得到了很大发展，品种也日益增多。已工业化生产的氟树脂主要有 PTFE、聚全氟乙丙烯（FEP）、聚四氟乙烯全氟烷基乙烯基醚（PFA）、聚偏氟乙烯（PVDF）、聚乙烯四氟乙烯（ETFE）以及乙烯-三氟氯乙烯共聚物（ECTFE）等。

PTFE 的高结晶度和低溶解性导致不能采用简单的熔融和溶液浇铸技术进行加工。为了解决聚四氟乙烯的加工问题，已经制造了许多其他氟树脂，包括 FEP、PFA、PVDF 和 ETFE 等。PVDF 可以很容易通过熔融加工并溶解在一定有机溶剂中，这样可使 PVDF 成膜，但 PVDF 的耐热性和耐化学腐蚀性大大降低。FEP 和 PFA 具有全部碳氟键和侧链含有全氟烷基，因此它们的耐热性和耐化学腐蚀性好，并且聚合物结晶度较低，可进行熔融加工，然而 FEP 和 PFA 仍不溶于有机或含氟溶剂。碳氟键的惰性是全氟有机材料特殊性能的基石，但这使得全氟有机材料的功能化变得困难。

有机氟材料的功能化通常是通过共价交联和表面改性实现。共价交联是降低材料在应力作用下蠕变和变形的常用方法。目前 PTFE 是通过电离辐射或等离子体处理使小分子共价附着到聚合物表面，但这些苛刻交联条件给含氟聚合物的应用带来困难。含氟聚合物研究的一个重要挑战是含氟单体的安全性。四氟乙烯易爆炸，不能运输，这给学术界开展含氟聚合物的研究带来极大困难。此外，许多含氟聚合物是通过乳液聚合制备的，在乳液聚合反应中需要使用含氟表面活性剂全氟辛酸（PFOA）作为分散剂。自 20 世纪 90 年代中期以来，发现含氟辛酸具有极强的持久性，在生物体内具有很高的生物累积，动物实验表明含氟辛酸有致癌作用并会影响肝脏，因此国际上已禁用全氟辛酸。后来世界各国的学术界和工业界致力于研制小于 6 个碳全氟链且具有全氟辛酸性能的含氟表面活性剂，美国 3 M 和杜邦公司已将短氟烷基链的表面活性剂应用于含氟聚合物的生产。但近来发现这些短氟烷基链的表面活性剂也有生物累积性，因此国际上也提出禁用短氟烷基链的表面活性剂。

为了解决以上提及的含氟聚合物制备、加工和应用面临的问题，美国加州大学洛杉矶分校的科学家最近报道了在温和反应条件下使用安全和商品化单体及无需表面活性剂制备可功能化和易加工含氟聚合物的方法。该方法使用的两种单体为全氟烷基二碘和碳氢二烯，采用中国科学院上海有机化学研究所黄维垣教授 20 世纪 80 年代发展的亚磺化脱卤反应条件作为聚合反应的引发体系，单体可在氧气和水存在下进行聚合得到高分子量的含氟聚合物（＞100000），聚合物的氟质量分数可高达 59%。该含氟聚合物结构是在每个重复单元的主链引入两个碘原子，可极化的碘原子增强了聚合物的加工性，加工后碘原子容易去除，从而可得到热稳定性的含氟聚合物。功能化二烯进行聚合反应可得到生物可降解的含氟聚合物。更为重要的是，含氟聚合物功能化（后修饰）和交联可通过碘原子的 SN2 取代反应或碳碘键的均裂反应进行，从而得到一系列高性能的有机氟材料。

4.6.5　极端空间环境使役条件下的液晶聚合物

液晶聚合物（LCP）是近年发展最快的新型超级工程塑料，LCP 塑胶原料的成型温度高，因其品种不同，熔融温度在 300～425℃范围内。LCP 熔体黏度低，流动性好，与烯烃塑料近似。LCP 具有极小的线膨胀系数，尺寸稳定性优良。成型加工条件为：成型温度 300～390℃；模具温度 100～260℃；成型压力 7～100 MPa，压缩比 2.5～4，成型收缩率 0.1%～0.6%。

LCP 加工成型可采用熔纺、注射、挤出、模压、涂覆等工艺。虽然加工方法各异，但其共同点是：在液晶态时分子链高度取向下进行成型，再冷却固定取向态，从而获得高机械性能。因此，除分子结构和组成因素外，材料性能与受热和机械加工的历程史、加工设备及工艺过程密切相关。

加工设备：液晶聚合物加工成型一般不需特殊的设备，常规的聚合物加工设备均可利用。但由于液晶聚合物加工温度较高，故设备选型时应充分考虑其加热系统的能力和设备材质，必须经受得住长时间的高温烘烤。另外，由于液晶分子的棒状取向作用，加大模具出口的长径比有利于分子取向，以利于提高材料的力学性能。

加工温度：温度影响聚合物的黏度，从而影响流动的均匀性。加工过程必须保证熔体温度均一，有适宜的流动形态。熔体温度过高将导致分子运动太剧烈，取向序损失，反而不利；温度偏低则不能保证分子链充分伸展，失去液晶态的优越性。一般可将模温控制在低于熔体温度（100～150℃）。

压力：液晶聚合物成型时也需要一定压力，但压力及成型速率不宜过高，否则将导致熔体流动不均匀、制品出现瑕疵和增加内应力。注射成型中压力与注射体积有关，一般注射容量为料筒容积的 50%～70%较适宜。

4.6.6　极端空间环境使役条件下的高分子基复合材料

作为航天器结构应用的复合材料主要是纤维增强复合材料。纤维材料主要有以下几种：玻璃纤维、碳纤维、Kevlar 纤维、硼纤维。目前，航天器结构用复合材料基本采用碳纤维（常用的牌号有 M60、M55J、M40J、T700、T300 等）、玻璃纤维、芳纶纤维作为增强体材料，采用环氧树脂作为基体材料。这种材料具有良好的力学性能，有较高的热稳定性，制造工艺成熟，但也有韧性低、抗冲击差、耐湿热性能差等缺点。

1. 玻璃/环氧复合材料

玻璃/环氧复合材料是发展最早的复合材料之一，由于它的强度高、韧性好、工艺性好以及成本低，在民用工业中有着广泛的应用，也曾是早期航天器上应用的结构材料。但由于其弹性模量太低，密度较高，逐渐不适合作为航天器的主要结构材料。目前，除了隔热或电绝缘的特殊需要以外，已由其他先进复合材料代替。

2. 硼/环氧复合材料

硼/环氧复合材料具有较高的强度和模量，优良的抗氧化、抗腐蚀、抗疲劳、抗蠕变和抗湿性等性能，在国外航天器上曾得到应用，主要是作为杆件、壳体和金属结构的增强材料。但由于硼纤维制备成本高，纤维较粗且硬，不适于制造薄壁或形状较复杂的构件，成型工艺也很困难，因而限制了它的实际应用。

3. 碳/环氧复合材料

碳/环氧复合材料具有小密度，高模量强度，良好的热稳定性（线膨胀系数小和纵向线膨胀系数为负值），低热导率，良好的疲劳强度、振动阻尼性能、抗腐蚀性和耐磨性等优点。但同时也具有材料脆性大，抗冲击性能低，材料的各向异性严重，横向性能比纵向性能差得多，吸湿性、机械加工性能差，材料成本高等缺点。

碳/环氧复合材料的综合性能在各种纤维增强复合材料中有较大优势，特别是它具有很高的比模量值，很符合航天器结构材料的需求，所以，目前在航天器结构中得到日益广泛的应用，可以制成各种杆件、构架、加筋板壳、夹层板壳等主要或次要的承力构件。综上所述，碳/环氧复合材料（主要是指高模量的碳/环氧复合材料）是目前在航天器中应用最广的复合材料，特别是以碳/环氧复合材料为面板的铝蜂窝夹层结构已得到了广泛的应用，如用于航天器结构的中心承力筒、各种管件和接头组成的桁架结构、太阳电池阵的基板、天线反射面结构等。

4. Kevlar/环氧复合材料

Kevlar/环氧复合材料具有很高的比强度，较高的抗冲击性能、抗疲劳性能，良好的热稳定性（线膨胀系数很小并且纵向线膨胀系数为负值）、隔热性能、阻尼性能、绝缘性能和射频透过性能。材料的工艺性能较好，可以编织和成型形状较复杂的构件。但材料的压缩强度较低，弹性模量也不高，各向异性严重，有吸湿性，机械加工性能差。Kevlar/环氧复合材料是继碳/环氧复合材料之后新开发的一种复合材料，是原有玻璃钢制品的替换材料。由于它还具有极低的线膨胀系数以及良好的抗冲击性能、抗疲劳性能、振动阻尼性能、电磁波透过性能、隔热性能等，在航天器上也得到了一定的应用，如用于天线结构隔热结构等。

4.6.7　极端空间环境使役条件下的纳米材料

随着纳米技术以及大规模工业化生产进程的发展，纳米材料在国民经济各领域中的应用越来越广泛。由于保密原因，纳米材料在军事、航空、航天等特殊领域的应用报道较少。从纳米材料的特性出发，结合航天产品的发展趋势和特点，可以看出纳米材料在航天领域具有较大的应用前景。

1. 纳米改性聚合物基复合材料

纳米材料增韧聚合物的机制是均匀分布纳米粒子的聚合物基体在受到外力作用时，在粒子周围产生应力集中效应，引发基体树脂产生微裂纹而吸收能量；而在纳米材料的晶界区，由于扩散系数大且存在大量的短程快扩散路径，粒子间可以通过晶界区的快扩散产生相对滑动，使初发的微裂纹迅速弥合，从而提高材料的强度与韧性。典型应用如纳米氮化铝增韧环氧树脂，纳米碳化硅提高橡胶的耐磨性等。当纳米氮化铝-环氧树脂体系中的纳米氮化铝量为 1%～5%时，其玻璃化转变温度明显提高，弹性模量达到极大值。纳米氮化铝-环氧树脂复合材料的结构完全不同于粗晶氮化铝-环氧树脂复合材料，粗晶氮化铝主要分布在高分子材料的链间而作为补强剂加入，而纳米氮化铝具有表面严重配位不足、大的比表面积和极强的活性等特点，且部分纳米氮化铝颗粒分布在高分子链的空隙中而具有很强的流动性，可使环氧树脂的强度、韧性及延展性均大幅提高。

在橡胶轮胎中添加一定量的纳米碳化硅进行改性处理，可在不降低其原有性能和质量的前提下，将耐磨性提高 15%～30%。纳米碳化硅还可应用于橡胶胶辊打印机定影膜等耐磨、散热、耐温的橡胶产品中。

2. 工程塑料及其他复合材料

纳米材料与工程塑料复合可在提高工程塑料的固有性能的同时，获得高导电性、高阻隔性及优良的光学性能，进一步拓宽工程塑料的应用范围。

利用纳米颗粒对有一定脆性的工程塑料进行增韧是改善工程塑料韧性和强度行之有效的方法。例如，少量纳米氮化钛粉体用于改性热塑性工程塑料时，可起到结晶成核剂的作用。将纳米氮化钛分散于乙二醇中，通过聚合使纳米氮化钛更好地分散于聚对苯二甲酸乙二醇酯（PET）工程塑料中，可加快 PET 工程塑料的结晶速率，使其成型简单，扩大其应用范围。而大量纳米氮化钛颗粒弥散于 PET

中，可大幅提高 PET 工程塑料的耐磨性和抗冲击性能。用偶联剂进行表面处理后的纳米碳化硅，在添加量为 10%左右时，可大大改善和提高 PI、PEEK、PTFE 等特种塑料的性能，全面提高材料的耐磨、导热、绝缘、抗拉伸、耐冲击、耐高温等性能。

4.7　发展趋势与展望

随着社会经济的发展，科学技术的进步使功能高分子材料的研究逐渐深入。激烈的市场竞争不仅增加了对高分子材料的需求，同时对高分子材料的质量也提出了更高的要求和标准。功能高分子材料要想在激烈的市场竞争中占有一席之地，实现长远的发展目标，就要以相关学科（如高分子物理、高分子化学等）作为基础，并与多个学科（如化学、物理、电子信息等）实现交叉再应用的过程中，将高分子学科的综合知识进行有效的联系，以此来不断提升对高分子材料的认识和理解，推动社会经济发展。

塑料工业的发展在促进人类科学技术文明进步和人民生活水平提高方面发挥着巨大作用。然而，大多数废弃的塑料产品都是不可生物降解的，这对环境和人类健康构成了巨大威胁。目前，废塑料的回收利用量很小，传统的掩埋处理浪费了大量的自然资源。为了实现绿色、环保和可持续发展的概念，利用废塑料来获得经济和环保的增值产品具有重要的参考价值和意义。

在"碳达峰、碳中和"背景下，发展生物基高分子材料意义重大。具有理想材料特性的高性能生物基聚合物即使在经过加工和回收后性能都能够保留。玻璃化转变温度是非晶型塑料的一种最重要的热性能，它决定了材料的物理、力学和流变性能，进而决定了它们的应用范围。而熔融温度对于半晶型塑料非常重要。提高脂肪族聚酯的玻璃化转变温度是提高其性能、循环利用的可能性甚至光学透明度的有效策略。玻璃化转变温度高的聚合物主链呈刚性，这限制了分子链的转动灵活性，因此，玻璃化转变温度的增加是通过在聚合物主链中引入刚性环结构赋予高的构象能垒和强的极性相互作用，或通过空间位阻使取代基结合或者靠近聚合物链来限制链的旋转。木质素和单宁的芳香单元或通过代谢途径从糖中生产芳香族氨基酸，构成了高玻璃化转变温度生物基聚酯可再生成分。

对于不易回收的一次性塑料制品，利用生物降解高分子材料予以替代可以大大减少塑料废弃对环境的污染。目前，可降解塑料已被用作日常食品包装材料或其他一次性物品。未来可降解塑料有望作为农业用工程材料，如地膜或沙袋；作为渔业的原料，如鱼线或渔网；在医学上视为生物可吸收的材料，如外科缝线或支架以及卫生用品，如纸尿裤。然而，它们真正的实际应用仍存在许多问题。其中的一个问题是控制生物降解速率和添加生物降解触发剂。所需的生物降解和生物吸收速率取决于使用目的，生物降解塑料需要在整个使用过程中表现出优异的性能，而在使用完废弃后需要能够立即引发生物降解。为此，添加触发生物降解的功能是必不可少的。另外，一旦生物降解塑料开始降解，相应的产物溶解到水中。根据生物降解塑料的定义，这些部分生物降解的产物必须被微生物完全降解为水和二氧化碳。但是，当部分生物降解产物的量增长过快时，土壤由于这些降解物的高浓度而变酸。因此，有必要监测水溶性生物降解产物对植物生长和土壤的影响。尽管如此，生物降解塑料应该尽可能多地被收集起来用于能源生产，如以沼气的形式，以及在通过微生物发酵堆肥中。

　　近年来，一些催化生物降解塑料降解的酶，如聚羟基丁酸解聚酶、纤维素酶的三维结构得到揭示。有必要通过改变这些天然降解酶的结构，开发新的可以降解目前被认为不可生物降解塑料如 PET 或 PS 的人工酶。聚对二氧环己酮具有特殊的水解特性，有望用于海水可降解材料，这是目前极少数既能生物降解又能海水降解的材料，有望迎来其快速发展的新机遇。生物降解塑料较传统塑料，在耐热性、韧性、高强度机械性能、高耐磨加工性等方面仍有较大差距，使得应用领域受限。生物降解塑料在替代传统塑料的过程中，需要针对性地进行化学和物理改性，以在性能和成本方面满足目标产品的需求。此外，传统塑料加工和应用行业对于生物降解塑料的加工应用也较为缺乏经验，需要生物降解塑料生产商提供更多产品应用技术的支持。生物降解塑料改性、加工与应用作为连接上游与下游的关键步骤，如何衔接好原料与制品，是生物降解塑料行业现今最为紧迫的问题，对于行业健康持续发展有着至关重要的作用。

　　超临界流体微孔发泡是基于超临界流体相变膨胀的一种高分子多孔材料绿色制备技术。其具备绿色环保、低成本、适用性广、易于规模化等诸多优点。但也存在着许多问题。①超临界流体微孔发泡工艺方面，超临界态的气体与高分子具有良好的相容性，但维持气体的超临界状态需要高压环境，这对加工成型设备的密封、耐压和安全性能提出了较高的要求。因而，目前超临界流体微孔发泡的生产应用中设备成本较高，尤其是微孔注射成型技术中常用的超临界流体的定量控制系统成本较高，知识产权几乎被国外垄断。②超临界流体微孔发泡适用材料方面，超临界流体微孔发泡技术适用于绝大多数热塑性高分子材料。但根据材料的熔体强度、热性能及气体溶解度参数等性能差异，不同材料的成型工艺窗口区别较大。目前，针对不同热塑性高分子材料的发泡窗口尚未形成完善的工业化标准。此外，超临界流体微孔发泡对特种工程塑料以及热固性树脂发泡的研究较少，这主要是由于特种工程塑料较高的加工温度和热固性树脂交联固化过程中突变的黏弹性导致超临界流体难以在材料内部形成稳定的气泡。③超临界流体微孔发泡材料的微观结构控制和功能化，高分子发泡材料微观结构的精确调控是提升其综合性能、拓展其功能化应用范围的关键。然而超临界流体微孔发泡中由于材料芯部和表层的边界条件不同，气体扩散成核规律不同，获得的制品往往存在着内部泡孔分布不均、结构不一致、易出现泡孔塌陷等问题。

如何在充分发挥超临界流体微孔发泡优势的同时解决其存在的缺陷和问题是绿色制备高性能高分子发泡材料的关键。我国超临界流体微孔发泡技术的发展方向将主要集中于以下几方面：①加强技术创新，研发具有自主知识产权的新技术和工艺；②加强高性能、极端应用的高分子发泡材料成型研究；③多学科合作深化超临界流体发泡基础理论研究，助力高分子多孔材料结构与性能的精确调控。

在极端使役条件下的高分子复合材料方面，未来结构用复合材料的研制方向是：使结构产品从单一保证自身强度、刚度性能逐步过渡到同时保证强度、刚度、阻尼、精度、尺寸稳定性等综合性能发展。具体来说，对复合材料的需求表现在以下几方面：①纤维材料方面，对于高弹性模量、高强度纤维，在目前比模量、比强度指标相对较高的基础上，进一步提高这方面的性能，特别是高弹性模量，可以有效减小结构质量。另外，在重点考虑高弹性模量因素的同时，对高强度特别是高压缩强度有更加迫切的需求。高热导率纤维主要应用于暴露在星体外的大型结构件，目的是使部件整体温度处于相对均匀的状态，以利于提高尺寸稳定性，降低局部热应力。②在树脂体系方面，目前大多数复合材料均采用环氧树脂作为基体材料，但环氧树脂材料存在许多不足之处，如韧性低、抗冲击性差、耐热和耐湿性差等。因此，急需在以下方面取得突破：a）提高树脂的剪切强度和剥离强度，以便通过材料自身的强度提高复合材料层间强度、抗剥离能力和复合材料结构件抗复杂应力的能力。树脂的剪切强度要从目前的 30～40 MPa 提高到 70～100 MPa。b）降低树脂的固化温度，达到减小结构件残余应力和变形的目的。c）提高树脂的使用温度范围，根据目前的要求，树脂应在 200～180℃范围内能够使用，高温工况下的强度不低于 5 MPa。d）降低树脂的密度，利于减重。e）开发耐低温树脂，提高产品的尺寸稳定性特别是可以保持微波传输设备（天线）的性能。

参 考 文 献

[1] 韩超越，候冰娜，郑泽邻，等. 功能高分子材料的研究进展[J]. 材料工程，2021，49（6）：1-12.

[2] Shi Y，Peng L，Ding Y，et al. Nanostructured conductive polymers for advanced energy storage[J]. Chem Soc Rev，2015，44（19）：6684-6696.

[3] Hu H，Wang S，Feng X，et al. In-plane aligned assemblies of 1D-nanoobjects：recent approaches and applications[J]. Chem Soc Rev，2020，49（2）：509-553.

[4] Molina-Lopez F，Wu H C，Wang G J N，et al. Enhancing molecular alignment and charge transport of solution-sheared semiconducting polymer films by the electrical-blade effect[J]. Adv Electron Mater，2018，4（7）：1800110.

[5] 周文英，王蕴，曹国政，等. 本征导热高分子复合材料研究进展[J]. 复合材料学报，2021，38（7）：2038-2055.

[6]　Xu Y，Kraemer D，Song B，et al. Nanostructured polymer films with metal-like thermal conductivity[J]. Nat Commun，2019，10（1）：1771.

[7]　Shi A，Li Y，Liu W，et al. High thermal conductivity of chain-aligned bulk linear ultra-high molecular weight polyethylene[J]. J Appl Phys，2019，125（24）：245110.

[8]　Kim G H，Lee D，Shanker A，et al. High thermal conductivity in amorphous polymer blends by engineered interchain interactions[J]. Nat Mater，2015，14（3）：295-300.

[9]　Tokita M，Tokunaga K，Funaoka S-I，et al. Parallel and perpendicular orientations observed in shear aligned sca liquid crystal of main-chain polyester[J]. Macromolecules，2004，37（7）：2527-2531.

[10]　Harada M，Ochi M，Tobita M，et al. Thermal-conductivity properties of liquid-crystalline epoxy resin cured under a magnetic field[J]. J Polym Sci Part B：Polym Phys，2003，41（14）：1739-1743.

[11]　Zhang Q，Zhang R，Meng L，et al. Biaxial stretch-induced crystallization of poly(ethylene terephthalate) above glass transition temperature：the necessary of chain mobility[J]. Polymer，2016，101：15-23.

[12]　安敏芳，万彩霞，张文文，等. 显示与能源领域功能高分子薄膜拉伸加工的研究进展[J]. 高分子材料科学与工程，2021，37（1）：307-316.

[13]　谭良骁，谭必恩. 超交联微孔聚合物研究进展[J]. 化学学报，2015，73（6）：530-540.

[14]　Tan L，Tan B. Hypercrosslinked porous polymer materials：design，synthesis，and applications[J]. Chem Soc Rev，2017，46（11）：3322-3356.

[15]　Yoneda S，Han W，Hasegawa U，et al. Facile fabrication of poly(methyl methacrylate)monolith via thermally induced phase separation by utilizing unique cosolvency[J]. Polymer，2014，55（15）：3212-3216.

[16]　Sauceau M，Fages J，Common A，et al. New challenges in polymer foaming：A review of extrusion processes assisted by supercritical carbon dioxide[J]. Prog Polym Sci，2011，36（6）：749-766.

[17]　Shao G，Hanaor D A H，Shen X，et al. Freeze casting：from low-dimensional building blocks to aligned porous structures—a review of novel materials，methods，and applications[J]. Adv Mater，2020，32（17）：1907176.

[18]　Shiohara A，Prieto-Simon B，Voelcker N H. Porous polymeric membranes：Fabrication techniques and biomedical applications[J]. J Mater Chem B，2021，9（9）：2129-2154.

[19]　Tan X，Rodrigue D. A review on porous polymeric membrane preparation. Part I：Production techniques with polysulfone and poly(vinylidene fluoride)[J]. Polymers，2019，11（7）：1160.

[20]　Guo L J. Nanoimprint lithography：Methods and material requirements[J]. Adv Mater，2007，19（4）：495-513.

[21]　Ren J，Ocola L E，Divan R，et al. Post-directed-self-assembly membrane fabrication forin situanalysis of block copolymer structures[J]. Nanotechnology，2016，27（43）：435303.

[22]　Wan C，Chen X，Lv F，et al. Biaxial stretch-induced structural evolution of polyethylene gel films：crystal melting recrystallization and tilting[J]. Polymer，2019，164：59-66.

[23]　Assaf Y，Kietzig A M. Formation of Porous Networks on Polymeric Surfaces by Femtosecond Laser Micromachining[M]. San Francisco：SPIE LASE，2017.

[24]　Raghvendra K，Sravanthi L. Fabrication techniques of micro/nano fibres based nonwoven composites：a review[J]. Modern Chem Appl，2017，5（206）：2.

[25]　Zhou L Y，Fu J，He Y. A review of 3d printing technologies for soft polymer materials[J]. Adv Funct Mater，2020，30（28）：2000187.

[26]　冯东，王博，刘琦，等. 高分子基功能复合材料的熔融沉积成型研究进展[J]. 复合材料学报，2021，38（5）：1371-1386.

[27]　Xie Y，Kocaefe D，Chen C，et al. Review of research on template methods in preparation of nanomaterials[J]. J

Nanomater，2016，2016：2302595.

[28]　de Jesus M C，Fu Y，Weiss R A. Conductive polymer blends prepared by *in situ* polymerization of pyrrole：a review[J]. Polym Eng Sci，1997，37（12）：1936-1943.

[29]　Zhang X，Xu Y，Zhang X，et al. Progress on the layer-by-layer assembly of multilayered polymer composites：strategy，structural control and applications[J]. Prog Polym Sci，2019，89：76-107.

[30]　Eswaraiah V，Sankaranarayanan V，Ramaprabhu S. Functionalized grapheme-PVDF foam composites for EMI shielding[J]. Macromol Mater Eng，2011，296（10）：894-898.

[31]　Zhang K，Qin F R，Lai Y Q，et al. Efficient fabrication of hierarchically porous graphene-derived aerogel and its application in lithium sulfur battery[J]. ACS Appl Mater Interfaces，2016，8（9）：6072-6081.

[32]　Pan D，Su F，Liu C，et al. Research progress for plastic waste management and manufacture of value-added products[J]. Adv Compos Hybrid M A，2020，3（4）：443-461.

[33]　Gear M，Sadhukhan J，Thorpe R，et al. A life cycle assessment data analysis toolkit for the design of novel processes—A case study for a thermal cracking process for mixed plastic waste[J]. J Clean Prod，2018，180：735-747.

[34]　Baheti V，Militky J，Mishra R，et al. Thermomechanical properties of glass fabric/epoxy composites filled with fly ash[J]. Compos Part B：Eng，2016，85：268-276.

[35]　Laadila M A，Hegde K，Rouissi T，et al. Green synthesis of novel biocomposites from treated cellulosic fibers and recycled bio-plastic polylactic acid[J]. J Clean Prod，2017，164：575-586.

[36]　Miandad R，Barakat M A，Rehan M，et al. Plastic waste to liquid oil through catalytic pyrolysis using natural and synthetic zeolite catalysts[J]. Waste Manage，2017，69：66-78.

[37]　Hu C，Lin W，Partl M，et al. Waste packaging tape as a novel bitumen modifier for hot-mix asphalt[J]. Constr Build Mater，2018，193：23-31.

[38]　Corinaldesi V，Donnini J，Nardinocchi A. Lightweight plasters containing plastic waste for sustainable and energy-efficient building[J]. Constr Build Mater，2015，94：337-345.

[39]　Oh E，Lee J，Jung S H，et al. Turning refuse plastic into multi-walled carbon nanotube forest[J]. Sci Technol Adv Mater，2012，13（2）.

[40]　Kumari T S D，Jebaraj A J J，Raj T A，et al. A kish graphitic lithium-insertion anode material obtained from non-biodegradable plastic waste[J]. Energy，2016，95：483-493.

[41]　Wei T，Zhang Z，Zhu Z，et al. Recycling of waste plastics and scalable preparation of si/cnf/c composite as anode material for lithium-ion batteries[J]. Ionics，2019，25（4）：1523-1529.

[42]　Miao C，Hamad W Y. Cellulose reinforced polymer composites and nanocomposites：a critical review[J]. Cellulose，2013，20（5）：2221-2262.

[43]　Yu L H，Zhou X，Jiang W. Low-cost and superhydrophobic magnetic foam as an absorbent for oil and organic solvent removal[J]. Ind Eng Chem Res，2016，55（35）：9498-9506.

[44]　Zhu Y，Romain C，Williams C K. Sustainable polymers from renewable resources[J]. Nature，2016，540（7633）：354-362.

[45]　Ashokkumar M，Chipara A C，Narayanan N T，et al. Three-dimensional porous sponges from collagen biowastes[J]. ACS Appl Mater Interfaces，2016，8（23）：14836-14844.

[46]　Cao C Y，Ge M Z，Huang J Y，et al. Robust fluorine-free superhydrophobic pdms-ormosil@fabrics for highly effective self-cleaning and efficient oil-water separation[J]. J Mater Chem A，2016，4（31）：12179-12187.

[47]　李静莉，罗世凯，沙艳松，等. 超临界流体微孔发泡塑料的研究进展[J]. 工程塑料应用，2012：109-113.

[48]　孙东. scCO$_2$ 发泡制备 PCL 组织工程支架研究[D]. 大连：大连理工大学，2020.

[49]　Dugad R，Radhakrishna G，Gandhi A. Recent advancements in manufacturing technologies of microcellular polymers：a review[J]. J Polym Res，2020，27（7）：182.

[50]　Chauvet M，Sauceau M，Fages J. Extrusion assisted by supercritical CO$_2$：a review on its application to biopolymers[J]. J Supercrit Fluids，2017，120：408-420.

[51]　王博，冯东. 超临界发泡法制备高性能热塑性高分子微/纳孔泡沫材料研究进展[J]. 化工进展，2020：1-20.

[52]　Jia Y，Bai S，Park C B，et al. Effect of boric acid on the foaming properties and cell structure of poly(vinyl alcohol) foam prepared by supercritical-CO$_2$ thermoplastic extrusion foaming[J]. Ind Eng Chem Res，2017，56（23）：6655-6663.

[53]　Sauceau M，Fages J，Common A，et al. New challenges in polymer foaming：a review of extrusion processes assisted by supercritical carbon dioxide[J]. Prog Polym Sci，2011，36（6）：749-766.

[54]　Park C B，Suh N P. Filamentary extrusion of microcellular polymers using a rapid decompressive element[J]. Polymer Engineering and Science，1996，36：34-48.

[55]　Park C B，Suh N P. Rapid polymer/gas solution formation for continuous production of microcellular plastics[J]. J Manuf Sci Eng Nov，1996，118（4）：639-645.

[56]　郑文革，庞永艳，王坤，等. 一种含双峰泡孔结构的泡沫材料及其制备方法：CN 105419093A[P]. 2016-03-23.

[57]　郑文革，庞永艳，王舒生，等. 一种开孔聚合物泡沫材料及其制备方法：CN 105001512A[P]. 2015-10-28.

[58]　韦建召. 聚合物电磁动态塑化挤出机驱动系统动态特性研究[D]. 广州：华南理工大学，2004.

[59]　段涛，闫宝瑞，代俊锋，等. 模具温度对 SCF 微发泡注塑成型制品性能的影响[J].塑料科技，2018，46（7）：67-72.

[60]　李帅，赵国群，管延锦，等. 模具型腔气体压力对微发泡注塑件表面质量的影响[J]. 机械工程学报，2015，51（10）：79-85.

[61]　董桂伟，赵国群，李帅，等. 变模温与型腔气体反压辅助微孔发泡注塑技术及其产品内外泡孔结构演变[J]. 高分子材料科学与工程，2020，36（1）：89-98.

[62]　Lee J W S，Lee R E，Wang J，et al. Study of the foaming mechanisms associated with gas counter pressure and mold opening using the pressure profiles[J]. Chem Eng Sci，2017，167：105-119.

[63]　Tang W，Liao X，Zhang Y，et al. Cellular structure design by controlling rheological property of silicone rubber in supercritical CO$_2$[J]. The Journal of Supercritical Fluids，2020，164：104913.

[64]　Costeux S，Zhu L. Low density thermoplastic nanofoams nucleated by nanoparticles[J]. Polymer，2013，54：2785-2795.

[65]　Xiao S P，Huang H X. Generation of nanocellular TPU/reduced graphene oxide nanocomposite foams with high cell density by manipulating viscoelasticity[J]. Polymer，2019，183：121879.

[66]　Li C，Feng L，Gu X，et al. *In situ* visualization on formation mechanism of bi-modal foam via a two-step depressurization approach[J]. J Supercrit Fluids，2018，135：8-16.

[67]　Gandhi A，Asija N，Chauhan H，et al. Ultrasound-induced nucleation in microcellular polymers[J]. J Appl Polym Sci，2014，131（18）：40742.

[68]　Huang J N，Jing X，Geng L H，et al. A novel multiple soaking temperature (MST) method to prepare polylactic acid foams with bi-modal open-pore structure and their potential in tissue engineering applications[J]. J Supercrit Fluids，2015，103：28-37.

[69]　Xu L，Huang H. Formation mechanism and tuning for bi-modal cell structure in polystyrene foams by synergistic effect of temperature rising and depressurization with supercritical CO$_2$[J]. J Supercrit Fluids，2016，109：177-185.

[70] Ngo M T，Dickmann J S，Hassler J C，et al. A new experimental system for combinatorial exploration of foaming of polymers in carbon dioxide：the gradient foaming of PMMA[J]. J Supercrit Fluids，2016，109：1-19.

[71] Li T，Zhao G，Zhang L. Ultralow-threshold and efficient EMI shielding PMMA/MWCNTs composite foams with segregated conductive network and gradient cells[J]. Express Polym Lett，2020，14（7）：685-703.

[72] Lee J W S，Lee R E，Wang J，et al. Study of the foaming mechanisms associated with gas counter pressure and mold opening using the pressure profiles[J]. Chem Eng Sci，2017，167：105-119.

[73] 雷毅. 航空和航天工业用塑料的选材[J]. 工程塑料应用，2000，（11）：34-36.

[74] 孙燕清，王加龙. 特种工程塑料及其注塑[J]. 塑料制造，2009，（11）：79-83.

[75] Spišák E，Duleba B，Gajdoš I. Analysis of the reason of non-homogeneity of molded part from semi-crystalline pps[J]. Mater Sci Forum，2015，818：303-306.

[76] Liu T，Liu H，Li L，et al. Microstructure and properties of microcellular poly (phenylene sulfide) foams by mucell injection molding[J]. Polym-Plast Technol，2013，52（5）：440-445.

[77] Wilson D. Recent advances in polyimide composites[J]. High Perform Polym，1993，5（2）：77-95.

[78] Gao X M，Liu J W，Liu Y H. Review of friction and wear resistance properties of modified peek composites[J]. Adv Mater Res，2014，1053：290-296.

[79] Alenazi N A，Hussein M A，Alamry K A，et al. Modified polyether-sulfone membrane：a mini review[J]. Des Monomers Polym，2017，20（1）：532-546.

[80] Pandele A M，Serbanescu O S，Voicu S I. Polysulfone composite membranes with carbonaceous structure. Synthesis and applications[J]. Coatings，2020，10（7）：609.

第5章 高分子材料成型加工过程原位在线检测技术

5.1 概述

　　原位检测是指在加工过程中对材料的结构变化进行的实时在线观测。最早的原位检测多应用于医学、生物学领域。实际上，在加工过程中，无论是无机材料还是有机高分子材料，其结构变化都是一个动态过程，该过程中掺杂着温度场、外力场，甚至是磁场、电场等多方面作用[1]。通常，研究者只对最终制品的结构和特性进行检测，其缺点在于不能在线研究材料的结构演化规律，无法直接将加工工艺和结构演化进行关联，不利于新工艺的开发与改进。原位检测技术的应用和完善是突破这一瓶颈的重要手段。从基础研究的角度看，原位检测技术不仅能够直接观测加工工艺的改变对材料结构演化的影响，甚至可以在线研究材料结构变化与其力学、电磁学、光学性能等宏观物性的关系，揭示结构和性能关系的新规律。从工业应用的角度讲，高效的原位检测技术可以快速优化加工工艺，减少原料浪费，从而提高生产效率，改善制品性能，提升市场竞争力。因此，近二十多年来，原位在线检测技术的开发和应用已经成为聚合物成型加工领域的研究热点[2]。

　　高分子材料的成型加工过程是材料的定构过程，是连接微观结构与宏观性能的桥梁，改变成型工艺可以控制聚合物的形态结构，从而得到人们期望的具有特殊物理性能的材料[3]。高分子材料成型加工手段多种多样，主要有注射、挤出、拉伸、压延和吹塑等，加工过程中普遍伴随着温度场和外力场的作用。长期以来，温度场对高分子熔体固化行为的影响一直是研究者关注的重要课题，包括：高分子熔体的记忆行为，不同过冷度、不同冷却速率下材料的结晶动力学、晶相转变、结晶形貌，超高温度下聚合物的服役性、降解性和失效机理，以及淬冷法制备亚稳态材料等。目前，原位控温方面的实验在国内外研究中已经较为普遍，很多研究小组使用自主研制的小型热台或者一些商品化的温控台，如 Gatan、Deben 和 Linkam 等公司的相关产品。除温度场以外，为了提高制品性能，外力场也是高分子成型过程中不可或缺的重要因素，力加载方式主要有剪切、拉伸、高压等。剪切或拉伸过程中，分子链能够从无规卷曲状态沿流动方向伸展，发生取向的同时构象也随之改变，从而影响聚合物的结晶动力学及最终结晶结构。热压或注射成型中还存在压力作用，一般高分子材料的熔点随压力的增加而升高，因此高压能够改变其结晶过冷度，从而影响聚合物的成核密度、晶粒尺寸、结晶动力学等。高分子材料实际加工过程中，温度场和外力场的协同作用是最普遍的现象，因此，建立可靠的、贴近工业应用的原位检测装置是当前亟待发展的方向。

从结构上看，高分子材料（特别是半晶型高分子）包含多尺度多层次的结构：从毫米到微米尺度的球晶，可以利用偏光显微镜（POM）或小角激光散射法（SALS）观测；几十纳米的片晶簇，约 10 nm 左右的片晶，可以利用原子力显微镜（AFM）、扫描电子显微镜（SEM）、透射电子显微镜（TEM）、小角 X 射线散射（SAXS）或小角中子散射（SANS）检测；晶体内分子链的排列即不同的晶型结构（埃米级），可以用广角 X 射线衍射（WAXD）检测；无定形区分子链的构象等，可以利用 FTIR、拉曼光谱等分析。再加上晶体尺寸分布和晶体取向、片晶和片晶层间的连接链分布以及无定形分子链的缠结和取向等，这些多尺度结构导致高分子材料的在线检测非常复杂，将加工过程与结构参数准确地对应起来是一个重大挑战。目前国内外多数研究常采用一种或两种结构检测手段联用在线检测聚合物在不同尺度上的结构信息。为了便于对比，在此把常用的在线检测方法分成三类讨论，即光谱分析法、散射法和形貌观测法，如图 5.1 所示。

图 **5.1** 在线检测聚合物加工过程中结构变化的方法

5.2　光谱分析法

光谱分析法是以分子和原子的光谱学为基础建立起来的分析方法，是利用材料对光的吸收、发射或折射现象建立起来的分析手段。高分子材料中分子的能级分布具有特征性，其吸收光子和发射光子的能量也具有特征性。以光的波长或波数为横坐标，以物质对不同波长光的吸收或发射强度为纵坐标所描绘的图像，称为吸收光谱或发射光谱。利用光谱分析可以获得复杂聚合物体系的诸如分子结构、化学组成等方面的信息，以及其在加工过程中发生的结构变化或化学反应，其中红外光谱、拉曼光谱以及荧光光谱等是较为常用的光谱分析方法。

5.2.1　原位红外光谱

聚合物中常见的具有偶极矩的特征官能团有羟基、酰胺等，偶极矩会影响分子的红外吸收特性。分子振动（伸缩振动、弯曲振动等）的能量取决于它们的几何结构，这使得 FTIR 检测能像探测"指纹"一样分辨不同的高分子材料。目前为止，FTIR 检测在高分子加工中的应用已经有几十年的历史，其优点为灵敏度高、波数准确、重复性好。更重要的是，FTIR 对聚合物分子链的构象结构和堆积状态非常敏感，基团振动的特征谱带与聚合物的微观结构密切相关，既可以用于定性、定量分析，又可以对未知组分进行剖析。根据 FTIR 谱带的吸收峰位置、形状和强度变化等，能够观测聚合物在加工过程中的结构有序化过程（如分子链的构象调整、样品的结晶行为、熔融行为等）。目前为止，人们已经建立了多种聚合物材料中不同有序程度结构和红外特征谱带的对应关系，如 iPP 中 973 cm^{-1}、998 cm^{-1}、841 cm^{-1} 和 1220 cm^{-1} 处的吸收谱带分别对应着 5、10、12 和 14 螺旋序列单体[4, 5]；PLA 中不同的结晶结构也对应不同的红外特征吸收谱带[6]。

玻璃化转变是聚合物的重要特征之一，玻璃化转变过程中，聚合物的力学性能、热性能往往发生很大改变，其本质是聚合物分子链运动能力的改变，微观结构上对应着分子链构象的变化。FTIR 对分子链中的构象结构改变非常敏感，能够在线检测聚合物的玻璃化转变过程。例如，Tretinnikov 等应用二维相关 FTIR 分析方法研究了三种不同立构规整度的聚甲基丙烯酸甲酯（PMMA）薄膜的玻璃化转变行为，以及在玻璃化转变过程中分子链旁式（gauche）及反式（trans）两种构象对温度的依赖性，通过分析玻璃化转变前后 1100～1300 cm^{-1} 区域吸收峰的变化情况，发现玻璃化转变并不是发生在一个特定的温度，而是在一个小的温度范围，全同立构、间同立构和无规 PMMA 样品的玻璃化转变温度分别位于 61℃、111℃和 106℃附近[7]。在检测结构的微弱变化方面，红外光谱因高灵敏度也具有

明显优势。例如，Zhang 等应用原位反射吸收红外光谱，利用 1340 cm⁻¹ 和 1370 cm⁻¹
处吸收峰的强度比变化，研究了半晶型高聚物聚对苯二甲酸乙二醇酯（PET）薄
膜的玻璃化转变行为，发现对于纳米级的超薄膜，玻璃化转变温度受到薄膜厚度
的影响，该结论表明聚合物的玻璃化转变过程与其空间受限尺度有一定关系[8]。

长期以来，高分子结晶一直是高分子物理研究领域中具有挑战性的基础问题
之一。FTIR 在线检测技术的发展对聚合物结晶理论的改进和完善起到了重要推动
作用。例如：Jiang 等用原位 FTIR 研究了 iPP 中间相在加热过程中的重结晶和熔
融现象，并把分子链的螺旋构象变化和相应的晶体结构对应起来，发现可以通过
分子链螺旋构象特征谱带的强度变化来判断 iPP 的晶型转变，并认为中间相中的
刚性非晶区（rigid amorphous fraction）在其结晶过程中具有关键作用[9]。近年来，
红外显微成像技术被越来越多地应用在原位检测聚合物的结晶行为中[10]。该检测
技术具有快速、图谱合一、微区化、可视化等特点，是分析聚合物结晶过程和结
构演化的有力手段。基于红外显微成像技术，Cong 等在线研究了 iPP 的球晶生长
过程，描绘了球晶生长前端的分子链图像，如图 5.2 所示。作者指出球晶的生长包
含两种晶体生长前端，一种是撑起球晶框架的主片晶的生长前端，另一种是框架内
填充的次片晶的生长前端，定量计算结果表明在 Subsidiony 片晶的生长前端存在一

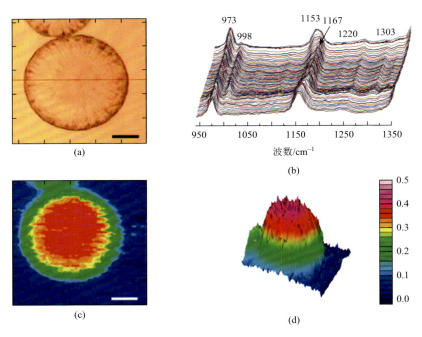

图 5.2　（a）球晶的光学显微镜图像；（b）（a）图中沿红线标记方向上的一系列红外光谱；
　　　（c，d）998 cm⁻¹ 波数对应的等高线图（c）和强度的三维图像（d），比例尺为 50 μm[11]

定程度的预有序[11]。Hong 等利用原位红外显微成像技术研究了单个球晶在拉伸过程中的形变情况，对晶体的取向分布进行了分析，发现单轴拉伸过程中的球晶可以分为三个不同的受力区域，该结果为利用计算机模拟晶体形变提供了一个真实的力学模型[12]。由此可见，原位红外检测不仅能分析结构的动态变化过程，还可以获得晶体的几何形状、尺寸等信息，从而绘制出不同有序结构（如螺旋构象）含量的空间分布情况，是研究高分子结晶过程的重要手段。

5.2.2　原位拉曼光谱

光照射到物质上会发生弹性散射和非弹性散射，其中非弹性散射部分的光统称为拉曼散射。拉曼光谱利用光与物质的相互作用提供分子内部和分子间振动的信息，进而研究材料的组成或结构特性。在高分子材料的微观结构分析上，拉曼光谱通常可以和红外光谱互为补充。

类似于红外检测，拉曼光谱的特征谱带变化同样代表了聚合物中分子链的构象转变或特定晶体结构的产生，因此可以用来检测聚合物在外场作用下的结晶行为和分子链取向等。Paradkar 等利用拉曼光谱研究了高密度聚乙烯（HDPE）在熔体纺丝过程中的结晶度变化，认为 $1418\ cm^{-1}$ 处的拉曼特征峰代表了 HDPE 结晶情况，并通过该特征峰的强弱变化来估算熔融纺丝过程中的结晶度变化[13]。López-Barrón 等利用偏振拉曼原位测量了冷拉过程中半结晶聚合物的分子链取向行为，确定了商用线形低密度聚乙烯（LLDPE）在不同力学响应阶段的分子链变形情况：①在弹性应变阶段，分子链发生明显伸长；②在塑性变形阶段，分子链进一步伸长，总取向度缓慢持续增加；③在应变硬化阶段，分子链的伸展几乎停止直至制品断裂。他们还利用拉曼光谱观察到聚合物中高、低分子量组分在取向程度上的显著差异，并将其归因于低分子量组分缺少连接链所导致的必然结果[14]。

事实上，光谱法被认为是最早应用于聚合物实际加工中的原位检测手段。例如，在聚合物熔体挤出过程中，Jakisch 等将硒化锌（ZnSe）衰减全反射（ATR）探针安装在商品化的双螺杆挤出机螺杆之间的区域，利用 FTIR 检测熔融挤出过程中苯乙烯-马来酸酐模型体系与烷基胺的共聚反应[15]。对该装置进一步改进，在挤出通道不同部位安装不同类型的探头，能够实现多种光谱检测法联用在线观测体系的结构变化情况，如图 5.3 所示。由于拉曼光谱和红外光谱在检测技术上具有一定的相似性，而在提供的结构信息方面又具有一定的互补性，二者联用一直是人们关注和努力的方向。Barnes 等设计了一种能够同时进行拉曼光谱和红外光谱在线检测的挤出机装置，并原位检测了不同质量比的 HDPE/PP 混合物在挤出过程中的结构变化，实现了对 HDPE/PP 混合物中 HDPE 结晶情况的精准测量，如图 5.4 所示[16]。

　　总之，光谱检测法不仅能够反映分子链的构象转变，还能提供聚合物的结晶结构、结晶度变化等多种信息，因而在生物学、化学和高分子科学等领域得到了广泛应用。至今为止，光谱检测法仍然是高分子结构检测常用的三大分析技术之一。

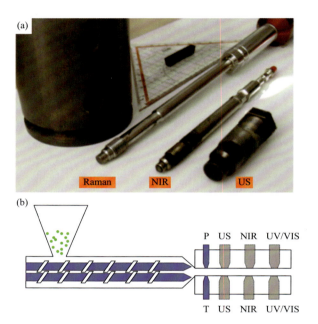

图 5.3　（a）不同类型的光谱分析探头以及（b）探头安装示意图[15]

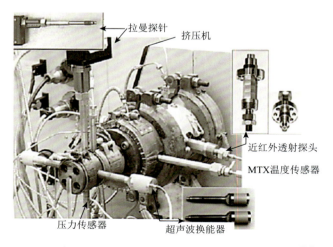

图 5.4　装配有原位红外和拉曼检测设备的挤出机装置[16]

5.3　散射法

当一束光入射到样品时，其中一部分光偏离主要传播方向的现象，称为光散射，其本质是光波的电磁场与样品中的原子或分子相互作用的结果。散射法可以表征聚合物不同尺度的结构信息，如分子量、链拓扑结构（即直链、支化、嵌段、树枝状大分子）、自组装以及复合材料中的多层次结构等。长期以来，光散射检测技术（如 X 射线散射、中子散射、激光散射等）对高分子加工具有重要的指导和促进作用。得益于散射技术的进步，一些重要的理论模型和机理得以建立、发展和突破，例如，通过氢/氘交换标记，散射法证明了聚合物熔体中分子链的高斯线团构象等。

5.3.1　原位 X 射线散射

1901 年，由于发现了 X 射线，伦琴获得首届诺贝尔物理学奖。1920 年后期，Krishnamurti 第一次报道了用 SAXS 观察到胶体溶液和水溶液中非晶材料的存在。此后，X 射线散射在材料物理学的发展中起到了举足轻重的作用。X 射线具有波长短（0.01～100 Å）、能量高等光学特性，对于大量的有机物、无机物甚至金属有机络合物等具有较好的穿透性。X 射线散射对样品中电子密度的变化非常敏感，因此散射特性与高分子材料中周期性有序结构的排列密切相关。根据样品的布拉格散射角度不同，可以将 X 射线散射分为广角 X 射线衍射（WAXD）和小角 X 射线散射（SAXS）两部分。

众所周知，温度是聚合物加工过程中的重要物理量，原位研究高分子材料在变温或等温过程中的结构演变情况对高分子材料成型加工意义重大。Zhu 等报道了聚（3-羟基丁酸酯-3-羟基戊酸酯）[P(HB-*co*-HV)] 的双熔融行为，并利用 WAXD/SAXS 原位监测了其升温过程中的结构演变。结果发现，晶胞较大的薄片晶和晶胞较小的厚片晶分别在第一低温熔融区和第二高温熔融区附近熔化，结合晶胞、片层参数等变化情况，Zhu 等指出 P(HB-*co*-36.2%HV) 的双熔融峰是由片层厚度的不同引起的，而不是熔融重结晶[17]。Shang 等利用 WAXD/SAXS 原位研究了常压退火过程对 β-iPP 微观结构的影响，发现随着退火温度的升高，iPP 制品的总结晶度增加，但 β 相的比例有所减少，该结构转变提高了制品的屈服强度，但降低了屈服应变和断裂伸长率[18]。

除了温度场，高分子材料加工过程中通常还伴随着外力场的作用，外力场能够调控高分子材料中分子链的取向情况，改变材料的结晶动力学和最终结晶结构，从而影响制品的终态物理性能，因此如何量化外力场对材料微观结构的影响是值得关注的核心问题。原位 X 射线检测可以较好地跟踪材料在外力场作用下的微观结构变化，是研究高分子成型过程中结构形成演变的重要手段[19, 20]。在原位研究剪切诱导聚合物结晶方面，Chen 等利用 WAXD/SAXS 原位研究了剪切场作用下 iPP/CNT 的结晶行为，发现复合材料的结晶速率相比于纯 iPP 提高了约 40 倍，在复合体系的结晶初期，剪切就能使 iPP/CNT 中晶体产生较弱的取向，随着结晶的进行，晶体取向度进一步增大。此外，Chen 等还发现剪切后的复合材料中全部为 α 晶，而纯 iPP 中不仅有 α 晶还有一部分 β 晶，这说明 CNT 的存在有利于 α 晶的生成[21]。Miao 等利用 WAXD/SAXS 原位研究了剪切场作用下聚己内酯（PCL）在 rGO 上的外延结晶行为，结果表明，剪切不仅能够促进分子链取向，使 PCL 在 rGO 表面形成大的周期性结构，促进外延晶体的形成和晶体的定向生长，还可以提高纳米复合材料的总结晶度[22]。

　　原位研究拉伸过程中聚合物的结构变化情况，不仅是检测聚合物力学性能的有效手段，还能促进聚合物加工工艺的改进。Lv 等利用 X 射线散射在线研究了 PE 凝胶膜在 25～110℃ 范围内拉伸过程中的结构演化情况，澄清了拉伸场和温度的耦合作用对 PE 凝胶膜结构的影响，建立了 PE 的片层长周期、结晶度和晶粒尺寸等微观结构在温度-应变二维图上的分布情况，该结果直观地显示了 PE 膜的微观结构与加工条件的关系，为优化加工工艺提供了实验依据[19]。Liu 等利用 X 射线散射在线研究了 PET 纤维在冷（20℃）和热（200℃）拉伸过程中的结构演变情况，发现所有样品的应力-应变曲线都可以分为两个区域，即线性应力发展区（I 区）和屈服区（II 区），如图 5.5 所示。在冷拉过程中，I 区的二维 SAXS 散射斑

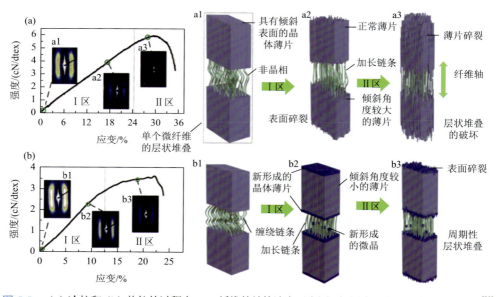

图 5.5　（a）冷拉和（b）热拉伸过程中 PET 纤维的结构演变示意图（插图为对应的二维 SAXS 图）[23]

由四点转变为两点和四点并存，Ⅱ区片晶衍射峰的消失表明周期性片晶结构的破坏，是由片晶表面碎裂引起的。相反地，热拉伸过程中始终存在二维 SAXS 散射斑，且片晶倾斜度随应变的增加而减小，这说明热拉伸过程中片晶和纤维结构都没有被破坏，而体系中再结晶发生在片晶间的非晶区。WAXD 数据表明，在冷和热变形过程中，垂直于（010）晶面的晶粒尺寸和结晶度降低，而垂直于（100）晶面的晶粒尺寸相对稳定，晶面破坏主要集中在Ⅱ区末端——样品临近断裂时发生。该工作建立了拉伸过程中聚合物晶体结构演化与其力学性能的对应关系，为完善聚合物材料的拉伸成型工艺提供了参考依据[23]。

最近，研究人员设计出了一系列小型加工装备，使原位 X 射线检测能够更接近真实的加工状况。Chang 等设计了一台含可旋转芯棒的便携式挤出机，如图 5.6 所示。通过预先设置不同比例的轴向和周向两个剪切场，可以调控熔体的流动状态，结合原位 X 射线检测手段，该装置能够用于研究聚合物在多维流场（MDFF）作用下的结晶行为，从而直接建立熔体加工工艺与结晶结构之间的对应关系[20]。Zhang 等设计了一种特殊的吹膜装置，图 5.7 为其结构示意图，通过将该装置与 WAXD/SAXS 联用，在线研究了在吹膜过程中，PE、聚己二酸丁二醇酯-对苯二甲酸丁二醇酯（PBAT）等材料从取向熔体到最终结晶管状膜的结构演化过程，阐明了微晶结构的形成对制品最终宏观性能的影响，实验结果还揭示了结晶度、取向参数、片晶厚度、晶体尺寸等结构参数对管状膜成型稳定性的影响规律。这方面的工作有望为薄膜吹塑的数学建模提供详细的实验数据，有助于改进或开发新的数值模型[24]。

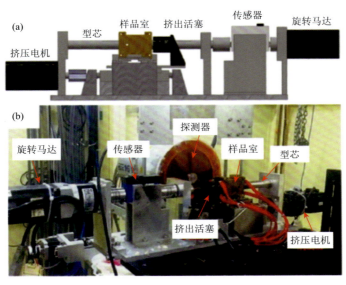

图 **5.6**　（a）便携式挤出机结构示意图；（b）该装置与 WAXD 检测设备联用的照片[20]

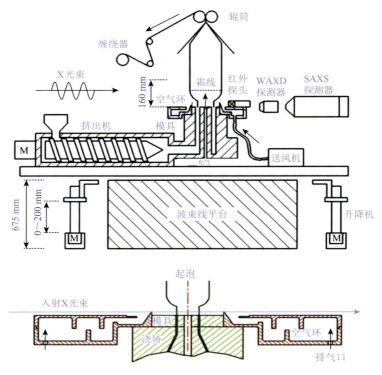

图 5.7　吹膜过程中的原位 SAXS/WAXS 检测示意图[24]

5.3.2　原位小角中子散射

　　虽然 X 射线散射能够很好地探测半结晶性聚合物的结晶结构，但无法给出分子链的构象信息。小角中子散射（SANS）可以弥补这方面的不足，其物理机制和 X 射线散射不同，中子主要与原子核作用产生散射，而与核外电子几乎不发生作用。中子散射的波长在 0.5~1.0 nm，与材料中原子间距相当。由于中子散射中的质点是原子核，其散射强度正比于各个原子核的散射长度，与聚合物分子尺寸等相关。同一分子中不同原子散射的德布罗意波相干，因此中子散射可以用来测量包括低聚物在内的分子半径，如聚合物溶液、熔体、高弹体及玻璃态中分子链的回转半径等。

　　不同于 X 射线散射技术的广泛应用，SANS 在表征聚合物结晶结构方面的应用较少。20 世纪 40 年代，Flory 提出假说，认为聚合物分子链在非晶状态下遵循无规行走的统计规律[25]。后来人们把少量氘化的样品均匀分散在摩尔质量相同的未氘化的试样中，利用 SANS 证明了该理论的正确性[26, 27]。Kanaya 等对低分子量氘化 PE 和高分子量氢化 PE 的共混物进行了拉伸，并利用 SANS 原位检测了制品的结构变化，发现氢化高分子量 PE 形成了一种沿拉伸方向取向的大而长的串晶（shish-kebab）结构。进一步利用核壳圆柱（multicore-shell cylinder）模型对 SANS 数据进行了分析，发现取向结构的半径为 1 μm，长度为 12 μm，他们认为这种取向结构是高分子量组分因缠结形变而形成的结晶前驱物[28]。Liu 等利用 SANS 和 X 射线散射相结合研究了 MWCNT/HDPE 复合材料拉伸后的结构变化情况，采用柔性圆柱体模型，发现 MWCNT 在未拉伸的复合材料中遵循自避免随机游走机制。此外，SANS 检测还发现了一种散射体的存在，该散射体是由外径和内径（核壳状截面）分别约为 12.6 nm 和 4.1 nm、长度约为 43.0 nm 的中空柔性圆柱组成。进一步对分子链的取向情况进行分析，证明拉伸过程中 HDPE 晶体的取向参数随 MWCNT 含量的增加而有所降低。基于这些实验结果，作者提出了 MWCNT 表面结晶模型，如图 5.8 所示[29]。

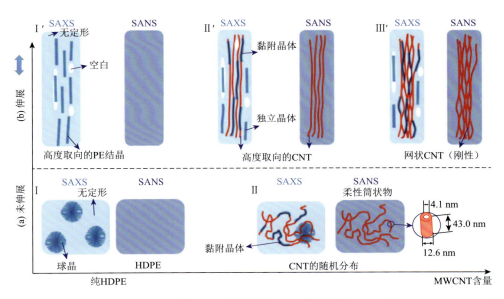

图 **5.8**　基于 SAXS 和 SANS 观测的（a）未拉伸和（b）拉伸后纯 HDPE 和 MWCNT/HDPE 复合材料的结构变化示意图[29]

　　SANS 不仅能够分析聚合物的结晶结构，还可以用来研究聚合物在形变过程中的分子链构象变化情况。Men 等用 WAXD/SAXS 和 SANS 检测相结合的方法，研究了拉伸及退火过程中 PE 片晶和片层超分子结构以及单链回转半径的变化情况。结果表明，拉伸后晶相中的分子链段沿拉伸方向择优取向，且取向度较高，样品中的片晶层略有形变，呈斜面状分布；在 PE 的 α 松弛温度下进行退火时，片晶和非晶层同时增厚，晶相中的分子链仍然保持较高的取向；在更高温度下退火时，样品中伴随着片晶的侧向生长；SANS 检测表明，尽管退火使晶区和非晶区的结构发生显著改变，但分子链不会出现明显的解取向现象，即使长时间在高温下退火，分子链整体的各向异性和取向状况基本保持不变，如图 5.9 所示[30]。该研究为理解聚合物体系中的应力松弛和蠕变机制提供了新思路。

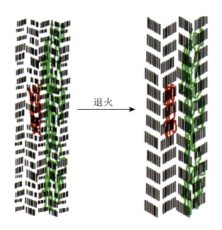

图 **5.9**　PE 拉伸样品在高温退火后的结构变化示意图（红色和绿色分别代表短链和长链）[30]

5.3.3　原位小角激光散射

小角激光散射（SALS）是指激光通过起偏器后照射到聚合物薄膜样品上，由于样品密度、取向涨落引起极化率的不均一，入射光发生散射现象，散射光再经过检偏器到达底片，从而产生散射花样。SALS 多用于分析聚合物中 0.5 μm 到几十微米之间的结构单元，其检测结果具有统计平均性，可以用来研究高聚物的球晶尺寸和形态。

利用时间分辨的 SALS 可以研究聚合物球晶的生长速率、拉伸或剪切过程中球晶的变形和晶粒的取向情况。Han 等利用 SALS 研究了 α 成核剂对 PP 结晶的影响，发现 SALS 探测的四叶瓣图形尺寸随着 α 成核剂含量的增加而增大，说明球晶的平均尺寸随成核剂的增加而减小。对材料进行力学性能测试发现，随着成核剂含量的增加，PP 的冲击韧性略有上升，同时抗拉强度和杨氏模量也增加，但断裂伸长率逐渐减小[32]。Zheng 等采用 SALS 研究了聚醚酰亚胺和聚碳酸酯热塑性改性环氧树脂（E-51）体系在不同温度下与 4,4-二氨基二苯砜（DDS）等温固化后的反应诱导相分离行为，发现 E-51 固化体系的形态演化受固化反应和相分离的共同影响，通过对 SALS 散射图样和样品形貌变化进行对比，发现体系中的相分离遵循调幅分解机制，环氧体系的固化温度是决定相区大小和相分离行为的重要因素，如图 5.10

所示[31]。在实际加工过程中，通过对挤出机进行改进，在挤出通道部位安装探头，能够利用 SALS 在线观测体系中的球晶结构变化情况，如图 5.11 所示[33]。

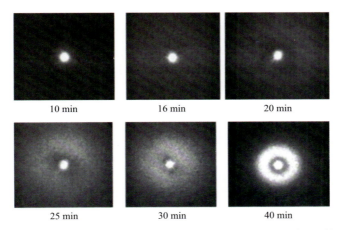

图 **5.10**　E-51/PEI/PC（100/10/10）体系在固化过程中的 SALS 图案随时间的变化[31]

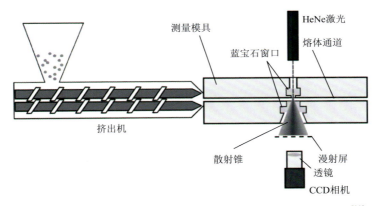

图 **5.11**　SALS 原位检测聚合物在挤出过程中的结构变化示意图[33]

综上所述，原位散射技术包括 X 射线散射、小角中子散射、小角激光散射等多种检测手段，能够应用到高分子材料的拉伸、剪切、挤出、吹膜、流动、纺丝等加工过程中，实现从微米到纳米级微观结构的检测，是在线研究高分子加工过程中结构变化的重要手段，对于指导高分子加工具有重要作用。

5.4　形貌观测法

原位观测高分子材料加工过程中形貌变化的手段很多，包括偏光显微镜

（POM）、原子力显微镜（AFM）、扫描电子显微镜（SEM）和透射电子显微镜（TEM）等。这些检测手段在测试原理上有所不同，其中，SEM 和 TEM 是电子衍射，利用带电电子通过库仑力与物质相互作用，电子受到带正电的原子核和核外电子共同作用，从而获得样品的形貌信息；AFM 是将微小针尖接近样品，利用微悬臂感受并放大尖细探针与受测样品之间的作用力，测量微悬臂对应于各扫描点的位置变化，进而获得样品表面形貌的信息；POM 是将入射光转变为偏振光进行检测，具有双折射性质的结构（如高分子球晶）在正交模式下视场变亮，从而观察聚合物制品的结晶等形貌。

5.4.1　原位 POM 观测

POM 具有体积小、制样简单、操作方便等优点，相较于其他几种形貌检测设备价格低廉，因此被广泛应用于在线观测高分子材料形貌变化的研究。目前，能模拟高分子材料加工外场的微小型实验装置如温控台、剪切台等与 POM 联用的技术已非常成熟[34-37]。

5.4.2　原位 AFM 观测

AFM 在过去三十年中被广泛应用于高分子材料纳米尺度形貌的表征[38]，由于具有原子级的分辨率、样品需求量少、无损检测等优点，尤其适用于从分子水平观察分子链的结构状态。近年来，随着 AFM 检测技术的不断发展，原位表征温度、力、电、光等外场作用下大分子链的运动情况以及聚合物结晶、相转变行为等引起了普遍关注。最近，Zhang 等合成了单分散的 n-$C_{390}H_{782}$，利用旋涂法在热解石墨上形成了单层 $C_{390}H_{782}$ 结构，采用 AFM 观察了它的熔化过程，发现 $C_{390}H_{782}$ 熔化时晶区/非晶区界面从链端向内部稳定且连续地移动，从而证实了其熔化过程并非一级转变。结合理论计算，Zhang 等发现单层 n-$C_{390}H_{782}$ 的熔点比本体状态下高出了 80 K，晶区/非晶区界面处的过度拥挤是导致单层与本体熔化过程差异的主要因素。由于聚合物链熔化所需的空间可以通过分子链向第三维方向逃逸来得到，单层结构中更容易观察到连续熔化过程[39]。

由于具有纳米级的高空间分辨率，原位 AFM 检测在研究聚合物体系中晶体的成核和生长方面具有明显优势[40, 41]，特别是能够从分子水平上观察聚合物的结晶情况。Ono 等利用 AFM 原位观察了低分子量等规 PMMA 在云母表面 Langmuir 单层中的折叠链晶体（FCC）的生长情况，发现样品中形成的最小 FCC 尺寸对应于由单链组成的晶体（单链晶体）尺寸，晶体生长方式类似于单链的步进式生长，Ono 等认为单链在分子内相互缠绕形成双链螺旋，并进一步在分子内折叠形成单链晶体，如图 5.12 所示[42]。Mullin 等利用扭转轻敲模式的 AFM 检测技术直接将晶体中的单个分子链图像化，使 AFM 的最高分辨能力达到了 3.7 Å，利用该设备，发现了聚合物晶体中被包埋的褶皱结构以及分子链末端等晶体缺陷。此外，该工作实现了对晶体中晶茎长度的直接测量，由此提供了一种潜在的直接检测晶体厚度的新途径[43]。

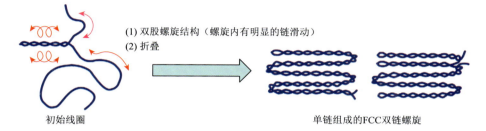

(1) 双股螺旋结构（螺旋内有明显的链滑动）
(2) 折叠

初始线圈　　　　　　　　　　　单链组成的FCC双链螺旋

图 **5.12**　单链 FCC 结晶示意图[42]

分子链首先在某个位点缠绕成双股螺旋，然后整个链形成双链螺旋，最后折叠形成由单链组成的 FCC

5.5　发展趋势与展望

　　原位检测技术能够为高分子材料的合成、加工成型、结构和性能关系研究等提供强有力的实验依据和理论支持。目前，原位检测技术已经实现了与多种加工方法联用并获得了丰富成果，但该技术仍有许多不足，主要体现在三个方面：①工业加工（如吹塑、挤出、纺丝和拉伸等）过程中，高分子熔体往往经历复杂外场的作用，成型过程是一个快速的非平衡过程，在提高时间分辨率的同时获取有效信号存在一定困难；②实现多种检测设备（如红外光谱、X 射线散射、偏光等）的联用，揭示加工过程中高分子材料不同尺度的微观结构变化情况，真正建立成型工艺和多尺度结构形成关系，是该技术面临的较大挑战；③由于高分子加工设备的体型普遍较大，难以和常用的结构检测设备联用，当前大多数原位检测都是在实验室中进行，因此设计加工装备、使原位检测更贴近真正的加工现场，是该技术进一步发展的方向。这些问题的解决必将为高分子材料的加工成型提供有力的技术支持并高效地推动其加工工艺的改进及创新。

参 考 文 献

[1]　Chu B，Hsiao B S. Small-angle x-ray scattering of polymers[J]. Chem Rev，2001，101（6）：1727-1762.

[2]　Cui K，Ma Z，Tian N，et al. Multiscale and multistep ordering of flow-induced nucleation of polymers[J]. Chem Rev，2018，118（4）：1840-1886.

[3]　Meijer H E H，Govaert L E. Mechanical performance of polymer systems：the relation between structure and properties[J]. Prog Polym Sci，2005，30（8）：915-938.

[4]   Zhu X，Yan D，Fang Y. *In situ* FTIR spectroscopic study of the conformational change of isotactic polypropylene during the crystallization process[J]. J Phys Chem B，2001，105（50）：12461-12463.

[5]   Budevska B O，Manning C J，Griffiths P R，et al. Step-scan fourier transform infrared study on the effect of dynamic strain on isotactic polypropylene[J]. Appl Spectrosc，1993，47（11）：1843-1851.

[6]   Hu J，Zhang T，Gu M，et al. Spectroscopic analysis on cold drawing-induced plla mesophase[J]. Polymer，2012，53（22）：4922-4926.

[7]   Tretinnikov O N，Ohta K. Conformation-sensitive infrared bands and conformational characteristics of stereoregular poly (methyl methacrylate) s by variable-temperature FTIR spectroscopy[J]. Macromolecules，2002，35（19）：7343-7353.

[8]   Zhang Y，Zhang J，Lu Y，et al. Glass transition temperature determination of poly (ethylene terephthalate) thin films using reflection-absorption FTIR[J]. Macromolecules，2004，37（7）：2532-2537.

[9]   Jiang Q，Zhao Y，Zhang C，et al. *In-situ* investigation on the structural evolution of mesomorphic isotactic polypropylene in a continuous heating process[J]. Polymer，2016，105：133-143.

[10]   Ishikawa D，Shinzawa H，Genkawa T，et al. Recent progress of near-infrared（NIR）imaging —development of novel instruments and their applicability for practical situations[J]. Anal Sci，2014，30（1）：143-150.

[11]   Cong Y，Liu H，Wang D，et al. Stretch-induced crystallization through single molecular force generating mechanism[J]. Macromolecules，2011，44（15）：5878-5882.

[12]   Hong Z，Cong Y，Qi Z，et al. Studying deformation behavior of a single spherulite with *in-situ* infrared microspectroscopic imaging[J]. Polymer，2012，53（2）：640-647.

[13]   Paradkar R P，Sakhalkar S S，He X，et al. Estimating crystallinity in high density polyethylene fibers using online raman spectroscopy[J]. J Appl Polym Sci，2003，88（2）：545-549.

[14]   López-Barrón C R，Zeng Y，Schaefer J J，et al. Molecular alignment in polyethylene during cold drawing using *in-situ* sans and raman spectroscopy[J]. Macromolecules，2017，50（9）：3627-3636.

[15]   Jakisch L，Fischer D，Stephan M，et al. In-line analysis of polymer reactions[J]. Kunststoffe-Plast Europe，1995，85（9）：1338-1344.

[16]   Barnes S E，Brown E C，Sibley M G，et al. Vibrational spectroscopic and ultrasound analysis for in-process characterization of high-density polyethylene/polypropylene blends during melt extrusion[J]. Appl Spectrosc，2005，59（5）：611-619.

[17]   Zhu H，Lv Y，Shi D，et al. Origin of the double melting peaks of poly (3-hydroxybutyrate-*co*-3-hydroxyvalerate) with a high HV content as revealed by *in situ* synchrotron WAXD/SAXS analyses[J]. J Polym Sci，Part B：Polym Phys，2019，57（21）：1453-1461.

[18]   Shang Y，Zhao J，Li J，et al. Investigations in annealing effects on structure and properties of *β*-isotactic polypropylene with x-ray synchrotron experiments[J]. Colloid Polym Sci，2014，292（12）：3205-3221.

[19]   Lv F，Wan C，Chen X，et al. Morphology diagram of PE gel films in wide range temperature-strain space：an *in situ* SAXS and WAXS study[J]. J Polym Sci，Part B：Polym Phys，2019，57（12）：748-757.

[20]   Chang J，Wang Z，Tang X，et al. A portable extruder for *in situ* wide angle x-ray scattering study on multi-dimensional flow field induced crystallization of polymer[J]. Rev Sci Instrum，2018，89（2）：025101.

[21]   Chen Y H，Zhong G J，Lei J，et al. In situ synchrotron x-ray scattering study on isotactic polypropylene crystallization under the coexistence of shear flow and carbon nanotubes[J]. Macromolecules，2011，44（20）：8080-8092.

[22]   Miao W，Wu F，Zhou S，et al. Epitaxial crystallization of poly (*ε*-caprolactone) on reduced graphene oxide at a low

shear rate by *in situ* SAXS/WAXD methods[J]. ACS Omega, 2020, 5（49）: 31535-31542.

[23]　Liu Y, Yin L, Zhao H, et al. Strain-induced structural evolution during drawing of poly (ethylene terephthalate) fiber at different temperatures by *in situ* synchrotron SAXS and WAXD[J]. Polymer, 2017, 119: 185-194.

[24]　Zhang Q, Chen W, Zhao H, et al. *In-situ* tracking polymer crystallization during film blowing by synchrotron radiation x-ray scattering: the critical role of network[J]. Polymer, 2020, 198: 122492.

[25]　Flory P J. The configuration of real polymer chains[J]. J Chem Phys, 1949, 17（3）: 303-310.

[26]　Lieser G, Fischer E W, Ibel K. Conformation of polyethylene molecules in the melt as revealed by small-angle neutron scattering[J]. J Polym Sci: Polym Lett Ed, 1975, 13（1）: 39-43.

[27]　Schelten J, Wignall G D, Ballard D G H. Chain conformation in molten polyethylene by low angle neutron scattering[J]. Polymer, 1974, 15（10）: 682-685.

[28]　Kanaya T, Matsuba G, Ogino Y, et al. Hierarchic structure of shish-kebab by neutron scattering in a wide Q range[J]. Macromolecules, 2007, 40（10）: 3650-3654.

[29]　Liu D, Li X, Song H, et al. Hierarchical structure of mwcnt reinforced semicrystalline hdpe composites: a contrast matching study by neutron and x-ray scattering[J]. Eur Polym J, 2018, 99: 18-26.

[30]　Men Y, Rieger J, Lindner P, et al. Structural changes and chain radius of gyration in cold-drawn polyethylene after annealing: small-and wide-angle x-ray scattering and small-angle neutron scattering studies[J]. J Phys Chem B, 2005, 109（35）: 16650-16657.

[31]　Zheng Q, Tan K, Peng M, et al. Study on the phase separation of thermoplastic-modified epoxy systems by time-resolved small-angle laser light scattering[J]. J Appl Polym Sci, 2002, 85（5）: 950-956.

[32]　韩磊, 简嫩梅, 徐涛. 小角激光散射法研究 α 成核剂对 PP 性能的影响[J]. 塑料, 2014, 43（2）: 13-14 + 71.

[33]　Alig I, Steinhoff B, Lellinger D. Monitoring of polymer melt processing[J]. Meas Sci Technol, 2010, 21（6）: 062001.

[34]　Huang S, Li H, Jiang S, et al. Crystal structure and morphology influenced by shear effect of poly (l-lactide) and its melting behavior revealed by WAXD, DSC and *in-situ* POM[J]. Polymer, 2011, 52（15）: 3478-3487.

[35]　Sun T, Chen F, Dong X, et al. Shear-induced orientation in the crystallization of an isotactic polypropylene nanocomposite[J]. Polymer, 2009, 50（11）: 2465-2471.

[36]　Razavi M, Wang S Q. Why is crystalline poly (lactic acid) brittle at room temperature? [J]. Macromolecules, 2019, 52（14）: 5429-5441.

[37]　Huo H, Yao X, Zhang Y, et al. *In situ* studies on the temperature-related deformation behavior of isotactic polypropylene spherulites with uniaxial stretching: the effect of crystallization conditions[J]. Polym Eng Sci, 2013, 53（1）: 125-133.

[38]　Liu Y, Vancso G J. Polymer single chain imaging, molecular forces, and nanoscale processes by atomic force microscopy: the ultimate proof of the macromolecular hypothesis[J]. Prog Polym Sci, 2020, 104: 101232.

[39]　Zhang R, Fall W S, Hall K W, et al. Quasi-continuous melting of model polymer monolayers prompts reinterpretation of polymer melting[J]. Nat Commun, 2021, 12（1）: 1710.

[40]　Lei Y G, Chan C M, Wang Y, et al. Growth process of homogeneously and heterogeneously nucleated spherulites as observed by atomic force microscopy[J]. Polymer, 2003, 44（16）: 4673-4679.

[41]　Hobbs J K, Farrance O E, Kailas L. How atomic force microscopy has contributed to our understanding of polymer crystallization[J]. Polymer, 2009, 50（18）: 4281-4292.

[42]　Ono Y，Kumaki J. *In situ* AFM observation of folded-chain crystallization of a low-molecular-weight isotactic poly (methyl methacrylate) in a langmuir monolayer at the molecular level[J]. Macromol Chem Phys，2021，222（5）：2000372.

[43]　Mullin N，Hobbs J K. Direct imaging of polyethylene films at single-chain resolution with torsional tapping atomic force microscopy[J]. Phys Rev Lett，2011，107（19）：197801.

第6章 高分子材料成型加工数值仿真

6.1 概述

CAE 软件是工程科学计算理论与工程实际相结合的桥梁，是具有战略意义的"软装备"。数值模拟的理论和方法只有在软件中实现，才能更充分地发挥其科学价值，才能形成支持国民经济发展和建设的实际能力。西方发达国家都十分重视 CAE 软件，并通过制定一系列强有力的政策不遗余力地推动 CAE 软件研发。自20 世纪 90 年代以来，国外的高分子成型加工 CAE 软件逐步涌入我国市场，对我国自主可控的高分子成型加工 CAE 软件的研发形成了强烈冲击。一时间，支持基础研究的部门认为 CAE 软件开发缺乏基础科学问题，而支持科技攻关和高新技术发展的部门则认为 CAE 软件开发要到市场上去找经费。事实上，由于 CAE 的重要性以及具有很高的科技含量，即使在市场经济成熟的西方国家，CAE 软件的发展都需要得到政府相关部门的强力支持。由于缺乏资金投入和政策支持，目前我国的高分子加工 CAE 软件市场基本被国外厂商垄断，随时面临"卡脖子"问题。

目前，高分子成型加工的数值仿真技术和软件已成为重大工程和高端装备制造中材料性能创新设计的核心工具，许多材料加工基础问题的解决也高度依赖于数值计算能力和水平。随着对高分子制品性能需求的不断提高，先进结构、复杂工艺与新材料体系逐步出现，实际应用中对模拟软件计算精度、求解速度以及模拟内容的扩展等方面的要求日益增强，尚存在诸多重要问题需要着力解决。

6.2 高分子材料注射成型过程数值仿真

注射成型理论模型随计算机运算能力的提高不断发展，日益接近多材料体系、复杂几何型腔中塑料变化的本质特征，从早期的展平法（layflat method）、中面、双面到真三维方法，假设与简化越来越少，计算物理场越来越完备，能够预测的物理现象及制品性能也越来越多，模拟过程结果日益逼近实际塑料加工过程。

6.2.1 注射成型流动理论模型

1. 展平法

展平法是 Moldflow 创始人 Colin 在 20 世纪 70 年代提出的一种近似方法。先将一个三维的薄壁制件展开成平面，如图 6.1（a）所示，将充模流动分解成若干流径（flow path），然后在各个流径上进行非定常流动分析，再将流场按拓扑关系从浇口开始由近及远组装，形成图 6.1（b）所示的流动。由于黏度依赖于剪切速率和温度，而且各流径之间需要耦合，计算过程必须多次迭代。这种方法计算精度虽然不高，但解决了复杂几何形状的流动分析问题，开辟了实际塑料制品成型分析可行性路径，奠定了注射成型科学分析的理论与技术基础，以该方法为基础开发的 Moldflow 软件是世界上首款注射成型分析软件。

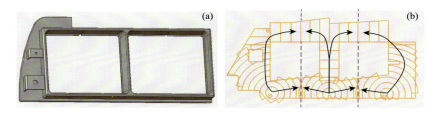

图 **6.1** 展平法示意图

（a）塑料产品；（b）平面展平图

2. 中面流动法

中面流动法采用 Hele-Shaw 假设及流动控制方程，流体在厚度很小的区域中的缓慢流动称为润滑近似（lubrication approximation），也称 Hele-Shaw 流动。若 x、y 为流动方向，z 为厚度方向，h 代表厚度，L 代表流动长度，则 $\partial h/\partial x \ll 1$、$\partial h/\partial y \ll 1$。Hele-Shaw 流动具有以下特征：①流动方向上的速度变化 $\partial u/\partial x$、$\partial u/\partial y$ 与厚度方向 $\partial u/\partial z$ 相比可以忽略；②忽略厚度方向的压力变化，即 $\partial p/\partial z = 0$；③忽略正应力；④雷诺数小，流动为层流。

注射成型制品一般是薄壁制品，厚度与另两个方向尺寸相比很小，成型中的充填过程符合 Hele-Shaw 流动特征。充填过程中塑料熔体可看作不可压缩流体，惯性力、质量力与黏性力相比可以忽略，因此，黏性流动的二维控制方程可简化为

$$\frac{\partial u}{\partial x} + \frac{\partial v}{\partial y} = 0 \tag{6.1}$$

$$\frac{\partial}{\partial z}\left(\eta\frac{\partial u}{\partial z}\right)-\frac{\partial p}{\partial x}=0 \qquad (6.2)$$

$$\frac{\partial}{\partial z}\left(\eta\frac{\partial v}{\partial z}\right)-\frac{\partial p}{\partial y}=0 \qquad (6.3)$$

$$\rho C_p\left(\frac{\partial T}{\partial t}+u\frac{\partial T}{\partial x}+v\frac{\partial T}{\partial y}\right)=\frac{\partial T}{\partial z}\left(k\frac{\partial T}{\partial z}\right)+\eta\dot{\gamma}^2 \qquad (6.4)$$

式中，u、v 分别表示 x、y 方向上的速度；p、T 分别表示压力和温度；η、ρ、C_p、k 分别表示熔体的黏度、密度、比热容和热传导率；$\dot{\gamma}=\partial u/\partial z+\partial v/\partial z$，为剪切速率；$\eta\dot{\gamma}^2$ 为剪切热。

Hieber 等[1]对动量方程（6.2）、方程（6.3）积分求出速度场的形式表达式：

$$u=-\frac{\partial p}{\partial x}\int_z^h\frac{\overline{z}}{\eta}\mathrm{d}\overline{z} \qquad (6.2a)$$

$$v=-\frac{\partial p}{\partial y}\int_z^h\frac{\overline{z}}{\eta}\mathrm{d}\overline{z} \qquad (6.3a)$$

然后代入连续方程（6.1），得到关于压力 p 的拟拉普拉斯（Laplace）方程：

$$\frac{\partial}{\partial x}\left(S\frac{\partial\mathrm{p}}{\partial x}\right)+\frac{\partial}{\partial y}\left(S\frac{\partial\mathrm{p}}{\partial y}\right)=0 \qquad (6.5)$$

式中，$S=\int_0^h\frac{z^2}{\eta}\mathrm{d}z$，为流动率。

用有限元求解二维流动问题的压力场方程（6.5），代入速度场形式表达式（6.2a）、式（6.3a）求出厚度方向的速度场。然后，用有限差分法离散求解热传导方程（6.4），得到厚度方向的温度场。最后，用速度场、温度场更新黏度，重新求解流动问题，直到收敛为止。由于该方法是在平面上用有限元计算压力场，然后以压力场为基础分层计算厚度上的速度场和温度场，所以中面方法也称为 2.5 维方法。

中面流动法不需要将产品展开成平面，适用于任何形状的薄壁制品成型的仿真。同时，中面流动法建立在科学计算的基础上，结果可靠。王国金教授领导的康奈尔大学 CIMP 团队将中面流动法应用于塑料注射成型模拟，开展了很多奠基性的工作，其中王文伟等[2]将中面流动法推广到三维几何制品流动模拟，Chiang 等[3]进一步将其推广到可压缩熔体流动，提出了后充填中面理论和算法，Himasekhar 等[4]建立了边界元冷却分析模型与算法。此外，Isayev[5]建立了体积收缩模型，Batoz 等[6]提出了塑件的翘曲变形模型。AC Technology 公司以这些理论为基础开发了流动、保压、冷却、收缩、翘曲变形等分析模块，并集成在 C-Mold 软件中，实现了成型过程全周期分析。

3. 双面流动法

双面流动法是 20 世纪 90 年代发展的便捷注射成型模拟方法。到 20 世纪末期，计算机辅助设计（CAD）技术已经普及，工程师希望直接使用制品的 CAD 模型进行注射成型分析，而不是再建一套中面模型。双面流动法是将三维制件表面全部划分为平面网格，并将节点在厚度方向上配对，然后用中面流动法计算一个面的流场，再根据流动方向和几何形状强迫一对或多对配对点的压力相等，实现上、下面一致充填的效果[7]。

双面流动法看起来是在实体上进行成型分析，但理论基础还是中面流动法，只是采用特殊技巧实现了制件表面一致充填的效果，但这种节点配对、耦合方法也会引起新的问题，申长雨等[8]指出配对点上质量不守恒，并提出了质量自然平衡方法。虽然双面流动法解决了与 CAD 的接口问题，但也产生了额外的误差，计算准确度较中面流动法低。

4. 三维流动理论

Hele-Shaw 模型虽然计算简单、有效，但模拟的流场不完整，也无法考虑重力效应，此外也不能实现与 CAD 软件的无缝集成，因此，精密的数值计算必须使用三维方法。忽略 Hele-Shaw 假设，依据流体力学理论建立不压缩、非等温黏性流动的连续性方程、动量方程和能量方程[9, 10]：

$$\nabla \cdot \boldsymbol{u} = 0 \tag{6.6}$$

$$\rho \frac{\mathrm{d}\boldsymbol{u}}{\mathrm{d}t} = \rho \boldsymbol{f} - \nabla p + \nabla \cdot \left(\eta(\nabla \boldsymbol{u} + \nabla \boldsymbol{u}^{\mathrm{T}}) \right) \, \rho \frac{\mathrm{d}\boldsymbol{u}}{\mathrm{d}t} = \rho \boldsymbol{f} - \nabla p + \nabla \cdot \left(\eta(\nabla \boldsymbol{u} + \nabla \boldsymbol{u}^{\mathrm{T}}) \right) \tag{6.7}$$

$$\rho C_p \frac{\mathrm{d}T}{\mathrm{d}t} = -\nabla \cdot (k\nabla T) + \eta \dot{\gamma}^2 \tag{6.8}$$

式中，$\rho \boldsymbol{f}$ 为质量力。当熔体黏度较大时，惯性力、质量力也可以忽略，动量方程简化为

$$-\nabla p + \nabla \cdot \left(\eta(\nabla \boldsymbol{u} + \nabla \boldsymbol{u}^{\mathrm{T}}) \right) = 0 \tag{6.9}$$

因为黏度 η 依赖于温度和剪切速率，所以上述流动问题是非线性问题。三维方法可以计算完整的流场，还可以计算惯性力、质量力对流动的影响，是比较完善的理论模型，能够模拟复杂的物理现象，图 6.2 为申长雨等用真三维方法模拟的屈曲流动。但三维方法面临的最大挑战是指数级增加的计算量，当塑件尺寸较大或局部尺寸相差较大时，需要超千万级的三维单元，普通计算机无法进行如此规模的计算仿真。因此，真正适用于真三维方法成型分析的是厚度均匀或超厚制品，复杂制件不适合三维计算。随着计算机运算速度、内存等性能的提高，真正意义上的全三维成型仿真也许不会太遥远。

图 **6.2**　真三维方法模拟的屈曲流动

5. 纤维取向模拟理论

纤维复合材料可以提高制品强度和刚度，广泛应用于汽车、家电等制品生产，纤维增强材料制品的热力学性能依赖于纤维密度和取向。一般假定注射成型过程中纤维悬浮于熔体，受流场剪切作用按一定方向排列，形成取向。因此，纤维取向与流场密切相关。

纤维取向用概率密度函数 ψ 表示，$\psi(p, t)$ 为 t 时刻纤维取向在 p 与 $\mathrm{d}p$ 范围内的概率，因此，$\psi(p, t)$ 满足：

$$\int \psi(p, t)\mathrm{d}p = 1 \tag{6.10}$$

在流场中 $\psi(p, t)$ 随时间的变化可以用福克-普朗克（Fokker-Planck）方程描述

$$\frac{\partial \psi}{\partial t} = \frac{\partial}{\partial p_i}\left[D_\mathrm{r}(\delta_{ij} - p_i p_j)\frac{\partial \psi}{\partial p_j} - (\boldsymbol{L}_{ij} p_j - \boldsymbol{L}_{jk} p_i p_j p_k) \right] \tag{6.11}$$

式中，δ_{ij} 为克罗内克函数；D_r 为耗散系数；$\boldsymbol{L}_{ij}$ 为有效速度梯度，$\boldsymbol{L}_{ij} = L_{ij} - \xi D_{ij}$，其中 $L_{ij} = \dfrac{\partial u_i}{\partial x_j}$、$D_{ij} = \dfrac{1}{2}\left(\dfrac{\partial u_i}{\partial x_j} + \dfrac{\partial u_j}{\partial x_i}\right)$、$\xi = \dfrac{2}{a_\mathrm{r}^2 + 1}$（$a_\mathrm{r}$ 为纤维的长径比）。

尽管 Fokker-Planck 模型具有很好的精度，但需要计算所有方向的概率密度，计算量太大。因此，Advani 和 Tucker[11]提出了改进模型，引入取向张量：

$$a_{ij} \equiv \langle p_i p_j \rangle = \int p_i p_j \psi \mathrm{d}p \tag{6.12}$$

$$a_{ijkl} \equiv \langle p_i p_j p_k p_l \rangle = \int p_i p_j p_k p_l \psi \mathrm{d}p \tag{6.13}$$

在张量体系中，二阶张量 a_{ij} 的特征向量表征了纤维取向，而特征值大小代表在该方向上的取向程度。Folgar 和 Tucker[12]基于取向张量提出了 Folgar-Tucker 取向理论模型：

$$\frac{\delta a_{ij}}{\delta t} + 2\boldsymbol{L}_{kl} a_{ijkl} - 2D_\mathrm{r}(\delta_{ij} - 3a_{ij}) = 0 \tag{6.14}$$

式中，$\dfrac{\delta}{\delta t}$ 表示上随体导数；耗散系数 $D_\mathrm{r} = C_\mathrm{I}\dot{\gamma}$，$C_\mathrm{I}$ 为纤维-纤维之间的作用系数，C_I 可以用实验数据拟合[7]。但耗散系数表达式不能表征各向异性特征，因此范西俊[13]提出了用二阶对称张量代替 C_I。

$$D_\mathrm{r} = \tilde{C}\dot{\gamma} \tag{6.15}$$

修改后的取向模型为

$$\frac{\mathrm{d}a_{ij}}{\mathrm{d}t} + 2\mathscr{L}_{kl} a_{ijkl} - 2\dot{\gamma}(\tilde{C}_{ij} - 3a_{ij}\tilde{C}_{kk}) = 0 \tag{6.16}$$

式中，$\mathscr{L}_{kl} = \boldsymbol{L}_{ij} - 3a_{ij}\dot{\gamma}$；$\dfrac{\mathrm{d}a_{ij}}{\mathrm{d}t} = \dfrac{\mathrm{d}a_{ij}}{\mathrm{d}t} - \mathscr{L}_{ik} a_{kj} - \mathscr{L}_{jk} a_{ki}$；$\tilde{C}$ 是应变率张量，表示为

$$\tilde{C}_{ij} = c_0\delta_{ij} + c_1\frac{D_{ij}}{\dot{\gamma}} + c_2\frac{D_{ik}D_{kj}}{\dot{\gamma}^2} \tag{6.17}$$

Phelps 和 Tucker[14]进一步将其修正为

$$\tilde{C}_{ij} = c_0\delta_{ij} + c_1 a_{ij} + c_2 a_{ik}a_{kj} + c_3\frac{D_{ij}}{\dot{\gamma}} + c_4\frac{D_{ik}D_{kj}}{\dot{\gamma}^2} \tag{6.18}$$

为了避免 Folgar-Tucker 模型预测的纤维取向过早问题，Tucker 和 Wang[15, 16]及 Phelps 和 Tucker[14]提出了缩减应变模型，即在 $\dot{\gamma}(\tilde{C}_{ij} - 3a_{ij}\tilde{C}_{kk})$ 前加缩减因子，延迟纤维定向排列。

用 Folgar-Tucker 模型计算二阶张量涉及四阶张量，而计算四阶张量需要六阶张量，以此类推。因此，需要对四阶张量或高阶张量近似，以使方程组封闭，为此很多学者提出了不同的近似方法实现封闭计算。

（1）线性封闭。Hand[17]提出了线性封闭模型：

$$\begin{aligned}
a_{ijkl} &\approx -\frac{1}{35}(\delta_{ij}\delta_{kl} + \delta_{ik}\delta_{jl} + \delta_{il}\delta_{jk}) \\
&+ \frac{1}{7}(a_{ij}\delta_{kl} + a_{ik}\delta_{jl} + a_{il}\delta_{jk} + a_{kl}\delta_{ij} + a_{jl}\delta_{ik} + a_{jk}\delta_{il})
\end{aligned} \tag{6.19}$$

对于二维流动，上式中的两个系数分别换成$-1/24$、$1/6$。线性封闭模型对随机分布的纤维取向预测比较准确，但对于演化过程中取向度较高的分布预测不稳定。

（2）二次封闭。二次封闭是 Doi[18]和 Lipscomb 等[19]提出的四阶张量近似计算方法：

$$a_{ijkl} \approx a_{ij}a_{kl} \tag{6.20}$$

二次封闭模型对稳态流场中纤维一致排列的分布预测比较准确，但对瞬态流场或式（6.14）中 $D_r \neq 0$ 的纤维取向预测较差。

（3）杂合封闭。Advani 和 Tucker[20]提出了将线性封闭与二次封闭加权平均的杂合封闭模型：

$$a_{ijkl} \approx (1-f)a_{ijkl}^{(\text{Linear})} + f a_{ijkl}^{(\text{Quad})} \tag{6.21}$$

在三维、二维计算中加权系数分别取 $f = 1 - 27\det(a_{ij})$、$f = 1 - 4\det(a_{ij})$。杂合封闭模型对随机分布或一致排列的纤维取向预测较准确，对瞬态剪切流场预测不准确。

此外，Hinch 和 Leal[21]提出了复合封闭模型，Cintra 和 Tucker[22]提出了正交逼近模型，Dupret 和 Verleye[23]提出了自然封闭模型，Chung 和 Kwon[24]提出了不变量近似模型，均有各自的适用范围。

6.2.2 注射成型收缩与翘曲变形仿真

收缩分为三类[25, 26]：①材料的各向异性产生的不同方向收缩；②非均匀的压力、温度分布导致的区域收缩；③厚度方向上非均匀冷却产生的收缩。收缩与 $p\text{-}v\text{-}T$ 状态方程密切相关，对于各向异性材料收缩由三部分组成：平行于流动方向收缩 $S^{//}$、垂直于流动方向收缩 $S^{\perp}$ 和厚度方向收缩 S^{h}，即

$$S_v = S^{//} + S^{\perp} + S^{h} \tag{6.22}$$

求解最终的收缩和翘曲需要制品的应变，纤维增强注塑制品应视为各向异性的复合材料，求解应变需要材料的有效刚度、热膨胀系数以及热弹性和黏弹性模型。

1. 复合材料的有效刚度张量

应变由弹性应变 ε_{ij} 与热应变 $\varepsilon_{ij}^{(\mathrm{th})}$ 组成：

$$\varepsilon_{ij}^{(\mathrm{Total})} = \varepsilon_{ij} + \varepsilon_{ij}^{(\mathrm{th})} \tag{6.23}$$

按经典弹性力学理论，应力线性依赖于应变：

$$\sigma_{ij} = C_{ijkl}\varepsilon_{kl} = C_{ijkl}\left(\varepsilon_{kl}^{(\mathrm{Total})} - \varepsilon_{kl}^{(\mathrm{th})}\right) \tag{6.24}$$

式中，C_{ijkl} 为四阶弹性张量。对于复合材料，上式修正为

$$\bar{\sigma}_{ij} = C_{ijkl}\bar{\varepsilon}_{kl} \tag{6.25}$$

式中，$\bar{\sigma}_{ij}$ 为平均应力；$\bar{\varepsilon}_{kl}$ 为平均应变；C_{ijkl} 可表示为

$$C_{ijkl} = C_{ijkl}^{\mathrm{m}} + \varphi^{\mathrm{f}}\left(C_{ijmn}^{\mathrm{f}} - C_{ijmn}^{\mathrm{m}}\right)A_{mnkl} \tag{6.26}$$

上标 f、m 分别代表纤维和基体。C_{ijmn}^{f}、C_{ijmn}^{m} 和 φ^{f} 可根据材料特性确定，因此，应变集中张量 A_{mnkl} 决定了刚度张量，选择不同的 A_{mnkl} 就确定了不同的模型，Tucker 和 Liang[27]系统地评价了已有的模型，他们认为 Mori-Tanaka 模型[28]是最好的复合材料模型，表示为

$$A_{mnkl} = \left[I_{mnkl} + (1 - \varphi^{f})E_{mnrs}\left(C_{rspq}^{\mathrm{m}}\right)^{-1}\left(C_{pqkl}^{\mathrm{f}} - C_{pqkl}^{\mathrm{m}}\right)\right]^{-1} \tag{6.27}$$

E_{mnrs} 为 Eshelby 张量。对于各向异性材料，Eshelby 张量可表示为[29]

$$E_{ijkl} = \frac{1}{8\pi}C_{pqkl}^{\mathrm{m}}\int_{-1}^{1}\mathrm{d}\bar{\varsigma}_1\int_{0}^{2\pi}\left[G_{ipjq}(\bar{\xi}) + G_{jpiq}(\bar{\xi})\right]\mathrm{d}\theta \tag{6.28}$$

Nguyen 等[30]将这一理论推广到长纤维注射成型，用不同长度的四阶弹性张量 C_{ijkl} 加权平均计算刚度矩阵。在此基础上，Schulenberg 等[31]应用希尔屈服准则横观各向同性屈服准则，以二阶取向张量的三个特征值为权，平均三个主方向张量，描述长纤维产品塑性行为。

2. 复合材料的有效热膨胀系数

有效热膨胀系数 α_{ij} 和平均应变 $\bar{\varepsilon}_{ij}$ 有如下关系：

$$\bar{\varepsilon}_{ij} = S_{ijkl}\bar{\sigma}_{kl} + \alpha_{ij}\Delta T \tag{6.29}$$

式中，S_{ijkl} 为有效弹性柔度，是四阶弹性张量 C_{ijkl} 的逆。

Rosen 和 Hashin[32]提出了膨胀系数的计算方法：

$$\alpha_{ij} = \bar{\alpha}_{ij} + P_{klmn}\left(S_{mnij} - \bar{S}_{mnij}\right)\left(\alpha_{kl}^f - \alpha_{kl}^m\right) \tag{6.30}$$

其中上划线（-）代表体平均，按如下公式计算：

$$\bar{\alpha}_{ij} = \varphi^f \alpha_{ij}^f + (1-\varphi^f)\alpha_{ij}^m, \quad \bar{S}_{mnij} = \varphi^f S_{mnij}^f + (1-\varphi^f)S_{mnij}^m \tag{6.31}$$

张量 P_{klmn} 由下式确定：

$$P_{klmn}(S_{mnrs} - \bar{S}_{mnrs}) = I_{klrs} \tag{6.32}$$

3. 热弹性和黏弹性模型

热弹性模型是由 Struik[33]提出的，假定热弹性参数不依赖于固化温度，应力只在低于固化温度时存在，高于固化温度时应力为零，即

$$\sigma_{ij} = \begin{cases} 0 & T \geqslant T_s \\ C_{ijkl}(\varepsilon_{kl} - \alpha_{kl}\Delta T) & T < T_s \end{cases} \tag{6.33}$$

若使用线性黏弹性本构模型，则应力可以表示为

$$\sigma_{ij} = \int_0^t C_{ijkl}\left(\xi(t) - \xi(t')\right)\left(\frac{\partial \varepsilon_{kl}}{\partial t'} - \alpha_{kl}\frac{\partial T}{\partial t'}\right)dt' \tag{6.34}$$

式中，$\xi(t) = \int_0^t \dfrac{dt'}{a_T}$，$a_T$ 为时温等效因子。对于各向同性材料，四阶刚度张量表示为

$$C_{ijkl}(t) = \frac{2\nu G(t)}{1-2\nu}\delta_{ij}\delta_{kl} + G(t)(\delta_{ik}\delta_{jl} + \delta_{il}\delta_{jk}) \tag{6.35}$$

$G(t)$ 可以写成离散形式

$$G(t) = \sum_{i=1}^N G_i \exp(-t/\lambda_i) \tag{6.36}$$

6.2.3 注射成型多尺度模拟方法

塑料作为一种高分子聚合物，具有典型的多尺度结构，在宏观尺度上为连续介质，介观尺度上具有结晶结构，而在微观尺度上呈现为大量的高分子链相互缠结形成的复杂结构。塑料在注射成型加工过程中经历了复杂的热力历史，形成制品在不同尺度下具有复杂结构，这些结构共同决定了最终制品的性能。要得到最终制品在不同尺度下的结构，就需要在不同的尺度下采用不同的模拟方法，通过一定的耦合技术，建立起多尺度模拟方法，计算得到不同尺度下的结构信息。

1. 微介观分子模拟方法

多尺度模拟方法中，既需要宏观尺度下基于连续介质力学的理论模型，也需要微观、介观尺度下基于高分子链结构的理论模型。一类是基于全原子分子动力学及其粗粒化方法[35-37]，以小到单个原子或联合原子，多到数个聚合物单体作为一个单元，根据实际的链结构和原子间作用力以及粗粒化方法，构造单元间的作用力，包括同一高分子链内单元间的连接和不同高分子链的单元间的相互作用，建立微观分子链构象模型，以经典牛顿力学建立控制方程，得到微观分子构象在流场作用下的变化，再通过统计力学得到应力、链取向、链缠结等微观结构信息。另一类是基于高分子链的蛇行蠕动方法。1971 年，de Gennes[38]提出了描述高分子链运动的蛇行模型，即高分子链在周围分子链拓扑限制下的运动像蛇一样爬行。Doi 和 Edwards[39-44]在此基础上提出了管道模型，将其他高分子链的拓扑限制描述成管道，管道沿着自身的中心线运动，由此发展为高分子浓溶液和熔体领域最为经典的微观模型。在经典管道模型的基础上，许多学者进行了改进，Masubuchi[45]系统评价了各种模型，认为目前比较完善的用于描述单分散线型高分子的管道模型为 GLaMM 模型[46]。此外，基于管道理论还发展了很多其他的理论模型，Kremer 和 Grest[47]基于多链珠簧模型建立了分子链间缠结作用的粗粒化分子动力学描述方法，Masubuchi 等[48]使用多链滑移构造了原始链网络模型，用于描述管道中轴线的蛇行运动，Schieber 等[49]建立了单链滑移链模型，描述高分子链的蛇形运动，且计算量远小于相应的管道模型。

2. 不同尺度的耦合方法

按不同尺度的耦合方法可以将聚合物流动的多尺度模拟分为局部应力耦合、物性参数耦合、含微结构参数本构耦合三种方法。局部应力耦合是三种方法中最简单直接的方法，即将宏观流动模拟得到的某一时刻某一节点处的速度、压力等条件作为该处一个微介观模拟胞元的边界条件，进行微介观模拟后通过统计力学得到该胞元的平均应力，即局部应力，作为该节点此时刻的宏观应力，然后以同样的方法进行下一时间步的计算，如此循环计算宏观应力。该方法相当于用微介观模拟代替了宏观本构方程，与构造取向方程计算应力相比，可以更充分地表现高分子链微介观结构特性对流场的贡献。De 等[50]使用 FENE 珠簧模型模拟了一维振荡剪切流动的历史依赖效应。Yasuda 等[51-53]使用 Kremer-Grest 珠簧模型作为微介观模拟方法、有限体积法作为宏观模拟方法，并考虑温度变化，研究了聚合物润滑油在平板之间剪切流动的应力响应以及黏性热问题。Murashima 等[54-56]使用滑移链模型作为微介观模拟方法、光滑粒子动力学（SPH）作为宏观模拟方法，模拟了二维绕柱流动，并得到了圆柱障碍对于微结构参数如链长、取向程度、缠节点数目等微观统计量的影响。Feng 等[57]使用离散滑移链模型作为微介观模拟方法、SPH 作为宏观模拟方法，模拟了二维圆柱绕流和轴承润滑液流动，与 UCM（upper-Convected Maxwell）黏弹性本构模拟结果一致。张小华等[58]使用珠簧哑铃模型作为微介观模拟方法，使用径向基函数插值的无网格法作为宏观的模拟方法，模拟了突然启动库埃特（Couette）流以及方腔驱动流。Guo 等[59]使用布朗构型场方法作为微介观模拟方法，开源软件 OpenFOAM 作为宏观模拟工具，模拟了两相黏弹性流动。

物性参数耦合，即通过微观模拟得到宏观本构方程的参数如黏度，然后用该参数进行宏观数值模拟。Masubuchi 等[60]通过物性参数耦合模拟比较了不同分子量塑料注射成型后的残余应力与翘曲变形。娄燕等[61]通过在 Cross 黏度模型中引入修正系数来考虑链段长度对黏度的影响，成功地应用于微注射成型。在宏观本构方程中引入能表征微观结构特性的参数，模拟结果可用于分析聚合物的微介观结构特性。任金莲等[62]使用 SPH 和 FENE-P 流变本构，模拟了非等温非牛顿流体的充模过程，并使用流变本构自带的微结构参数描述了成型过程中的分子取向变化及与熔接痕的关系。

6.2.4　注射成型高分子材料本构行为

由长链高分子组成的聚合物有很多独特的性质，如剪切变稀、结晶等，准确用数学公式表征这些材料特征是数值模拟的关键。因此需要建立描述材料特征的物质函数，包括本构方程、状态方程及结晶动力学方程。随着各种实验仪器精度的提高，物质函数也越来越准确。

本构方程描述了材料的应力-应变关系，根据应力响应是否满足线性关系可将塑料熔体分为牛顿流体与非牛顿流体，根据响应的延迟特性分为黏性流体和黏弹性流体，大多数塑料熔体属于非牛顿流体，商业软件及很多学者采用黏性模型描述塑料熔体流变行为。

1. 黏性本构模型

常用的黏性模型有 Power-Law、Carreau 及 Cross 模型等。Ostwald 和 de Waele 发现高分子熔体剪切应力与剪切速率的非线性依赖关系，并提出了能够反映剪切变稀的幂律模型：

$$\eta = m\dot{\gamma}^{n-1}$$ （6.37）

式中，m 为材料常数；n 为牛顿指数，代表非线性水平。幂律模型也常称为指数模型（Power-Law），因其形式简单和材料参数少而被大量应用，但当剪切速率逼近 0 时，黏度趋向于无穷大，不能正确表征低剪切黏度。于是 Bird 等[63]于 1987 提出了 Carreau 模型：

$$\frac{\eta - \eta_\infty}{\eta_0 - \eta_\infty} = \left(1 + (\lambda \dot{\gamma})^2\right)^{\frac{n-1}{2}} \tag{6.38}$$

Carreau 模型可以正确描述低剪切、高剪切下的黏度，而且与实验结果比较吻合。零剪切黏度依赖分子量 M_w，$\eta_0 \propto M_w^{3.4}$。

Cross[64]提出了著名的 Cross 模型，它既能描述低剪切下牛顿流体特征，又能描述高剪切下剪切变稀现象。

$$\eta(\dot{\gamma}, T, p) = \frac{\eta_0(T, p)}{1 + \left\{\dfrac{\eta_0(T, p)}{\tau^*} \dot{\gamma}\right\}^{1-n}} \tag{6.39}$$

式中，τ^* 表征牛顿区向非牛顿区过渡的应力水平。Hieber 和 Chiang[65]开展了 Carreau 模型与 Cross 模型的实验评价，发现 Cross 模型能更好地表征黏度对剪切速率的依赖性。为了描述黏度对温度的依赖关系，用 WLF 方程[66]计算黏度随温度的变化，Cross 模型变为 Cross-WLF 模型。

2. 黏弹性本构模型

大部分塑料熔体兼具黏性和弹性特征，但很多时候弹性不显著，只考虑黏性贡献，但分子取向、折射率等与材料弹性密切相关，所以要预测复杂的物理现象及性能需要使用黏弹性本构模型，其中，线性模型是最基本的黏弹性本构模型。

$$\tau_{ij}(t) = \int_{-\infty}^{t} G(t - t') D_{ij}(t') \mathrm{d}t' \tag{6.40}$$

它描述了应力 τ 不仅与当前应变相关，还与历史应变相关。对于多模态的 Maxwell 模型，模量 $G(t)$ 可以表示为多松弛时间谱 λ_i 的叠加。

$$G(t) = \sum_{i=1}^{N} G_i \exp(-t / \lambda_i) \tag{6.41}$$

其等价的微分形式：

$$\tau_i + \lambda_i \frac{\partial \tau_i}{\partial t} = \eta_i D \tag{6.42}$$

式中，$\eta_i = \lambda_i G_i$。若将式（6.42）中的偏导数换成上随体导数：

$$\overset{\nabla}{\tau} = \frac{\partial \tau}{\partial t} + v \cdot \nabla \tau - \nabla v \cdot \tau - \tau \cdot (\nabla v)^{\mathrm{T}} \tag{6.43}$$

则 Maxwell 模型变为 UCM 模型。Phan-Thien 和 Tanner[67]于 1977 年提出了 PTT 模型：

$$\left[1+\frac{\lambda\epsilon}{\eta}\mathrm{Tr}(\tau)\right]\tau+\lambda\overset{\triangledown}{\tau}=2\eta D \tag{6.44}$$

由于 $\left[1+\dfrac{\lambda\epsilon}{\eta}\mathrm{Tr}(\tau)\right]$ 关于应力是线性的，所以该模型也称线性 PTT 模型。随后该模型发展为指数型 PTT 模型[68]：

$$\lambda\overset{\triangledown}{\tau}+\exp\left(\frac{\lambda\epsilon}{\eta}\mathrm{Tr}(\tau)\right)\tau+\lambda\xi(2D\cdot\tau+\tau\cdot2D)=2\eta D \tag{6.45}$$

对于支链聚合物，Verbeeten 等[69]提出了 XPP（eXtended Pom-Pom）模型：

$$\overset{\triangledown}{\tau}+\frac{1}{\lambda_b}\left[\frac{\alpha}{G}\tau\cdot\tau+F(\tau)\tau+G(F(\tau)-1)I\right]=2GD \tag{6.46}$$

式中，

$$F(\tau)=2re^{\upsilon(\Lambda-1)}\left(1-\frac{1}{\Lambda}\right)+\frac{1}{\Lambda^2}\left[1-\frac{\alpha\mathrm{Tr}(\tau\cdot\tau)}{3G^2}\right] \tag{6.47}$$

$$\Lambda=\sqrt{1+\frac{\mathrm{Tr}(\tau)}{3G}},\quad r=\frac{\lambda_b}{\lambda_s},\quad \upsilon=\frac{2}{q},\quad \lambda_b=\lambda \tag{6.48}$$

Tanner 和 Nasseri[70]将 PTT 模型与 XPP 结合形成 PTT-XPP 模型：

$$\overset{\triangledown}{\tau}+f_c(\tau,D)+\frac{1}{\lambda_b}f_d(\tau,D)=2GD \tag{6.49}$$

式 中，$f_c(\tau,D)=\xi(D\cdot\tau+\tau\cdot D), f_d(\tau,D)=F\tau+\dfrac{G}{1-\xi}\left(F_1-e^{\upsilon(\Lambda-1)}\right)I$，其中，$F=e^{\upsilon(\Lambda-1)}\left[2r(1-(1/\Lambda))+1/\Lambda^2\right]$，$r=\lambda_b/\lambda_s$，$\Lambda=\sqrt{1+((1-\xi)/3G)\mathrm{Tr}(\tau)}$，$\upsilon=2/q$。

黏弹性本构模型很多，如常用的 Giesekus、Leonov 等模型[71]，但适用于高黏性的聚合物熔体且应用较多的主要有 UCM、PTT、XPP、Giesekus 等模型。Pivokonsky 等[72]比较了 XPP、PTT-XPP、mLeonov 等模型在表征熔体黏度上的差异，首先，这三种模型均能描述剪切变稀和支链聚合物 mLLDPE 的拉伸变硬（strain harden）现象；其次，$\xi=0$ 时 PTT-XPP 模型预测的剪切黏度大于实验值，只有 PTT-XPP 模型中参数 ξ 非零时才能更好表征剪切行为（0.7 对应于支链聚合物 mLLDPE，0.2 对应于线形聚合物 HDPE）；XPP 模型预测支链聚合物 mLLDPE 的拉伸黏度的准确度优于 XPP-PTT 模型，但不能较好地表征线形聚合物 HDPE 的黏度，见图 6.3。

(a)

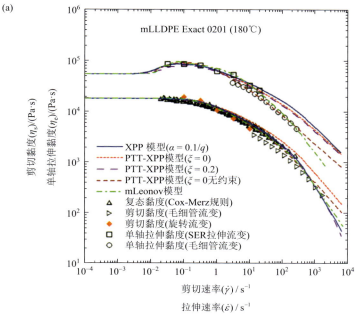

(b)

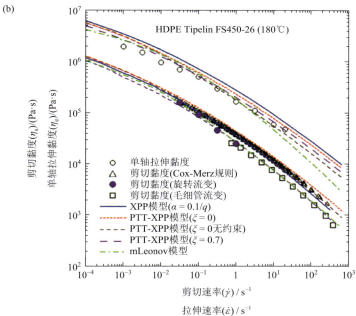

图 **6.3**　XPP、PTT-XPP、mLeonov 模型预测的剪切黏度和拉伸黏度比较

（a）支链聚合物 mLLDPE Exact 0201；（b）线形聚合物 HDPE Tipelin FS 450-26

3. 纤维复合材料本构模型

在纤维复合材料体系中，应力由熔体应力和纤维取向应力构成：

$$\tau = \tau^{(p)} + \tau^{(f)} \tag{6.50}$$

纤维取向应力有多种描述方法，形成了不同的本构模型。

（1）纤维横切各向同性（transversely isotropic fluid，TIF）模型。Ericksen[73]提出了横切各向同性模型描述纤维取向应力：

$$\tau_{ij}^{(f)} = 2\eta_s\varphi\left[A_1 D_{kl} a_{ijkl} + A_2(D_{ik}a_{kj} + a_{ik}D_{kj}) + A_3 D_{ij} + A_4 D_r a_{ij}\right] \tag{6.51}$$

式中，η_s 为稀溶液黏度；φ 为纤维体积分数；D_r 为旋转扩散常数；$A_1 \sim A_4$ 为材料常数。横切各向同性模型仅适用于稀溶液纤维悬浮体系。

（2）Dinh-Armstrong 模型。当纤维长径比无限大时，Dinh 和 Armstrong[74]提出了齐次流场中纤维应力的计算模型：

$$\tau_{ij}^{(f)} = \eta_s\varphi\frac{\pi l^3 n^3}{6\ln(2H_f/d)}L_{kl}a_{ijkl} \tag{6.52}$$

式中，n 为单位体积纤维的数量；H_f 为相邻纤维之间的距离。该模型适用于半集中（semi-concentrated）纤维悬浮体系。

（3）Phan-Thien-Graham 模型。Phan-Thien 和 Graham[75]提出的另一种修正 TIF模型：

$$\tau_{ij}^{(f)} = 2\eta_s f(\varphi, a_r)D_{kl}a_{ijkl} \tag{6.53}$$

式中，$f(\varphi, a_r) = \dfrac{\varphi a_r^2(2 - \varphi/\varphi_m)}{4(\ln 2a_r - 1.5)(1 - \varphi/\varphi_m)}$，$a_r$ 是球状体的长径比，φ_m 是最大压实体积，可以近似表示为 $\varphi_m = 0.53 - 0.013a_r$ （$5 < a_r < 30$）。图 6.4 是用该模型计算的不同长径比下的缩减黏度，结果表明缩减黏度随着长径比的增大而增大。

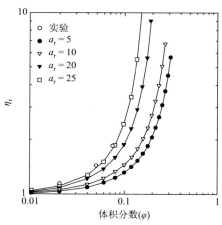

图 6.4　用修正 TIF 模型计算的不同纤维长径比对应的缩减黏度[75]

4. 状态方程（*p*-*v*-*T* 关系）

对于热塑性塑料，其比体积 v 是压力和温度的函数，即 $v = v(p, T)$，可以用状态方程描述[76-78]：

$$v(T, p) \equiv \frac{1}{\rho} = v_0(T)\left[1 - C \ln\left(1 + \frac{p}{B(T)}\right)\right] + v_t(T, p) \tag{6.54}$$

式中，C 是材料常数，一般取 $C = 0.0894$，$v_0(T)$ 和 $B(T)$ 分别表示为

$$v_0(T) = \begin{cases} b_{1,l} + b_{2,l}(T - b_5) & T > T_t \\ b_{1,s} + b_{2,s}(T - b_5) & T \leqslant T_t \end{cases} \tag{6.55}$$

$$B(T) = \begin{cases} b_{3,l} \exp\left(-b_{4,l}(T - b_5)\right) & T > T_t \\ b_{3,s} \exp\left(-b_{4,s}(T - b_5)\right) & T \leqslant T_t \end{cases} \tag{6.56}$$

对于无定形材料，$v_t(T, p) = 0$；对于半晶型材料

$$v_t(T, p) = \begin{cases} b_7 \exp\left(b_8(T - b_5) - b_9 p\right) & T \leqslant T_t \\ 0 & T > T_t \end{cases} \tag{6.57}$$

T_t 表示玻璃化转变温度（无定形材料）或熔化温度（半晶型材料），T_t 与压力相关

$$T_t(p) = b_5 + b_6 p \tag{6.58}$$

$b_{i,l}$、$b_{i,s}(i = 1, \cdots, 4)$、$b_k(k = 5, \cdots, 9)$ 为材料常数。

对状态方程（6.54）分别关于压力 p 和温度 T 求偏导可得等温压缩率 κ 和体积膨胀系数 α_v

$$\kappa = \frac{1}{v}\left(\frac{\partial v}{\partial p}\right) = -\frac{1}{\rho}\left(\frac{\partial \rho}{\partial p}\right) \tag{6.59}$$

$$\alpha_v = -\frac{1}{v}\left(\frac{\partial v}{\partial T}\right) = \frac{1}{\rho}\left(\frac{\partial \rho}{\partial T}\right) \tag{6.60}$$

5. 结晶对本构行为的影响

大多数工程塑料是半结晶型材料，结晶分为成核和生长两个过程。注射成型制品中的结晶一般有静态生长的球晶和流动诱导的 shish-kebab 晶。注射成型制品的性能依赖于流动诱导结晶的结晶度、形态、取向等结构，这些结构影响熔体的流变性能、p-v-T 关系和热传导率，并最终影响制品的各向异性行为。

Eder 和 Janeschitz-Kriegl[79]认为晶体体积由晶核和晶边两部分组成，晶核体积

$$v_1(s, t) = \frac{4\pi}{3}\left[\int_s^t G(u)\mathrm{d}u\right]^3$$

$G(u)$代表晶核半径生长速度、晶边体积

$$v_2(s,t) = \pi I_s \left[\int_s^t G(u)\mathrm{d}u \right]^2$$

I_s 代表 shish 结构的长度，因此 t 时刻晶体的体积为两项之和

$$\varphi(t) = \int_0^t \dot{N}_q(s)v_1(s,t)\mathrm{d}s + \int_0^t \dot{N}_f(s)\left[\omega v_1(s,t) + (1-\omega)v_2(s,t)\right]\mathrm{d}s \qquad （6.61）$$

式中，$\dot{N}_q$、$\dot{N}_f$ 分别表示静态晶核数量密度和流动诱导晶核数量密度；ω 为权函数，郑荣等[7]给出了权函数的计算公式：

$$\omega = \begin{cases} 0 & \dot{\gamma} > 1 \big/ \lambda_R, \text{且} \int_0^t \eta\dot{\gamma}^2\mathrm{d}t \big/ w_c \\ 1 & \text{其他} \end{cases} \qquad （6.62）$$

式中，λ_R 为最长的 Rouse 时间；w_c 为临界比功。van Meerveld 等[80]认为存在最小剪切速率 $\dot{\gamma} \sim 1/\lambda_R$，低于该剪切速率，不能形成 shish-kebab 结构晶体。Janeschitz-Kriegl 等[81]认为由于剪切做功才导致了这种现象，随后，Mykhaylyk[82]用实验验证了这种理论。

Kolmogoroff[83]和 Avrami[84]提出了相对结晶度 α 的计算公式：

$$\alpha = 1 - \mathrm{e}^{-\varphi(t)} \qquad （6.63）$$

Lauritzen 和 Hoffman[85]提出了球晶半径生长速度 G 的 Hoffman-Lauritzen 模型：

$$G(T) = G_0 \exp\left[-\frac{U^*}{R_g(T - T_\infty)} \right] \exp\left[-\frac{K_g\left(T + T_m^0\right)}{2T^2\Delta T} \right] \qquad （6.64）$$

式中，U^* 为活化能，一般取 $U^* = 6270 \text{ J/mol}$；R_g 为气体常数；K_g 为成核参数；T_∞ 表示结晶温度，$T_\infty = T_g - 30$（T_g 为玻璃化转变温度）；T_m^0 表示平衡态温度。Fulchiron 等[86]认为，平衡态温度与压力之间存在如下关系

$$T_m^0(p) = T_m^0(0) + a_1 p + a_2 p^2 \qquad （6.65）$$

式中，a_1、a_2 为常数，可以用 p-v-T 曲线确定。

shish-kebab 结构是由侧向 kebab 晶和中间 shish 晶组成，kebab 晶可以按球晶生长模型计算，而 shish 晶生长率一般用 Liedauer 方法[87]计算

$$L_{\mathrm{tot}} = \int_0^t \dot{N}_f(s)l_s(t-s)\mathrm{d}s$$

式中，$l_s(t) = g_l(\lambda_R\dot{\gamma})^2 t$。

对于等温瞬时成核的聚合物，其静态晶核密度的 Avrami 方程变为

$$\alpha = 1 - \exp\left(-\frac{4\pi}{3}N_0 G^3 t^3 \right) \qquad （6.66）$$

式中，N_0 为常数，可用 $N_0 = 3\ln 2 \big/ \left(4\pi G^3 t_{1/2}^3\right)$ [$t_{1/2}$ 为半结晶时间，可由差示扫描量热仪（DSC）实验数据确定] 计算或公式 $\ln N_0 = a_n\Delta T + b_n$ 拟合。

对于等温结晶过程中晶核密度随时间线性增大的聚合物，其晶核密度的 Avrami 方程为

$$\alpha = 1 - \exp\left(-\frac{\pi}{3}\dot{N}_q G^3 t^3\right) \tag{6.67}$$

流动诱导结晶的晶体数量增长率可用 Janeschitz-Kriegl 模型[79]计算：

$$\dot{N}_f + \frac{1}{\lambda_N}N_f = f \tag{6.68}$$

f 是密度增长的驱动力，与温度、剪切速率、第一法向应力差、自由能变化等密切相关，很多学者提出了不同的计算模型。Eder 和 Janeschitz-Kriegl[79]认为 f 是剪切速率的函数

$$f = g_N(T)\left(\frac{\dot{\gamma}}{\dot{\gamma}_c}\right)^2 \tag{6.69}$$

该公式是依据流体力学建立的，没有考虑高分子的力学变化历程，因此，Zuidema 等[88, 89]用可回复偏应变张量的第二不变量代替剪切速率，Koscher 和 Fulchiron[90]用第一法向应力差作为驱动力 f。Coppola 等[91]提出了以流动诱导的自由能变化作为驱动力，建立了晶体密度增长模型

$$\dot{N} = C_0 k_B T(\Delta F_q + \Delta F_f)\exp\left(-\frac{E_a}{k_B T}\right)\exp\left(-\frac{K_n}{T(\Delta F_q + \Delta F_f)^n}\right) \tag{6.70}$$

Zheng 和 Kennedy[92]随后在该公式中加入了潜热的贡献，Tanner 和 Qi[93]以 FENE-P 本构模型为基础提出了低剪切速率和高剪切速率下的流动诱导自由能的计算公式。Tanner[93-95]还提出了计算流动诱导结晶驱动力 f 的简化公式：

$$f = A|\dot{\gamma}|^p \gamma \tag{6.71}$$

聚合物结晶对材料的本构关系产生影响，描述结晶对应力的贡献是极富挑战的工作。Doufas 等[96, 97]将应力分为无定形应力与半结晶应力之和，其中无定形应力用 Giesekus 模型计算，但松弛时间需用相对结晶度 α 加入修正：

$$\lambda(\alpha, T) = \lambda(0, T)(1 - \alpha)^2 \tag{6.72}$$

而半结晶应力用刚性双珠模型计算。这种分解方法可以预测封存（locking-in）应力及晶体取向。Tanner 和 Qi[93]提出了黏度修正公式：

$$\frac{\eta}{\eta_a} = \left(1 - \frac{\alpha}{A}\right)^{-2}, \quad \alpha < A \tag{6.73}$$

其中，η_a 是熔体无定形状态下的黏度；A 是依赖于晶体几何形状的常数，一般为 0.4～0.68。Zheng 和 Kennedy[92]提出了类似的黏度模型。Pantani 等[98]提出另一种黏度模型：

$$\frac{\eta}{\eta_{\mathrm{a}}} = 1 + \beta \exp\left(-\frac{\beta_1}{\alpha^{\beta_2}}\right) \qquad (6.74)$$

计算的黏度随结晶度的变化如图 6.5 所示，当结晶度从 0 增加到 15%时，黏度从 1 增加到 100，比结晶度增长速度快一个量级。此外，Zuidema 等[89]和 Hieber[99]提出了更简单的黏度模型 $\frac{\eta}{\eta_{\mathrm{a}}} = \exp(\beta\alpha^{\beta_1})$。

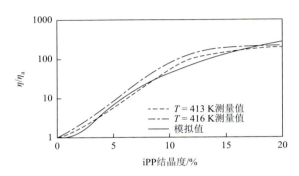

图 **6.5** 模拟的黏度与实验值对比

结晶对 p-v-T 关系的影响，在常压作用下，熔体结晶后体积由质量守恒定律确定为

$$\frac{1}{v} = \frac{1-\alpha\chi_{\infty}}{v_{\mathrm{a}}} + \frac{\alpha\chi_{\infty}}{v_{\mathrm{c}}} \qquad (6.75)$$

式中，v_{a}、v_{c} 分别代表无定形态和结晶态的比体积；χ_{∞} 为最大的实际结晶度。在固体状态下（亦即结晶度达到 χ_{∞}）相对结晶度变为 1，方程（6.75）简化为

$$\frac{1}{v_{\mathrm{s}}} = \frac{1-\chi_{\infty}}{v_{\mathrm{a}}} + \frac{\chi_{\infty}}{v_{\mathrm{c}}} \qquad (6.76)$$

由以上两个方程消除 v_{c} 后得

$$\frac{1}{v} = \frac{1-\alpha}{v_{\mathrm{a}}} + \frac{\alpha}{v_{\mathrm{s}}} \qquad (6.77)$$

这样就可以用无定形态比体积与固态比体积加权平均得到结晶态的比体积。将上述比体积公式与状态方程结合可计算结晶过程中任意时刻的温度、压力与体积。

结晶对热传导的影响。按经典的傅里叶传热理论，热传导在各个方向上是相同的。然而，van den Brule[100, 101]和 O'Brien[102]认为高分子主链方向比其他方向更容易传热，因此，流动诱导的分子取向使热传导率呈现各向异性。Huilgol 等[103]提出了各向异性传热的计算公式：

$$q_i = k_{ij} \frac{\partial T}{x_j} \tag{6.78}$$

van den Brule[101]建立了热传导率张量与应力张量之间的联系

$$k_{ij} - \frac{1}{3} k_{kk} \delta_{ij} = C_t k_0 \left(\sigma_{ij} - \frac{1}{3} \sigma_{kk} \delta_{ij} \right) \tag{6.79}$$

直接测量流动诱导热传导率是比较困难的,但 Venerus 等[104]和 Schieber 等[105]仍对无定形聚合物开展了传热实验,验证了 Brule 公式,并且发现应力-热传导率与熔体平台区模量之积接近一个常数,即 $C_t G_N \approx 0.03$。

对于半晶型聚合物,Dai 和 Tanner[106]认为只要提高应力-热系数,Brule 公式仍然可以使用,郑荣和 Kennedy[107, 108]用相对结晶度 α 进一步修正了公式中的平衡态热传导率 k_0:

$$\frac{1}{k_0(\alpha, T)} = \frac{\alpha}{k_0^{(s)}(T)} + \frac{1-\alpha}{k_0^{(a)}(T)}$$

6.2.5　注射成型仿真中的数值计算方法

随着计算机技术的发展,数值计算方法取得了长足的进步,传统的有限元、有限差分、有限体积、边界元方法日臻完善,工程应用日益广泛,无网格法、多尺度模拟等新方法也取得了显著进展,并应用于一些实际工程模拟。在塑料成型模拟中有限元、有限体积等传统方法仍然是主要的分析工具。

1. 中面流动分析有限元方法

中面流动问题主要是求解关于压力场的拟拉普拉斯方程。对方程（6..5）分部积分可得压力场的变分方程:

$$\iint_{\Omega} S \nabla p \cdot \nabla q \mathrm{d}\Omega = \dot{Q} \tag{6.80}$$

用有限元离散该变分方程得压力场的代数方程:

$$[K] \cdot \{p\} = \{q\} \tag{6.81}$$

刚度矩阵 $[K]$ 包含黏度 η,而 η 随剪切速率、温度、压力变化,因此方程（6.81）是非线性方程。求出压力 p 后,代入方程（6.2a）、方程（6.3a）求出速度,然后用黏度模型计算新的黏度值并更新刚度矩阵 $[K]$,重新求解方程（6.81）。如此循环,直到压力场、速度场都收敛。由于方程（6.5）是拟拉普拉斯方程,离散后的代数方程（6.81）具有对称、对角占优的特点,因此,数值求解稳定性好,收敛速度快,避免了整体求解需要反复计算、存储 Jacobi 逆矩阵的不足,节约了计算资源,提高了计算效率。

上述过程是在给定温度下求解 Navier-Stokes 方程,但实际成型过程中塑料熔体不断向模具传热，并伴有剪切生热，熔体的温度在不断变化，因此，需要求解热传导方程（6.4）以确定流动过程中的温度变化。

应用有限差分求解热传导方程。先用隐式方法离散对流项 $\dfrac{\partial T}{\partial z}\left(k\dfrac{\partial T}{\partial z}\right)$，再用 "上风" 格式（即只计入 "流入" 单元贡献）离散对流项 $u\dfrac{\partial T}{\partial x}+v\dfrac{\partial T}{\partial y}$，并移至右端项。这样，离散的代数方程同样具有对称、对角占优特征，数值求解收敛性好，稳定性高。

用求解的温度场与之前的温度场进行平均，再用平均后的温度场更新黏度，重新求解 Navier-Stokes 方程。如此循环，直到所有流场均收敛。数值方法涉及两重循环：①内循环，求解 Navier-Stokes 方程；②外循环，温度场求解与黏度计算，由于两重循环均是以对称、对角占优代数方程为基础，数值求解具有很好的收敛性与稳定性，因此被大多数学者及商业软件采用[2, 3, 7-9, 106-108]。

2. 三维流动有限元方法

基于三维流动控制方程（6.6）和方程（6.7）可推导出对应的变分方程

$$\iiint_{\Omega}\nabla\cdot\boldsymbol{u}q\mathrm{d}\Omega=0 \tag{6.82}$$

$$\begin{aligned}&\iiint_{\Omega}\rho\frac{\mathrm{d}\boldsymbol{u}}{\mathrm{d}t}\cdot v\mathrm{d}\Omega+\iiint_{\Omega}\eta(\nabla\boldsymbol{u}+\nabla\boldsymbol{u}^{\mathrm{T}}):\nabla v\mathrm{d}\Omega-\iiint_{\Omega}p\nabla\cdot v\mathrm{d}\Omega\\&=\iiint_{\Omega}\rho\boldsymbol{f}\cdot v\mathrm{d}\Omega+2\iint_{\partial\Omega}\eta\frac{\partial\boldsymbol{u}}{\partial n}\cdot v\mathrm{d}S\end{aligned} \tag{6.83}$$

有限元方法离散变分程（6.82）和方程（6.83）可得关于向量 $\boldsymbol{u}$ 和标量 p 代数方程，求解代数方程得到速度场和压力场。值得注意的是 $\boldsymbol{u}$ 的插值精度一般要比 p 高一阶，以满足 Brezzi-Babuska 条件，保证数值方法的收敛性与稳定性。此外，在中面流动方法中，可以从动量方程直接导出速度的形式解，进而得到关于压力场 p 的拟拉普拉斯方程，但三维方法无法实现，于是曹伟等[109]提出基于变分形式的动量方程（6.83）导出单元内速度场的形式表达式

$$\alpha_P^u\boldsymbol{u}_P+\sum_{N\neq P}\alpha_N^u\boldsymbol{u}_N=\boldsymbol{b}_P^u-\sum_E c_E(\nabla p)_E \tag{6.84}$$

再代入连续方程的变分方程（6.82），整理得

$$\iiint_{\Omega_r}\rho c'\nabla p\cdot\nabla q\mathrm{d}\Omega=\iiint_{\Omega_r}\rho\boldsymbol{b}_P^u\cdot\nabla q\mathrm{d}\Omega \tag{6.85}$$

方程（6.85）是压力场 p 的拟泊松（Poisson）方程的弱形式，离散后同样具有对称、对角占优特性，很好地解决了收敛性与稳定性问题。

将能量方程乘检验函数并分部积分得变分方程：

$$\iiint_{\Omega} \rho C_p \frac{\mathrm{d}T}{\mathrm{d}t} q \mathrm{d}\Omega - \iiint_{\Omega} k \nabla T \cdot \nabla q \mathrm{d}\Omega = -\iint_{\partial\Omega} k \frac{\partial T}{\partial n} \mathrm{d}s + \iiint_{\Omega} \eta \dot{\gamma}^2 q \mathrm{d}\Omega \qquad （6.86）$$

用有限元离散求解该变分方程即可求出温度场。与中面流动方法类似，温度场与黏度是耦合关系，需要迭代求出最终的流场。

三维流场也有其他解法，如耿铁等[110]基于有限元理论提出了全三维温度场的计算模型与数值方法，周华民等[111]结合流线上风/伽辽金方法（streamline-upwind/Petrov-Galerkin，SUPG）和压力稳定/伽辽金方法（pressure-stabilizing/Petrov-Galerkin，PSPG）求解三维流动问题，降低速度场的插值阶数，避免了不稳定的振荡解。

除传统的有限元方法外，赵朋等[112]采用改进的有限体积法对聚合物剪切诱导结晶行为进行了三维数值模拟，花少震等[113, 114]用有限体积法模拟了三维喷射现象，如图 6.6 所示。

100 mm/s(t = 1.85 s)　　　200 mm/s(t = 1.35 s)　　　300 mm/s(t = 0.95 s)

图 **6.6**　不同注射速度下的喷射及蛇形流模拟[114]

3. 黏弹性流动模拟方法

黏弹性流动问题复杂，数值求解方法比较困难，研究人员根据问题的特征提出了很多数值算法。以 UCM 模型求解为例，Brooks 和 Hughes[115]提出了流线上风/伽辽金方法：

$$\left(S + \alpha u \cdot \nabla S, \lambda \overset{\triangledown}{\tau} + \tau - 2\eta D \right) = 0 \qquad （6.87）$$

其中，上风项 $\alpha u \cdot \nabla S$ 中的 α 一般取为 $\alpha = h / U$，h、U 分别为单元的特征长度和特征速度。

在应力变化剧烈的边界层或应力奇点附近，SUPG 方法计算的应力出现振荡现象，为了克服这个缺点，Marchal 和 Crochet[116]提出了流线上风（streamline upwind，SU）方法，即将上风项直接与应力对流项作内积：

$$\left(S, \lambda \overset{\triangledown}{\tau} + \tau - 2\eta D \right) + （\alpha u \cdot \nabla S, u \cdot \nabla \tau） = 0 \qquad （6.88）$$

尽管 SU 方法对大 Weissenberg 数的黏弹性问题都具有好的收敛性，但 Crochet 和 Legat[117]发现 SU 方法对基准问题只有一阶精度，为此，M. Fortin 和 A. Fortin[118]对其进行了改进

$$\left(\boldsymbol{S}, \lambda \overset{\triangledown}{\boldsymbol{\tau}} + \boldsymbol{\tau} - 2\eta\boldsymbol{D}\right) - \sum_{e=1}^{N}\int_{\Gamma_e^{\text{in}}} \boldsymbol{S}:\boldsymbol{u}\cdot\boldsymbol{n}(\boldsymbol{\tau} - \boldsymbol{\tau}^{\text{ext}})\mathrm{d}\Gamma = 0 \qquad (6.89)$$

式中，Γ_e^{in} 为流入单元边界，$\boldsymbol{\tau}^{\text{ext}}$ 为上游单元应力。该方法不需要应力在边界上连续，因此称之为不连续的伽辽金（discontinuous Galerkin，DG）方法。与 SUPG 方法相比，DG 增加了应力在上游单元的边界积分，给标准有限元离散求解带来了不便，Baaijens[119]采用显式/隐式相结合的方法解决了这个问题。

为了保持弱形式动量方程中 $(\nabla\boldsymbol{v}^{\mathrm{T}}, \boldsymbol{D})$ 的椭圆性质，除去方程中黏性项是比较有效的方法，为此引入 $\boldsymbol{\varXi} = \boldsymbol{\tau} - 2\eta\boldsymbol{D}$，本构方程变为

$$\left(\boldsymbol{S}, \lambda\overset{\triangledown}{\boldsymbol{\varXi}} + \boldsymbol{\varXi} - 2\eta\lambda\overset{\triangledown}{\boldsymbol{D}}\right) = 0 \left(\boldsymbol{S}, \lambda\overset{\triangledown}{\boldsymbol{\varXi}} + \boldsymbol{\varXi} - 2\eta\lambda\overset{\triangledown}{\boldsymbol{D}}\right) = 0 \qquad (6.90)$$

这种将黏性、弹性分开计算的方法就是弹黏分裂算法（elastic viscous stress splitting，EVSS）[120, 121]。但 EVSS 对新引入的变量 $\boldsymbol{\varXi}$ 不封闭，另外还需要对剪切速率求导，增加了速度插值阶数，这些问题可以通过分部积分或引入新的权函数加以解决。Guẽnette 和 Fortin[122]进一步修改了 EVSS 算法，他们引入稳定椭圆算子到离散动量方程消除了剪切速率的上随体导数，称之为离散 EVSS（discrete EVSS，DEVSS）方法。Baaijens[123]还将 DEVSS 与 DG 相结合形成 DEVSS/DG 方法。李锡夔等[124]在 DEVSS 算法中加入了压力稳定项，消除了压力振荡现象。

由于有限体积方法具有良好的守恒性，Webster 等[125-127]将其应用于本构方程求解，而连续性方程、动量方程仍用有限元方法计算，形成了混合有限元/有限体积方法。随后，他们修正了有限元法中的应力校正算法[128]。Alves 等[129, 130]建立了迭代求解黏弹性流动问题的隐式方法，先用有限体积法离散本构方程和动量方程，得到节点应力和速度的形式表达式，代入连续方程的变分方程，得到关于压力场的泊松方程弱形式，求出压力场，再用形式表达式计算应力场和速度场，如此循环，直到收敛。曹伟等[131]将这种方法推广到非等温黏弹性流动问题，并提出了双重迭代求解方法，图 6.7 是用该方法模拟的与实验光弹条纹基本一致的第一法向应力差。Isayev 和 Lin[132]提出了结合控制体积、有限元、有限差分求解黏弹性流动问题的方法，有效节省了计算时间。欧阳洁等[133]采用一阶离散对流项、二阶离散扩散项及修正正则化等方法改进求解黏弹性流动问题，提高了模拟精度。

4. 流动前沿追踪方法

流动前沿追踪有拉格朗日（Lagrangian）和欧拉（Eulerian）两类方法。拉格朗日方法只对充填区划分网格，用前端的移动网格代表流动前沿，前沿网格随流体一起移动，而内部网格需要调整或重画以保持良好的网格形态，这类方法一般称为任意边界拉格朗日-欧拉（arbitrary Lagrangian Eulerian，ALE）方法[134]。欧拉方法则将全部区域划分网格，在计算过程中保持不变，用前沿网格充填百分比

$t = 60$ s时第一法向应力差/MPa

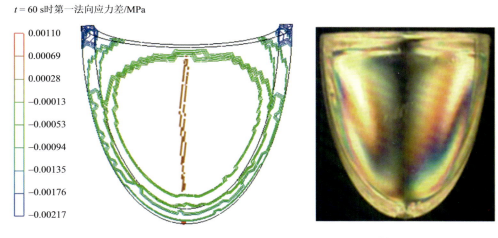

图 6.7　模拟的第一法向应力差与实验光弹条纹对比[131]

表示流动前沿，追踪过程中只需关注该标量的变化，计算简单，称之为固定网格法。拉格朗日法受网格变形及频繁的网格重画限制，应用较少，在少数特殊三维充填模拟偶见应用，而欧拉方法使用较多，商业软件广泛使用该方法。

控制体积方法是 Chiang 等[3]基于网格分析法提出的流动前沿追踪方法。连接三角形中心与三条边中点将三角形按体积（面积×厚度）等分为三部分，将节点周围所有单元的三分之一体积连接形成的多边形即为该节点的控制体积，如图 6.8 所示（箭头表示塑料入口，虚线表示流动前沿）。定义充填因子 f 为熔体充填体积占该控制体积比例，根据充填因子将节点分为三类：①充满节点，$f = 1$；②空节点，$f = 0$；③流动前沿节点，$0 < f < 1$。

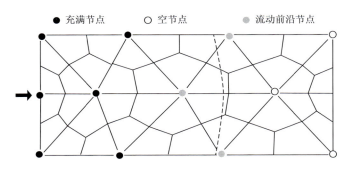

图 6.8　控制体积及其表征的流动前沿示意图

在每一时间步长上计算前沿节点及空节点的体积流率，确定充填体积及充填因子，更新流动前沿及充填区域，开始下一时间步长的流场计算。该方法建立在固定网格上，没有考虑流动前沿的局部变化，因此没有 ALE 方法精确，但只要网格密度适中，还是能够描述流动前沿的位置、形态等特征。

VOF 方法是 Hirt 和 Nichols[135]引进的前沿追踪方法，与控制体积方法类似，VOF 方法也需要求解充填因子 f，但通过求解输运方程确定

$$\frac{\partial f}{\partial t} + \boldsymbol{v} \cdot \nabla f = 0 \tag{6.91}$$

该方法可应用于两相流求解，即假定空节点被另一流体占据，而流动前沿即为两种流体的界面。在两相流计算时，前沿的物理量如密度、黏度等需作加权平均处理。

水平集方法是由 Osher 和 Sethian[136]提出的用于界面演化问题的追踪方法。水平集方法用等值线等直观表征前沿距离，可视化效果好。Dou 等[137]、申长雨等[138]应用该方法模拟了充填流动前沿。

假设 Ω 为计算区域，$\partial \Omega$ 为界面（或前沿），定义符号距离函数：

$$\Phi(x,t=0) = \begin{cases} -\min\left(|x - x_l|\right) & x \in \Omega_{\text{in}} \text{ (充填区域内)} \\ 0 & x \in \partial \Omega \\ \min\left(|x - x_l|\right) & x \in \Omega_{\text{out}} \text{ (充填区域外)} \end{cases} \tag{6.92}$$

这是一个连续函数，并且满足 $|\nabla \Phi| = 1$。用水平集方法表示的流动前沿为 $\Phi = 0$ 的等值线，由于前沿随流体移动，因此距离函数 Φ 满足输运方程

$$\frac{\partial \Phi}{\partial t} + \boldsymbol{v} \cdot \nabla \Phi = 0 \tag{6.93}$$

求解输运方程可以确定下一时刻的流动前沿。但经过多次计算或较大时间步长时计算的 Φ 不满足距离函数的特征，需要重新初始化，初始化函数为

$$\frac{\partial \Phi}{\partial \tau} = \text{sign}(\Phi)\left(1 - |\nabla \Phi|\right) \tag{6.94}$$

选取适当时间步长计算，直到计算达到稳定状态，即 $|\nabla \Phi| = 1$。

5. 喷泉流动现象模拟

受无滑移边界条件及剪切应力影响，注射成型流动前沿以"喷泉"形式向前推进，如图 6.9 所示，箭头表示塑料熔体流动方向，长度表示速度大小。中心处熔体的流速高于前沿，接近前沿时冲破新月型表面向两边偏转以"滚动"形式滑向模壁，并在模壁处形成冷凝层。若以模具边界作为参考框架建立坐标系，则可将上游平行流动流体分为速度为正的核心区和速度为负的表层区，在二者的界面上为速度为零的中性线面。

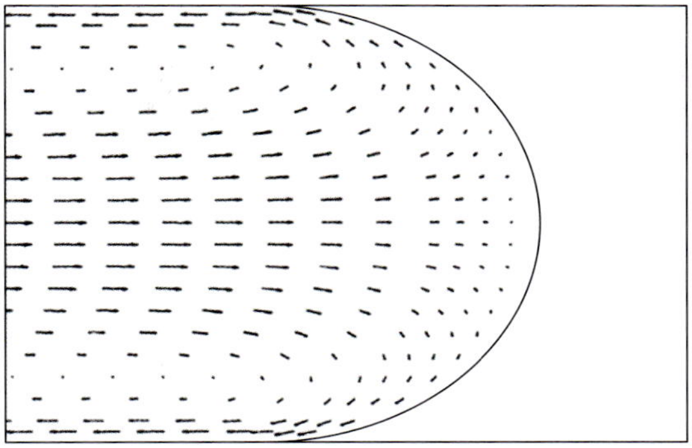

图 **6.9**　喷泉流动示意图

喷泉流动对表层的分子或纤维取向及分布有重要影响，Zheng[139]、Jin[140]、Sato 和 Richardson[141]、Bogaerds[142]、Baltussen[143]、Mitsoulis[144]等学者研究了喷泉流动的理论模型、数值方法及对取向的影响。蒋炳炎等[145]还研究了微流道中流体流动前沿的喷泉流动模拟方法，发现微流体的本构特性对喷泉流动的影响较小。

喷泉流动一般用三维方法才能表征，但通过一些特殊处理也可以用中面流动方法模拟这种现象，如 Dupret 和 Vanderschuren[146]基于 Hele-Shaw 模型用移动表面粒子方法模拟了喷泉流动，Crochet 等[147]还用这种方法预测了分子取向，Yokoi 等[148]、Jong 等[149]用可视化方法研究了喷泉流动效应。

6. 冷却分析的边界元方法

注射成型中塑料熔体热量主要由模具热扩散到空气或冷却介质中，热量在模具内的变化由热传导方程确定

$$\rho C_p \frac{\partial T}{\partial t} = k \nabla^2 T \tag{6.95}$$

边界条件采用传统的第一、二、三类边界条件。

对时间 t 离散后，方程（6.95）可以简化为

$$\nabla^2 T^n(\boldsymbol{r}) - \frac{1}{\alpha_M \Delta t} T^n(\boldsymbol{r}) = -\frac{1}{\alpha_M \Delta t} T^{n-1}(\boldsymbol{r}) \tag{6.96}$$

两边乘以基本函数 $T^*(\boldsymbol{r}, \boldsymbol{r}_0, \Delta t)$，再利用 Green 公式积分得

$$c(\boldsymbol{r}_0) T^n(\boldsymbol{r}_0) + \alpha_M \int_\Gamma \left(T^n(\boldsymbol{r}) \frac{\partial T^*(\boldsymbol{r}, \boldsymbol{r}_0, \Delta t)}{\partial n} - T^*(\boldsymbol{r}, \boldsymbol{r}_0, \Delta t) \frac{\partial T^n(\boldsymbol{r})}{\partial n} \right) \mathrm{d}\Gamma(\boldsymbol{r})$$
$$= -\frac{1}{\Delta t} \int_\Omega T^*(\boldsymbol{r}, \boldsymbol{r}_0, \Delta t) T^{n-1}(\boldsymbol{r}) \mathrm{d}\Omega(r) \tag{6.97}$$

式中，$\boldsymbol{r}_0$ 为载入点，$c(\boldsymbol{r}_0)$满足：

$$c(\boldsymbol{r}_0) = \begin{cases} 0.5 & \boldsymbol{r}_0 \in \varGamma \\ 1 & \boldsymbol{r}_0 \in \varOmega \backslash \varGamma \end{cases} \tag{6.98}$$

$T^*(\boldsymbol{r}, \boldsymbol{r}_0, \Delta t)$ 是以下方程的基本解,

$$\alpha_M \nabla^2 T^*(\boldsymbol{r}) - \frac{1}{\Delta t} T^*(\boldsymbol{r}) = \delta(\boldsymbol{r} - \boldsymbol{r}_0) \tag{6.99}$$

对于三维传热问题,方程(6.99)有解析解:

$$T^*(\boldsymbol{r}) = \frac{(\alpha_M / \Delta t)^{1/4}}{|\boldsymbol{r} - \boldsymbol{r}_0|^{1/2} (2\pi\alpha_M)^{3/2}} K_{1/2}\left(\frac{\boldsymbol{r} - \boldsymbol{r}_0}{(\alpha_M \Delta t)^{1/2}}\right) \tag{6.100}$$

式中,$K_{1/2}(x)$ 是第二类 Bessel 函数,当 $x \to 0$ 时,$K_{1/2}(x) = [\pi / (2x)]^{1/2}$。

薄壁制件的厚度与长度和宽度相比非常小,受 $1/|\boldsymbol{r} - \boldsymbol{r}_0|$ 影响,边界元离散时厚度方向对应节点系数远大于其他节点,导致病态的代数方程,需要对其修正。Rezayat 和 Burton[150]提出将薄壁制件的上下两个面合并为一个中面,将其作为模具的裂缝处理,上、下面的温度场分别记为 T^+、T^-,根据式(6.97)稳态热传导问题的解满足[7, 151],

$$\frac{1}{2}\left(T^+(\boldsymbol{r}_0) + T^-(\boldsymbol{r}_0)\right)$$

$$+ \int_{\varGamma_p} \left\{ \left[T^+(\boldsymbol{r}) - T^-(\boldsymbol{r})\right] \frac{\partial T^*(\boldsymbol{r}, \boldsymbol{r}_0)}{\partial \boldsymbol{n}} - T^*(\boldsymbol{r}, \boldsymbol{r}_0)\left[\frac{\partial T^+(\boldsymbol{r})}{\partial \boldsymbol{n}} + \frac{\partial T^-(\boldsymbol{r})}{\partial \boldsymbol{n}}\right] \right\} \mathrm{d}\varGamma(\boldsymbol{r}) \tag{6.101}$$

$$+ \int_{\varGamma \backslash \varGamma_p} \left(T(\boldsymbol{r}) \frac{\partial T^*(\boldsymbol{r}, \boldsymbol{r}_0)}{\partial \boldsymbol{n}} - T^*(\boldsymbol{r}, \boldsymbol{r}_0) \frac{\partial T(\boldsymbol{r})}{\partial \boldsymbol{n}}\right) \mathrm{d}\varGamma(\boldsymbol{r}) = 0$$

$$\frac{1}{2}\left(\frac{\partial T^+(\boldsymbol{r}_0)}{\partial \boldsymbol{m}} - \frac{\partial T^-(\boldsymbol{r}_0)}{\partial \boldsymbol{m}}\right)$$

$$+ \int_{\varGamma_p} \left\{ \frac{\partial^2 T^*(\boldsymbol{r}, \boldsymbol{r}_0)}{\partial \boldsymbol{n} \partial \boldsymbol{m}}\left[T^+(\boldsymbol{r}) - T^-(\boldsymbol{r})\right] - \frac{\partial T^*(\boldsymbol{r}, \boldsymbol{r}_0)}{\partial \boldsymbol{m}}\left[\frac{\partial T^+(\boldsymbol{r})}{\partial \boldsymbol{n}} + \frac{\partial T^-(\boldsymbol{r})}{\partial \boldsymbol{n}}\right] \right\} \mathrm{d}\varGamma(\boldsymbol{r}) \tag{6.102}$$

$$+ \int_{\varGamma \backslash \varGamma_p} \left(\frac{\partial^2 T^*(\boldsymbol{r}, \boldsymbol{r}_0)}{\partial \boldsymbol{n} \partial \boldsymbol{m}} T(\boldsymbol{r}) - \frac{\partial T^*(\boldsymbol{r}, \boldsymbol{r}_0)}{\partial \boldsymbol{m}} \frac{\partial T(\boldsymbol{r})}{\partial \boldsymbol{n}}\right) \mathrm{d}\varGamma(\boldsymbol{r}) = 0$$

$\boldsymbol{m}$ 为 $\boldsymbol{r}_0$ 处的单位外法向量,$\boldsymbol{n}$ 为外法线向量,若 $\boldsymbol{r}_0$ 为模具外边界 $\varGamma_e$,则只需求解一个方程,

$$T(\boldsymbol{r}_0) + \int_{\varGamma_p} \left\{ \left[T^+(\boldsymbol{r}) - T^-(\boldsymbol{r})\right] \frac{\partial T^*(\boldsymbol{r}, \boldsymbol{r}_0)}{\partial \boldsymbol{n}} - T^*(\boldsymbol{r}, \boldsymbol{r}_0)\left[\frac{\partial T^+(\boldsymbol{r})}{\partial \boldsymbol{n}} + \frac{\partial T^-(\boldsymbol{r})}{\partial \boldsymbol{n}}\right] \right\} \mathrm{d}\varGamma(\boldsymbol{r})$$

$$+ \int_{\varGamma \backslash \varGamma_p} \left(T(\boldsymbol{r}) \frac{\partial T^*(\boldsymbol{r}, \boldsymbol{r}_0)}{\partial \boldsymbol{n}} - T^*(\boldsymbol{r}, \boldsymbol{r}_0) \frac{\partial T(\boldsymbol{r})}{\partial \boldsymbol{n}}\right) \mathrm{d}\varGamma(\boldsymbol{r}) = 0$$

$$\tag{6.103}$$

冷却管道可划分为 N 个一维单元，在第 j 个一维单元轴线上 $\boldsymbol{r}_0$ 处有

$$\int_{l_j}\int_{\Gamma_p}\left\{\left[T^+(\boldsymbol{r})-T^-(\boldsymbol{r})\right]\frac{\partial T^*(\boldsymbol{r},\boldsymbol{r}_0)}{\partial n}-T^*(\boldsymbol{r},\boldsymbol{r}_0)\left[\frac{\partial T^+(\boldsymbol{r})}{\partial n}+\frac{\partial T^-(\boldsymbol{r})}{\partial n}\right]\right\}\mathrm{d}\Gamma(\boldsymbol{r})\mathrm{d}l(\boldsymbol{r}_0)$$

$$+\int_{l_j}\int_{\Gamma_e}\left(T(\boldsymbol{r})\frac{\partial T^*(\boldsymbol{r},\boldsymbol{r}_0)}{\partial n}-T^*(\boldsymbol{r},\boldsymbol{r}_0)\frac{\partial T(\boldsymbol{r})}{\partial n}\right)\mathrm{d}\Gamma(\boldsymbol{r})\mathrm{d}l(\boldsymbol{r}_0)$$

$$+\int_{l_j}\sum_{n=1}^{N}\int_{l_n}\int_0^{2\pi}\left(T(\boldsymbol{r})\frac{\partial T^*(\boldsymbol{r},\boldsymbol{r}_0)}{\partial n}-T^*(\boldsymbol{r},\boldsymbol{r}_0)\frac{\partial T(\boldsymbol{r})}{\partial n}\right)R_j\mathrm{d}\theta\mathrm{d}l(\boldsymbol{r}_0)\mathrm{d}l(\boldsymbol{r})=0$$

$$（6.104）$$

离散上述冷却问题可得温度场的代数方程

$$\frac{1}{2}T_i+\sum_{j=1}^{N_p}\int_{e_j}\frac{\partial T_{ij}^*}{\partial n}\mathrm{d}sT_j+\sum_{j=N_p+1}^{N_p+N_c}\int_{e_j}\left(\frac{\partial T_{ij}^*}{\partial n}+\frac{h_c}{k_M}T_{ij}^*\right)\mathrm{d}sT_j$$

$$+\sum_{j=N_p+N_c+1}^{N}\int_{e_j}\left(\frac{\partial T_{ij}^*}{\partial n}+\frac{h_c}{k_M}T_{ij}^*\right)\mathrm{d}sT_j+\sum_{j=1}^{N_p}\int_{e_j}\frac{h_c}{k_M}T_{ij}^*\mathrm{d}sT_j \qquad （6.105）$$

$$-\sum_{j=N_p+1}^{N_p+N_c}\int_{e_j}\frac{h_c}{k_M}T_{ij}^*\mathrm{d}s(T_b)_j-\sum_{j=N_p+N_c+1}^{N}\int_{e_j}T_{ij}^*\mathrm{d}s\frac{h_c}{k_M}T_a=0$$

代数方程可表示为[7]

$$[A]\{T\}=\{B\} \qquad （6.106）$$

系数矩阵$[A]$是满阵，需要存储的信息多，计算量大，为了简化计算，根据与当前点 $\boldsymbol{r}_0$ 的远近，将 $[A]$ 分为两部分：$[A]=[A_{near}]+[A_{far}]$，由于基本解 $T^*=O\left(|\boldsymbol{r}-\boldsymbol{r}_0|^{-1}\right),\partial T^*/\partial n=O\left(|\boldsymbol{r}-\boldsymbol{r}_0|^{-2}\right)$，因此$[A_{far}]$很小，对计算结果的影响没有 $[A_{near}]$ 显著，可以用前一时间步长结果代替，因此方程（6.106）可以转化为

$$[A_{near}]\{T\}=\{B\}-[A_{far}]\{T\} \qquad （6.107）$$

每次求解时，对右端项中的温度用上一时间步的结果进行赋值，求解未知量显著减少，加快了计算速度，减少了存储资源。

7. 收缩与翘曲变形模拟

塑件脱模后，在模具内积累的热应力和流动诱导应力将使制品产生变形，根据弹性力学理论应力和应变之间满足

$$\sigma_{ij}=C_{ijkl}\varepsilon_{kl}+\sigma_{ij}^0 \qquad （6.108）$$

在每个单元上用有限元离散方程（6.108）可得

$$[K_e]\{d\}=\{R\} \qquad （6.109）$$

在每个节点有 6 个自由度、3 个位移分量(u_1, u_2, u_3)和 3 个挠度分量$(\theta_1, \theta_2, \theta_3)$，组装所有单元即可得到关于变形的代数方程，求解代数方程得到翘曲变形量。

对于双面流动模型，需要保持上下两个面的变形一致，因此，需要通过特殊方法将配对点的变形量有机联系起来，郑荣等[7]提出用变换矩阵将二者一一对应，并应用于 Moldflow 软件。

很多学者用壳单元求解变形问题，壳单元对厚壁平板或壳状制品很有效，但当制品变薄时，结构响应太僵硬，称之为"剪切锁闭"（shear locking），所以中面流动模型常用三角形单元求解翘曲变形问题。

三维翘曲变形求解相对复杂，若用四面体的一阶插值离散应力-应变方程（6.108），在形态比较大的单元将出现"剪切锁闭"现象，而对于薄壁制品这种情况难以避免。范西俊等[152]提出用杂交单元求解三维变形问题，即厚壁区域用 4 节点四面体单元离散，在薄壁区域用 10 节点四面体单元离散，而在二者的过渡区域用 5～9 节点四面体单元离散。

8. 充填流动的无网格法

无网格法是近几十年研究比较热门的一种新型数值方法，它不需要对求解区域划分网格，只需要在求解域中布置一些节点即可求解[153]。由于网格对于大变形的限制，基于欧拉或 ALE 描述的注射成型充填流动模拟的有限元法难以实现拉格朗日模拟，而无网格法则没有这种限制。无网格法种类很多，从早期的光滑粒子动力学（SPH）方法逐渐发展出无单元伽辽金（EFG）法、有限点（FPM）法、径向基函数无网格（RPIM）法和无网格局部 Petrov-Galerkin（MLPG）法。一些模拟注射成型充填流动的无网格法和经典有限元一样求解等效积分弱形式的控制方程，并结合欧拉描述追踪流动前沿[154, 155]。而更多的无网格法是纯拉格朗日描述，使用随体坐标更容易追踪一个拉格朗日流体微团上各个物理量的变化，实现物性追踪[156, 157]，对于大变形问题及自由面追踪有天然的优势，因此，很多学者将其应用于注射成型模拟。范西俊等[158]将 Moldflow 中的塑料熔体参数用于 SPH 模拟，用隐式积分方法模拟了二维锥形浇口充填开始阶段的熔体流动。蒋涛等[159]采用改进 SPH 模拟非牛顿黏性流动问题，预测了环形腔和 C 形腔中非等温非牛顿黏性流体充填流动行为。许晓阳等[160]使用改进的 SPH 算法模拟了环形、F 形、N 形腔的非等温充填流动。此外，还有学者将无网格方法应用于纤维复合材料成型模拟。Yashiro 等[161]在二维注射成型充填模拟中将短纤维填充物视为刚性短棒，用无网格方法模拟了短纤维增强注射成型充填流动和纤维分布，模拟结果和 CT 扫描结果吻合良好。He 等[162]用类似的方法模拟了三维短纤维注射成型充填流动和纤维分布，如图 6.10 所示。与有限元法相比，用于注射成型充填流动模拟的无网格方法存在着计算量大、数值稳定性差、算法通用性低、缺少保压冷却阶段模拟等问题，亟待更深入的研究和发展。

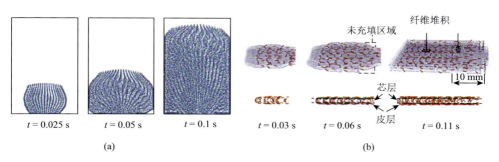

图 6.10　SPH 方法模拟的充填流动[162]

（a）无纤维增强，（b）有纤维增强

注射成型-模具结构一体化分析

当前，注射成型 CAE 技术的研究主要针对塑件成型过程，并不考虑成型过程中压力、温度等物理场对模具结构变形的影响。模具设计人员往往采用经验公式来对模具的刚度进行校核。随着人们对制品质量和精度的要求越来越高，利用 CAE 技术开展塑件成型与模具结构一体化分析已必不可少。特别是对于大型、尺寸要求精密的塑件，成型过程中模具在注射压力和热应力的共同作用下，如果刚度不足，型腔会产生弹性变形，这种变形会随着塑件在模内的冷却部分或全部消失，进而可能导致脱模困难甚至胀模，影响塑件产品质量和模具使用寿命。目前，开展塑件成型与模具结构一体化分析的主要困难集中在以下两方面[163]：一是成型分析与结构分析分属不同的求解器，采用相互独立的网格，没有统一的网格数据接口，造成二者的分析结果数据无法交互；二是当前商业化的注射成型 CAE 软件并不提供详细的压力场和温度场数据文件。

针对上述问题，首先介绍基于 ANSYS 参数化设计语言（APDL）的统一网格生成方法，即实现成型分析与结构分析在互为边界上的网格节点一一对应的网格。然后，以自主研发的注射成型仿真系统为基础，针对某型号航天产品的研发，重点介绍注射过程成型压力、热应力共同作用下的模具结构一体化分析方法。分析结果为模具的最终尺寸设计和刚度校核提供了重要指导，保证了产品的顺利成型与尺寸精度。相对于工程技术人员仅靠经验公式校核模具刚度，一体化分析的结果更准确、真实，对模具的设计和刚度校核更具有实践指导意义。

6.3.1　统一网格生成技术

注射成型分析不管所采用的是三角形单元还是四面体单元，在塑件网格表面所呈现的均是三角形，成型分析到结构分析的数据传输也只需要把这些表面三角形单元上的结果传到结构分析所对应位置上的单元即可，因此只需要建立起塑件表面三角形单元和节点与模具型腔、型芯表面三角形单元和节点的一一对应关系即可。根据该思路，首先对模具开展四面体网格划分，那么在模具型腔或型芯表面所呈现出的就是三角形网格，把这层表面网格提取出来即为塑件的表面三角形网格，提取过程见图 6.11。提取的网格即为成型分析所需要的表面网格，可直接进行表面模拟分析。如果需要开展实体模拟，只需要在该表面网格的基础上利用注射成型软件继续生成实体网格即可。对于几何形状不是很复杂的塑件，可以提取型芯或型腔的表面网格并赋予厚度作为塑件的中面网格来开展中面模拟。

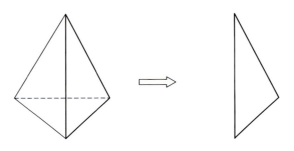

图 6.11   表面三角形网格的提取

因此，可以将统一网格定义为：两种或多种 CAE 分析在互为边界上的网格具有相同或关联单元信息、能确定一一对应关系的网格[164]。

基于 APDL 的统一网格生成方法，步骤如下：

第一步，在 ANSYS 中导入塑件的 CAD 模型，初步确定模具的尺寸并生成模具的 CAD 模型，由布尔运算在模具 CAD 模型上生成型芯或型腔。

第二步，利用面选择（ASEL）、体选择（VSEL）等 APDL 命令识别型芯或型腔的表面，这是关键点之一，表面的正确识别直接关系着塑件网格的正确与否，并且对于结构复杂的塑件通过鼠标来识别表面几乎是不可完成的任务。

第三步，在已识别并选取的表面上划分三角形网格，利用 CDWRITE 命令把网格保存为 ANS 格式的数据文件，提供给成型分析使用。

第四步，在已经生成型腔、型芯表面三角形网格基础上，映射生成模具三维实体网格，提供模具结构分析使用，然后删除表面网格。

上述过程如图 6.12 所示，整个过程需要利用 APDL 参数化语言辅助完成，但相对于使用模流软件划分中面网格要简洁许多，模流软件基于塑件 CAD 模型剖分网格往往需要耗费数小时乃至更长的时间。所以本方法具有很强的应用价值。

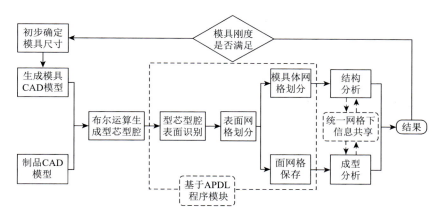

图 6.12　基于统一网格的一体化分析

例如，以具有一定几何复杂度的法兰盘为例给出统一网格的生成及数据的无缝输入方法，如图 6.13 所示，法兰盘外环直径为 120 mm、厚度为 13 mm。

首先，将 CAD 软件生成的法兰三维模型［图 6.13（a）］以 IGS 的格式导入 ANSYS，并由布尔运算生成模具型腔的 CAD 模型［图 6.13（b）］，这里初步确定模具尺寸为 180 mm×180 mm×60 mm；选取 shell63 作为型腔面网格单元、solid45 作为模具体网格单元；接着，使用 APDL 参数化命令识别型腔内表面，并划分网格，如图 6.13（c）所示；然后利用 CDWRITE 命令将面网格以 ANS 格式保存，并导入成型分析软件，如图 6.13（d）所示；最后根据面网格映射生成模具的体网格，如图 6.13（e）所示。由图 6.13（d）和（e），可以发现成型分析网格

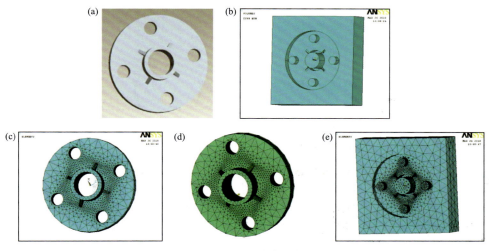

图 6.13　统一网格生成实例

（a）法兰 CAD 模型；（b）型腔 CAD 模型；（c）型腔面网格；（d）导入后模流分析的表面网格；（e）型腔体网格

和型腔表面网格单元的分布是完全一致的，单元节点的内部编号也是完全一样的，因此数据的传递问题也就迎刃而解，这就是统一网格所具有的显著特征。

6.3.2 注射与模具结构一体化分析

对于注射成型模具，影响其精度的因素主要体现在以下方面：模具的制造误差，模具的磨损，以及模具在注射压力、热应力作用下的变形。其中注射压力和引起热应力的温度分别源于成型过程中聚合物熔体对模具的压力传递和温度传导。因此，开展一体化分析首先需要进行成型分析，然后将注射压力作为载荷加载开展模具结构分析，以及将成型过程的冷却分析结果以边界条件加载开展热力分析。

1. 一体化分析网格

基于中面的注射成型充模过程模拟和模具结构分析分别采用二维三角形与三维四面体网格，且相互独立，数据无法共享，因此在注射成型与模具结构一体化分析前，要建立统一网格，以实现两种分析结果数据可通过节点顺利进行交互。如图 6.14（a）所示，某型号航天产品直径为 300 mm，厚度为 2.5 mm，该产品是典型的薄壁制品适合进行中面模拟，因此把该产品的 CAD 模型进一步简化为中面 CAD 模型导入 ANSYS。根据产品的尺寸初步设计凹模的尺寸为 460 mm×460 mm×210 mm，布尔运算生成型腔，选用 shell63 单元划分表面网格，如图 6.14（b）所示，保存后导入成型分析系统［图 6.14（c）］。分别选用 solid45

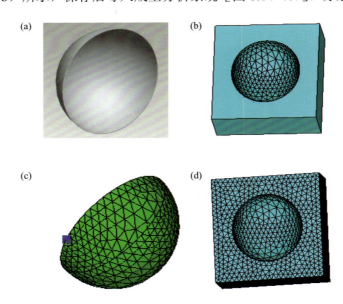

图 6.14　CAD 和 FEM 模型

（a）CAD 模型；（b）型腔面上的网格；（c）成型分析中面网格；（d）模具体网格

和 solid70 基于表面网格映射生成三维实体网格，见图 6.14（d）。对比图 6.14（c）和图 6.14（d），在互为边界上的网格单元分布是完全一样的，单元节点的内部编号也是完全一样的，因此数据的传递问题也就迎刃而解。这里需要指出，如果产品是非典型的薄壁制品适合进行表面或实体模拟，那么就不需要简化产品的 CAD 模型，直接生成表面或实体的统一网格来开展模拟仿真。

2. 注射成型分析

成型分析采用自主研发的"注射成型过程模拟仿真系统"（Z-Mold），该系统目前已发展完善了基于中面、表面和实体模型的模拟仿真。本算例采用中面模型开展模拟工作。工艺参数设置为：熔体温度 300℃，注射时间 2 s，由流率到压力（V/P）控制时刻设置为充填体积达到 98%，保压时间 20 s，冷却时间 25 s。材料选用光学级 PC，为避免产生熔接线，以保证制品的表面光滑和透光性，采用单浇口边缘注射。V/P 转换时刻的压力分布和稳态条件下的型腔表面温度分布分别如图 6.15 和图 6.16 所示。一般情况下，V/P 转换时刻注射压力达到最大，模具所承受压力的非均匀性也达到最大，因此选取该时刻的压力分布作为模具结构分析的载荷之一。同时将图 6.16 所示的温度分布以第一类边界条件加载到模具开展热力分析。

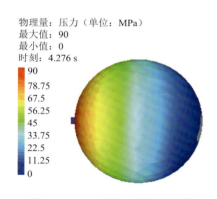

物理量：压力（单位：MPa）
最大值：90
最小值：0
时刻：4.276 s

| 90 |
| 78.75 |
| 67.5 |
| 56.25 |
| 45 |
| 33.75 |
| 22.5 |
| 11.25 |
| 0 |

图 6.15　V/P 转换时刻压力分析

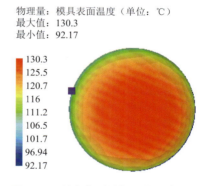

物理量：模具表面温度（单位：℃）
最大值：130.3
最小值：92.17

| 130.3 |
| 125.5 |
| 120.7 |
| 116 |
| 111.2 |
| 106.5 |
| 101.7 |
| 96.94 |
| 92.17 |

图 6.16　型腔表面周期平均温度分布

3. 注射压力作用下模具变形分析

以 ANSYS 为平台开展分析。约束与载荷设置：与定模板接触的表面完全约束，基于统一网格和 APDL 命令将图 6.15 所示的压力完全地加载到型腔表面。分别采用两种模具设计方案开展注射压力作用下的变形分析，分析结果分别见图 6.17、图 6.18 和表 6.1，最大变形均在浇口附近。

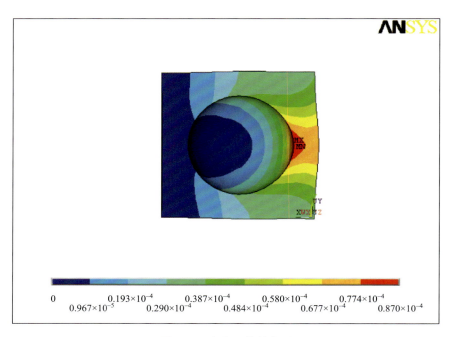

图 6.17 方案 1 模具变形

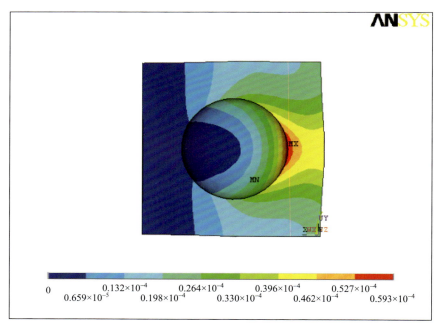

图 6.18 方案 2 模具总变形

表 6.1　不同设计方案的模具变形量

	模具尺寸/mm	模具材料	物性参数	最大变形量/mm
方案 1	460×460×210	45#钢	$E=2.03\times10^{11}\,\text{Pa}$ $\nu=0.29$	0.087
方案 2	540×540×210	一胜百特种钢	$E=2.20\times10^{11}\,\text{Pa}$ $\nu=0.3$	0.0594

　　注射压力作用下模具变形的主要原因为：压力常会引起模具的不均匀变形（图 6.17 和图 6.18），在分型面上产生空隙，进而导致溢料的产生。不同黏度的高聚物材料所允许的最大模具压力变形也不尽相同，对于高黏度的 PC 材料所允许的最大变形范围为 0.06 mm。显然方案 1 的设计并不能满足要求，势必会在浇口附近溢料。因此实际成型中采用了方案 2 的设计并选用具有高抛光性、适宜成型透镜制品的一胜百特种钢，将模具非均匀变形量控制在许可范围内，结果如表 6.1 所示。

4. 热应力与注射压力共同作用下模具变形分析

　　基于方案 2 的设计，首先开展模具温度场的稳态求解。参数设置：热传导系数 43 W/(m·K)，比热容 389 J/(kg·K)，密度 8830 kg/m³，热膨胀系数 $1.2\times10^{5}\,℃^{-1}$，对流换热系数 50 W/(m²·℃)，环境温度 25℃。通过统一网格和 APDL 命令将图 6.16 所示的温度分布以第一类边界条件加载到模具型腔表面，与空气接触的部分设置为第三类边界条件。温度场计算结果如图 6.19 所示。图 6.20 为热应力作用下的模具变形分布，变形最大值为 0.324 mm，远大于压力引起的模具变形，但是分布比较均匀，不会导致分型面上产生缝隙进而溢料。只要在模具加工前能充分地预测出这种均匀变形的大小，就可以在模具型腔的加工尺寸上采用补偿技术予以考虑。实际上这种变形是温度引起的模具膨胀，只要有效地控制模具温度分布的均匀性，就可保证这种变形分布的均匀。

　　图 6.21 为模具在注射压力和温度共同作用下的变形分布，由于压力的非均匀分布，模具的总变形也趋于非均匀分布。因此，由以上模拟分析可以得出，从模具的设计角度考虑，通过一体化分析校核注射压力作用下模具的刚度可以有效地避免溢料和壁厚不均的产生，而对模具温度的预测和控制是保证塑件成型尺寸的有效途径之一。

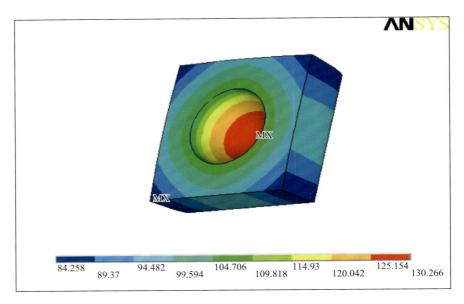

图 **6.19**　模具温度分布

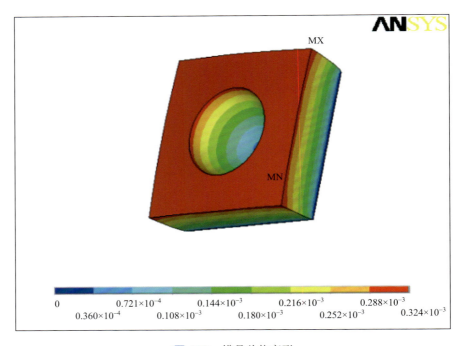

图 **6.20**　模具总热变形

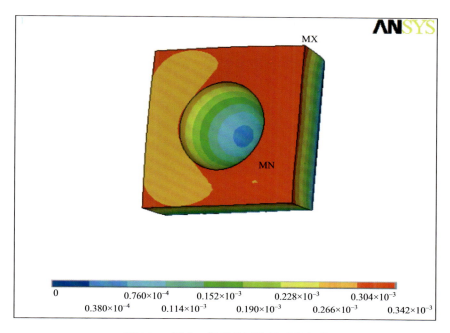

图 **6.21**　压力、温度共同作用下总变形

6.4　注射成型-制品结构联合仿真

　　注塑制品的生产是一个"宏观成型""微观成性"过程，成型过程基本是一个流体动力学问题，而制品的性能预测是一个结构（固体）力学问题，如何有机地把两个仿真技术联合起来，仍是一个需要解决的问题。下面基于注射 CAE 软件和结构分析软件，介绍统一网格单元和非统一网格单元数据快速匹配方法，以实现注塑模流-热-结构联合仿真。

　　注射成型过程对制品结构行为的影响，从宏观上讲，是由模具及冷却结构、制品结构、注射温度、时间、压力等因素形成的制品温度分布和应力分布决定的，即由注塑的热机历史决定。同时，高分子注射成型过程是典型的剪切占主导的熔体流动，而用于注射成型的绝大部分聚合物熔体在剪切应力作用下表现为非牛顿假塑性流体特征，因此剪切流场诱导的高分子链/纤维取向、剪切变稀、剪切生热以及剪切诱导结晶等一系列宏微观变化，也是影响制品宏观结构行为的重要因素。具体来讲，温度的不均匀性会引起制品不均匀收缩而产生内应力，导致诸如凹陷、表面银纹、翘曲等质量缺陷。因高分子的黏弹性特征，制品内部产生应力的同时，还伴随着高分子链的应力松弛/蠕变效应，且应力松弛行为与温度、时间以及高分子的取向状态密切相关。应力的产生与松弛的相互耦合，使制品内应力分布及预测复杂化，准确预测翘曲变形变得非常困难。也许是考虑到问题的复杂性，当前的 CAE 软件基本上都是趋于保守地采用弹性模型来计算制品应力，这也是当前软件预测的翘曲变形量比实际偏大的主要原因之一。

并且，注塑流场、热场诱导的不同层次高分子结构与物理状态，除了决定着制品应力分布和翘曲变形，还直接影响着制品使役中的结构行为。例如对于激光雷达罩、相机镜片、航天面窗等光学制品，其面型精度、应力分布、密度分布直接影响着成像角偏差、折射率分布等，甚至导致严重的光畸变等缺陷。因此，要准确地预测注塑制品的结构行为，需要建立起注射成型热机历史与结构行为的联合仿真方法。

6.4.1　注塑模流-热-结构联合仿真方法

注塑制品的成型工艺过程包含熔体充填、保压、冷却三个主要阶段，其间伴随着复杂的热、力作用和物理相态变化，并直接决定着制品的成型质量。充填阶段从向模具内注入塑料熔体开始，到模具型腔内充填到 90%～95%为止，该阶段以宏观流动和传热控制为主，特点是快速流动，旨在使塑料熔体快速充填到模具型腔内；随后进入保压阶段，即充填塑料熔体直到充满模具型腔、浇口固化封口为止，该阶段以压力控制为主，充填速度较为缓慢，旨在使塑料熔体充满整个模具型腔，并在熔体冷却收缩时及时补充、压实材料；最后进入冷却阶段，直到制品冷凝固化到具有一定刚性、温度降至合理的范围内为止。

由于注射成型在封闭的模具内完成，当制品出现质量缺陷时，就需要对模具进行修改，这通常是一个不断反复的过程，不但造成物力、人力和财力的浪费，同时也极大地限制了生产效率的提高。为了避免这一问题，工程应用中多采用计算机辅助工程（computer aided engineering，CAE）技术，在模具、制品设计阶段，通过 CAE 模拟对制品的成型过程进行模拟预测，及时发现问题并修改设计方案。因此，在现代设计制造技术中，CAE 已成为一种不可或缺的辅助工具。

模流分析和结构分析的目标是为优化产品设计方案提供理论依据，通过优化设计方案，改善产品的结构、提高产品的质量和力学性能等。虽然两种分析在形式上是相互独立的，但二者本质上又存在必然联系，例如模流分析的计算时间是从模具型腔内注入塑料熔体开始到开模为止，开模后制品在内应力作用下产生翘曲变形，变形后的制品会在内部形成新的应力分布，即制品残余应力，而残余应力则需要作为制品使役条件下结构分析的初始应力。

更重要的是，目前的模流分析软件在模拟制品出模后至室温阶段的变形时，一般基于线弹性假设，一个时间步计算到室温，而不考虑制品出模后冷却过程中的应力松弛、冷却效率变化等因素，这导致目前模流分析的翘曲变形预测普遍不准确。而事实上，聚合物在固化温度以下通常还表现出弹塑性特征，随着温度降低形成热应力的同时，还伴随着高分子链的应力松弛/蠕变效应，且应力松弛行为与温度、时间以及高分子的取向状态密切相关。因此，如要可靠地预测制品出模后变形行为以及使役过程中的结构行为，制品在应力状态下的应力松弛/蠕变效应必须考虑。

1. 注塑制件应力-应变模型

脱模后的瞬间，约束制品模内不变形的模具外力释放，制品在内应力的作用下产生翘曲变形，并在制品内形成初始残余应力 σ_0 和初始应变 ε_0。那么经过一个时间步 Δt、温度变化 ΔT 并考虑蠕变时，制品内的应变则为

$$\varepsilon = \varepsilon_0 + \varepsilon_h - \varepsilon_p \tag{6.110}$$

式中，ε_p 和 ε_h 分别为时间步 Δt 内产生的蠕变和热应变。此时，则可通过 ε 得到新的应力分布来计算制品在时间步 Δt 内的变形量，进而得到新的制品残余应力分布。依次类推，即可通过多时间步、多载荷步的方法，实现对制品出模后至室温阶段变形行为的可靠预测。那么对于任意时间步，应变计算公式为

$$\varepsilon^{n+1} = \varepsilon_0^n + \varepsilon_h^{n+1} - \varepsilon_p^{n+1} \tag{6.111}$$

而热应变和蠕变则可通过如下公式计算：

$$\varepsilon_h^{n+1} = \varepsilon_h^n + \alpha(T^{n+1})(T^{n+1} - T^n) \tag{6.112}$$

$$\varepsilon_p^{n+1} = \begin{cases} \varepsilon_p^n + \dfrac{\sigma^n \Delta t}{\mu(T^n)} & \sigma^n > 0 \\ \varepsilon_p^n & \sigma^n \leqslant 0 \end{cases} \tag{6.113}$$

式中，α 为聚合物热膨胀系数，是温度的函数；μ 为粘壶系数，同样是温度的函数。从式（6.113）可发现，当聚合物受拉应力时产生新的蠕变，而受压应力时没有新的蠕变产生。根据上述应力-应变计算方法，可通过结构分析软件的多载荷步来实现制品出模后至室温阶段变形行为模拟。同时，制品冷却至室温后的最终变形状态时所形成的残余应力，则成为服役过程中制品结构分析时的初始应力。因此，如何将模流分析和结构分析进行集成，将模流分析的结果作为初始载荷条件引入结构分析形成联合分析一直以来都是该专业领域研究的重要课题。

2. 联合仿真技术路线

目前，注塑模流分析和制品结构行为分析分属不同的求解器，前者有 Moldflow、Modellx 和自主开发的 Z-Mold 等，而主流的结构分析软件有 ANSYS 和 Abaqus 等。要实现注塑模流-热-结构的联合仿真，需要解决两个问题：一是上述考虑蠕变的应力-应变模型程序化，这可通过参数化语言自编程来实现；二是模流与结构分析的网格匹配与数据共享问题。

随着技术的进步和计算机水平的提高，目前的模流、结构分析软件初步具备

了软件间数据传递和转换的功能，为开展集成分析创造了条件，但功能相对较弱，难以满足工程实际需求，需要进行二次开发。为此提出了一种模流-热-结构的联合仿真分析方法，该方法一方面保持了两种分析的相互独立性，即它们的建模分析是相互独立的，可以采用不同类型的单元；另一方面可以在两个分析的单元之间进行精确的数据传递和转换，有利于提高结构分析的精度。

模流分析模型通常是单制件模型，分析对象为注塑件本身，而结构分析模型通常是多制件模型，分析对象除注塑件之外，还有其他非注塑件的装配体，这些制件之间存在复杂的接触、约束关系。针对这一现象，联合仿真分析方法可分为两个方案，一是统一网格方案，二是自由网格（非统一网格）方案。在统一网格方案中，模流、结构分析模型采用相同的网格，两个模型中的单元是一一对应的，相应地，单元之间的数据传递和转换也是一一映射，该方案适用于结构分析模型为单制件模型；而在自由网格方案中，两种分析的网格是各自独立的，网格的数量、尺寸不一定相同，因而单元之间的数据映射关系是一对多或多对一的关系，该方案适用于结构分析模型为多制件模型。如考虑通过联合仿真多载荷步的方法来更可靠地预测制品出模后的结构行为，为了避免网格不一致等因素引入误差，可采用统一网格方案。

基于统一网格的模流-结构联合仿真技术路线如图 6.22 所示。首先针对分析对象划分模流分析需要的网格，设置成型参数开展充填、保压、冷却等模流分析，然后将模流分析模型及开模时温度、应力结果以及单元刚度参数导出，接着采用自主开发的模流-结构分析接口转换器（Interface for Unified Mesh，Interface for UM），将矢量场参数变换为结构分析软件定义的坐标系下后，将矢量场参数和标

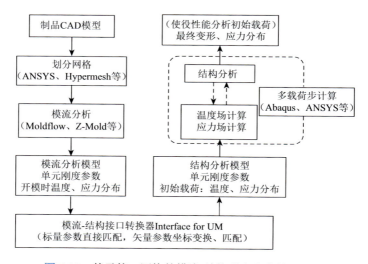

图 6.22　基于统一网格的模流-结构联合仿真技术路线

量场参数作为初始载荷导入结构分析软件，开展注塑制件从开模温度到室温的多时间步瞬态温度场计算和多载荷步的制品变形与应力分析。最后得到室温自由状态下制品变形和应力分布，而该分布则为制品使役过程中性能分析的初始载荷。最后需要指出的是，网格划分通常可采用 ANSYS、Hypermesh，可更好地调控网格质量、数量，并便于网格局部加密、尺寸过渡等控制，从而保障一体化网格更有利于结构分析。

6.4.2　联合仿真数据转换与匹配

　　模流-热-结构联合仿真分析的核心问题是将模流分析得到的单元节点温度、单元内部热残余应力等参数传递到结构分析单元。为了在结构分析中充分利用模流分析提供的基础数据，提高结构分析的精度，这里采用统一网格技术，即模流、结构采用的单元除了分析类型不同外，其他方面如单元形状、尺寸、空间位置等完全相同，因而模流分析提供的单元、节点基础数据可以一一映射到结构单元上，全部用于结构分析，统一网格生成方法详见 6.3.1 节。

　　对于各类 CAE 软件分析给出的矢量数据，均是在软件自身定义的单元坐标系下给出的，不同的软件定义的单元坐标系可能不同，因此矢量数据在不同软件间输入输出需要进行坐标变换。模流分析传递到结构分析的参数通常包括单元的材料刚度参数、单元节点温度和单元内热残余应力等。单元节点温度是标量，因而无需转换，而材料刚度参数和热应力参数因具有方向性，所以需要进行转换。这里以 Moldflow 和 Abaqus 为例，分别说明其单元坐标系定义方法的不同之处，如图 6.23 所示，Moldflow 中面模型只接受三角形单元，组成单元的三个节点依次为 i、j、k，单元坐标系的 x 轴平行于 i、j 两节点组成的边，方向由 i 指向 j，z 轴与单元面法向平行，然后依据右手法则确定 y 轴方向。而在 Abaqus 中，单元坐标系的 x 轴是全局坐标系的 x 轴在单元面上的投影，不一定平行于 ij 边，z 轴与单元面法向平行，然后依据右手法则确定 y 轴方向。

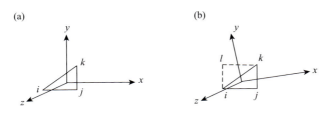

图 **6.23**　单元坐标系定义

（a）Moldflow；（b）Abaqus

按照矢量场理论，对于任一矢量 $\boldsymbol{R}$，它在原坐标系中的分量为 x_1、x_2、x_3，在新坐标系为 x'_1、x'_2、x'_3（图 6.24）。

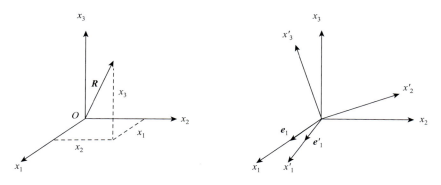

图 6.24 新旧坐标轴间的方向余弦

原坐标系与新坐标系中的任意两个坐标轴之间的方向余弦为

$$\alpha_{ij} = \cos(x'_i, x_j) = \boldsymbol{e}'_i \cdot \boldsymbol{e}_i \tag{6.114}$$

因此有

$$\boldsymbol{R} = R_i \boldsymbol{e}_i = R'_i \boldsymbol{e}'_i \tag{6.115}$$

在直角坐标系下，

$$\boldsymbol{R} = x_i \boldsymbol{e}_i = x'_i \boldsymbol{e}'_i \tag{6.116}$$

对于 $\boldsymbol{R}$ 中的任一分量有

$$\begin{cases} x'_i = \boldsymbol{R} \cdot \boldsymbol{e}'_i \\ x'_i = \boldsymbol{R} \cdot \boldsymbol{e}_i \end{cases} \tag{6.117}$$

因而可得

$$\begin{bmatrix} x'_1 \\ x'_2 \\ x'_3 \end{bmatrix} = \begin{bmatrix} \alpha_{11} & \alpha_{12} & \alpha_{13} \\ \alpha_{21} & \alpha_{22} & \alpha_{23} \\ \alpha_{31} & \alpha_{32} & \alpha_{33} \end{bmatrix} \begin{bmatrix} x_1 \\ x_2 \\ x_3 \end{bmatrix} \quad 或 \quad \boldsymbol{x}' = \boldsymbol{T}\boldsymbol{x} \tag{6.118}$$

其逆关系为

$$\begin{bmatrix} x_1 \\ x_2 \\ x_3 \end{bmatrix} = \begin{bmatrix} \alpha_{11} & \alpha_{21} & \alpha_{31} \\ \alpha_{12} & \alpha_{22} & \alpha_{32} \\ \alpha_{13} & \alpha_{23} & \alpha_{33} \end{bmatrix} \begin{bmatrix} x'_1 \\ x'_2 \\ x'_3 \end{bmatrix} \quad 或 \quad \boldsymbol{x} = \boldsymbol{T}^{-1}\boldsymbol{x}' \tag{6.119}$$

其中 $\boldsymbol{T} = \begin{bmatrix} \alpha_{11} & \alpha_{12} & \alpha_{13} \\ \alpha_{21} & \alpha_{22} & \alpha_{23} \\ \alpha_{31} & \alpha_{32} & \alpha_{33} \end{bmatrix} = \begin{bmatrix} l_1 & m_1 & n_1 \\ l_2 & m_2 & n_2 \\ l_3 & m_3 & n_3 \end{bmatrix}$

对于二阶张量，在不同坐标系下的表达式为

$$\boldsymbol{A} = A_{ij}\boldsymbol{e}_i\boldsymbol{e}_j = A'_{ij}\boldsymbol{e}'_i\boldsymbol{e}'_j \tag{6.120}$$

其坐标变换公式为

$$\begin{cases} A'_{ij} = \boldsymbol{e}'_i \cdot \boldsymbol{A} \cdot \boldsymbol{e}'_j & \text{或} & \boldsymbol{A}' = \boldsymbol{T}\boldsymbol{A}\boldsymbol{T}^{\mathrm{T}} \\ A_{ij} = \boldsymbol{e}_i \cdot \boldsymbol{A} \cdot \boldsymbol{e}_j & \text{或} & \boldsymbol{A} = \boldsymbol{T}^{\mathrm{T}}\boldsymbol{A}'\boldsymbol{T} \end{cases} \tag{6.121}$$

应力是一个二阶张量，假设它在新、旧坐标系下的表达式如下

$$\boldsymbol{\sigma} = \sigma_{ij}\boldsymbol{e}_i\boldsymbol{e}_i = \begin{bmatrix} \sigma_{11} & \tau_{12} & \tau_{13} \\ \tau_{21} & \sigma_{22} & \tau_{23} \\ \tau_{31} & \tau_{32} & \sigma_{33} \end{bmatrix} \tag{6.122}$$

$$\boldsymbol{\sigma}' = \sigma'_{ij}\boldsymbol{e}'_i\boldsymbol{e}'_i = \begin{bmatrix} \sigma'_{11} & \tau'_{12} & \tau'_{13} \\ \tau'_{21} & \sigma'_{22} & \tau'_{23} \\ \tau'_{31} & \tau_{32} & \sigma'_{33} \end{bmatrix} \tag{6.123}$$

根据式（6.121）有

$$\begin{cases} \boldsymbol{\sigma}' = \overline{\boldsymbol{T}}\boldsymbol{\sigma} \\ \boldsymbol{\sigma} = \overline{\boldsymbol{T}}^{-1}\boldsymbol{\sigma}' \end{cases} \tag{6.124}$$

其中

$$\boldsymbol{\sigma}' = \begin{bmatrix} \sigma'_1 & \sigma'_2 & \sigma'_3 & \sigma'_4 & \sigma'_5 & \sigma'_6 \end{bmatrix}^{\mathrm{T}} = \begin{bmatrix} \sigma'_{11} & \sigma'_{22} & \sigma'_{33} & \tau'_{12} & \tau'_{23} & \tau'_{31} \end{bmatrix}^{\mathrm{T}}$$

$$\boldsymbol{\sigma} = \begin{bmatrix} \sigma_1 & \sigma_2 & \sigma_3 & \sigma_4 & \sigma_5 & \sigma_6 \end{bmatrix}^{\mathrm{T}} = \begin{bmatrix} \sigma_{11} & \sigma_{22} & \sigma_{33} & \tau_{12} & \tau_{23} & \tau_{31} \end{bmatrix}^{\mathrm{T}}$$

$$\overline{\boldsymbol{T}} = \begin{bmatrix} l_1^2 & m_1^2 & n_1^2 & 2l_1m_1 & 2m_1n_1 & 2l_1n_1 \\ l_2^2 & m_2^2 & n_2^2 & 2l_2m_2 & 2m_2n_2 & 2l_2n_2 \\ l_3^2 & m_3^2 & n_3^2 & 2l_3m_3 & 2m_3n_3 & 2l_3n_3 \\ l_1l_2 & m_1m_2 & n_1n_2 & l_1m_2+l_2m_1 & m_1n_2+m_2n_1 & n_2l_1+n_1l_2 \\ l_2l_3 & m_2m_3 & n_2n_3 & l_2m_3+l_3m_2 & m_2n_3+m_3n_2 & n_2l_3+n_3l_2 \\ l_1l_3 & m_1m_3 & n_1n_3 & l_1m_3+l_3m_1 & m_1n_3+m_3n_1 & n_1l_3+n_3l_1 \end{bmatrix}$$

同理，对于应变有

$$\begin{aligned} \boldsymbol{\varepsilon}' &= (\overline{\boldsymbol{T}}^{-1})^{\mathrm{T}}\boldsymbol{\varepsilon} \\ \boldsymbol{\varepsilon} &= (\overline{\boldsymbol{T}})^{\mathrm{T}}\boldsymbol{\varepsilon}' \end{aligned} \tag{6.125}$$

其中

$$\boldsymbol{\varepsilon}' = \begin{bmatrix} \varepsilon'_1 & \varepsilon'_2 & \varepsilon'_3 & \varepsilon'_4 & \varepsilon'_5 & \varepsilon'_6 \end{bmatrix}^{\mathrm{T}} = \begin{bmatrix} \varepsilon'_{11} & \varepsilon'_{22} & \varepsilon'_{33} & \gamma'_{12} & \gamma'_{23} & \gamma'_{31} \end{bmatrix}^{\mathrm{T}}$$

$$\boldsymbol{\varepsilon} = \begin{bmatrix} \varepsilon_1 & \varepsilon_2 & \varepsilon_3 & \varepsilon_4 & \varepsilon_5 & \varepsilon_6 \end{bmatrix}^{\mathrm{T}} = \begin{bmatrix} \varepsilon_{11} & \varepsilon_{22} & \varepsilon_{33} & \gamma_{12} & \gamma_{23} & \gamma_{31} \end{bmatrix}^{\mathrm{T}}$$

根据应力-应变关系以及式（6.122）～式（6.124），同理可得到材料刚度参数在新、旧坐标系之间的转换关系：

$$\begin{cases} \boldsymbol{C}' = \bar{\boldsymbol{T}}\boldsymbol{C}\bar{\boldsymbol{T}}^{\mathrm{T}} \\ \boldsymbol{C} = \bar{\boldsymbol{T}}^{-1}\boldsymbol{C}'(\bar{\boldsymbol{T}}^{-1})^{\mathrm{T}} \end{cases} \tag{6.126}$$

基于上述变换关系，开发了模流-结构分析接口转换器，可以实现将材料刚度参数、热残余应力参数从原坐标系下转换到任意坐标系下。例如，对于表 6.2 所示的横观各向同性材料工程弹性常数（可以转化为刚度和柔度参数）。假定它是全局坐标系下的材料参数，现在重新定义一个新的局部坐标系，该坐标系三个坐标轴（x 轴、y 轴、z 轴或称为 1 轴、2 轴、3 轴）上的单位矢量分别为[0.6142288，0.7716886，0.1649840]、[0.5882711，−0.3084156，−0.7475406]、[−0.5259849，0.5562162，−0.6433999]。采用式（6.126）可以得到新坐标系下的刚度参数，经过转化进而得到局部坐标系下的工程弹性常数，如表 6.3 所示。

表 6.2　横观各向同性材料弹性常数（全局坐标系下）

拉伸模量	数值/Pa	剪切模量	数值/Pa	泊松比	数值
E_{11}	1.349328×10^{11}	G_{12}	4.187143×10^{9}	ν_{12}	2.721070×10^{-2}
E_{22}	1.110980×10^{10}	G_{13}	4.187143×10^{9}	ν_{13}	2.721070×10^{-2}
E_{33}	1.110980×10^{10}	G_{23}	3.683010×10^{9}	ν_{23}	5.082499×10^{-1}

表 6.3　横观各向同性材料弹性常数（局部坐标系下）

拉伸模量	数值/Pa	剪切模量	数值/Pa	泊松比	数值
E_{11}	1.099888×10^{11}	G_{12}	$5.663132e\times10^{9}$	ν_{12}	3.493445×10^{-1}
E_{22}	1.083215×10^{11}	G_{13}	$5.028097e\times10^{9}$	ν_{13}	3.353383×10^{-1}
E_{33}	1.058468×10^{11}	G_{23}	$5.177411e\times10^{9}$	ν_{23}	3.371663×10^{-1}

以 Moldflow 与 Abaqus 联合仿真为例，矢量参数转换流程为：Moldflow 模流分析输出 "*.pat" 格式模型文件和 "*.osp" 格式的单元刚度参数和应力参数文件，经模流-结构分析接口转换器变换后，生成 "*.inp" 格式模型文件和 "*.shf" 格式的单元刚度参数文件，提供给 Abaqus 分析使用。另外，对于壳单元，Abaqus 也提供了一种转换方法，即在材料参数、热残余应力参数不变情况下，通过给出它们的主方向相对于单元坐标系 x 轴的旋转角 θ 来实现。Moldflow 三角形单元在厚度方向上默认分为 20 层，每一层都有对应的材料刚度参数和热残余应力参数，经过模流-结构分析接口转换器进行转换之后，Abaqus 每个单元厚度方向也为 20 层，并筛减掉结构分析不需要的相关参数、增加一个新的所需要的参数，转换前后的材料参数如表 6.4 所示，而温度、热残余应力参数需要提取出来另存为独立的文件供 Abaqus 调用。

表 6.4　单元材料参数转换结果

转换前 Moldflow 参数			转换后 Abaqus 参数		
序号	参数名称	参数值	序号	参数名称	参数值
1	材料方向角 θ /(°)	10.36	1	材料方向角 θ /(°)	2.201760
2	拉伸模量 E_{11}/Pa	6.168×10^9	2	拉伸模量 E_{11}/MPa	6168.000000
3	拉伸模量 E_{22}/Pa	3.136×10^9	3	拉伸模量 E_{22}/MPa	3136.000000
4	泊松比 ν_{12}	0.3818	4	泊松比 ν_{12}	0.381800
5	泊松比 ν_{23}	0.4397	5	剪切模量 G_{12}/MPa	1206.000000
6	剪切模量 G_{12}/Pa	1.206×10^9	6	剪切模量 G_{13}/MPa	1206.000000
7	热膨胀系数 α_1/K^{-1}	2.857×10^{-5}	7	剪切模量 G_{23}/MPa	1089.115723
8	热膨胀系数 α_2/K^{-1}	8.578×10^{-5}	8	热膨胀系数 a_1/K^{-1}	0.000028570
9	热膨胀系数 α_3/K^{-1}	8.578×10^{-5}	9	热膨胀系数 a_2/K^{-1}	0.000085780
10	热残余应力 S_{11}/Pa	1.277×10^7			
11	热残余应力 S_{22}/Pa	1.461×10^7			
12	无取向效应残余应力 S/Pa	0			

注：温度、热应力参数提取后另存，供 Abaqus 调用。

6.4.3　工程应用：激光雷达罩联合仿真

　　近些年来，随着汽车智能化程度的不断提高，对获取驾驶过程中的视听觉信号和信息的传感部件要求越来越高。目前，获取相关信息的主要途径有以特斯拉为代表的视觉系统和其他车企采用的雷达系统。视觉系统通过摄像头来获取周围环境信息，但需要强大的芯片算力深度学习才能发挥其性能。而雷达系统在识别物体和行人时主要采用毫米波雷达和激光雷达。毫米波通常穿透灰尘、雾和烟的能力较强，但其频段损耗直接制约了探测距离，只有使用高频段才能实现远距离探测，因此对探测的障碍物无法进行准确的建模。相对而言，激光雷达在探测精度、探测范围及稳定性方面更具优势，其探测距离的精度可以达到厘米级别，角精度达到 H0.1°×V0.05°，这是 L3 级别自动驾驶必备的传感器，一辆车通常多达 4～6 颗激光雷达。

　　激光雷达是通过发射激光束进行障碍物探测的，当光束受到阻挡则无法正常使用，因此受服役环境影响较大，在雨雪等恶劣天气下无法正常开启。所以，为适应全天候的环境以及保护激光雷达元器件，需在雷达前面安装一个具有加热功能的保护罩，该雷达罩需具有较强的耐冲击性、良好的 905 nm 激光穿透性能、较小的残余应力和形变量。这就对雷达罩的成型加工控制提出了更高的要求，任何超出设计范围的面形精度变化，均会引起光束路径的变化，当探测远距离障碍物时就会急速放大，导致探测精度急剧下降。同时，为实现雷达罩均匀加热、减少反射等功能，雷达罩一般采用聚碳酸酯（PC）注塑并镀 ITO 膜和 AR 膜，膜厚均在纳米级别，膜材质与 PC 的热膨胀系数差异较大，任何微小的残余应力和变形均会导致雷达罩在高低温、双 85%（温度 85℃，湿度 85%）测试过程中膜的破裂。因此，对于雷达罩的成型制造，低应力、低翘曲变形及其控制是先决条件。

1. 雷达罩模型与成型参数

激光雷达罩如图 6.25 和图 6.26 所示，其基本尺寸为 120 mm×50 mm×2.4 mm，为保证雷达罩较强的耐冲击性和良好的形状可塑性，采用聚碳酸酯（PC AX2675）注射压缩成型（注压成型）。相对于传统的注射成型，注压成型能大幅降低注射压力，从成型方式上尽可能减少内应力、防止变形。PC AX2675 性能参数如表 6.5 所示。

图 6.25　激光雷达壳体

图 6.26　激光雷达罩

表 6.5　PC AX2675 性能参数

PC 性能	数值	PC 性能	数值
熔体密度	11941024 kg/m^3	转换温度	150℃
固体密度	10241194 kg/m^3	热膨胀系数	$7.618\times10^{-5}℃^{-1}$
比热容（300℃）	2233 J/(kg·℃)	弹性模量	2399 MPa
热传导系数（300℃）	0.2583 W/(m·℃)	泊松比	0.418

2. 雷达罩注压成型变形预测

雷达罩变形预测前，首先采用模流分析软件进行注压成型过程模流分析，然后基于成型过程形成的温度场、应力场进行变形预测。为了对比雷达罩出模后的变形情况分别采用 Moldflow 和模流-结构联合仿真来模拟预测。注压模拟的主要工艺参数设置为：注射温度 300℃、模具温度 90℃、注射时间 1.0 s、保压时间 8 s、压缩力 315 kN，压缩距离 1.2 mm。关于 PC AX2675 材料，七参数 Cross-WLF 黏度方程参数 n、τ^*、D_1、D_2、D_3、A_1 和 $\overline{A_2}$ 分别为 0.3006、900000 Pa、3.547×10^9 Pa·s、395.36 K、0 K/Pa、20.71 和 51.6 K。PVT 方程参数分别为 $b_{1m} = 8.71\times10^{-4}$ m³/kg，$b_{2m} = 6.587\times10^{-7}$ m³/(kg·℃)，$b_{3m} = 1.91\times10^8$ Pa，$b_{4m} = 5.08\times10^{-3}$℃$^{-1}$，$b_{1s} = 8.71\times10^{-4}$ m³/kg，$b_{2s} = 2.936\times10^{-7}$ m³/(kg·℃)，$b_{3s} = 2.678\times10^8$ Pa，$b_{4s} = 3.77\times10^{-3}$℃$^{-1}$，$b_5 = 413$ K，$b_6 = 2.985\times10^{-7}$℃/Pa，$b_7 = 0$℃·m³/kg，$b_8 = 0$℃$^{-1}$，$b_9 = 0$ Pa^{-1}。

模流分析预测的雷达罩变形情况如图 6.27 所示，远离浇口的产品对角变形量最大，Z 方向变形量达到 0.321 mm，产品两端呈向上翘曲变形。如前所述，商业化的模流变形分析通常是趋于保守地采用线弹性模型来计算制品内应力，同时由于产品脱模后没有办法考虑动态的冷却，所以产品出模后至室温阶段的变形分析，通常采用一个时间步计算到室温，不考虑制品出模后冷却过程中的应力松弛。这也是目前模流软件变形分析不准确的主要原因之一。

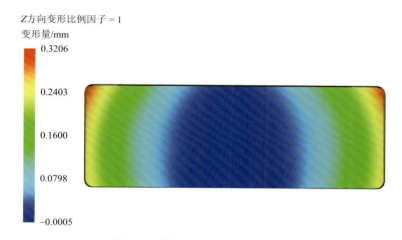

图 6.27　模流分析预测雷达罩变形

基于图 6.22 所示的模流-结构联合仿真技术路线，采用自主开发的模流-结构分析接口转换器 Interface for UM，将 Moldflow 分析得到的开模时温度、应力结果以及单元刚度参数坐标转换后匹配到 Abaqus 结构分析单元，作为结构分析的初始载荷。然后开展雷达罩从开模温度到室温的多时间步瞬态温度场计算和多载荷步的制品变形与应力分析，而制品在模外动态冷却过程中的应力松弛/蠕变效应，是在多载荷步中通过式（6.111）得到应变后计算应力来实现的。

图 6.28 为 Moldflow-Abaqus 联合仿真得到的雷达罩模外温度变化过程（与环

境换热系数为 5 W/(m²·K)，雷达罩在室温 23℃下的冷却呈现先快后慢的动态变化过程，冷却速率随着时间的延长而下降，到 270 s 时基本冷却至室温。

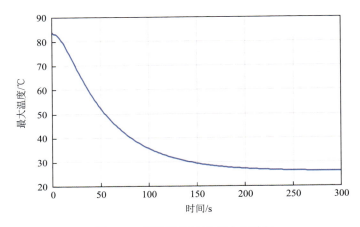

图 6.28　雷达罩模外动态冷却过程

　　图 6.29 为多载荷步联合仿真分析得到的雷达罩模外冷却变形过程，随着冷却时间延长、温度下降，热应力增加、变形逐渐增大，最大变形从冷却 30 s 时的 0.0485 mm 增大到 150 s 时的 0.1247 mm。到 270 s 时产品温度趋于室温，其变形也稳定为 0.1920 mm 左右。整体上，联合仿真预测的产品变形呈两端向上翘曲变形趋势，且远离浇口的产品对角变形量最大，该趋势与 Moldflow 预测结果基本一致。但是，0.1920 mm 的最大变形量与 Moldflow 预测的 0.321 mm 变形量有较大的差异，这说明考虑冷却过程的应力松弛/蠕变效应后，制品在动态冷却过程中产生热应力的同时，高分子链在应力作用下的蠕变行为使制品内应力下降，最终使联合仿真得到变形的变形量小于基于线弹性的预测结果。

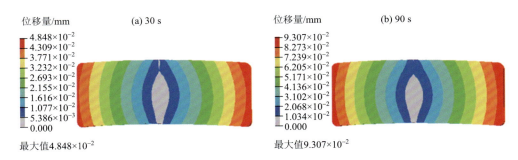

图 6.29　雷达罩模外变形过程

3. 实验验证

采用聚碳酸酯（PC AX2675）和 JSW 160 型注塑机，注压成型出一批车用激光雷达罩，图 6.30 为注压模具和雷达罩制品。

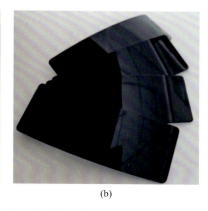

(a)　　　　　　　　　　　　　　　　　　　　　　　(b)

图 **6.30**　激光雷达罩注压模具（a）和雷达罩制品（b）

如前所述，雷达罩的低应力制造和低翘曲变形，是用于智能驾驶激光传感系统的先决条件。使用便携式手持 3D 扫描仪（型号 C-Track 780，加拿大形创 CREAFORM）对产品进行扫描，检测实际变形量。检测步骤为：产品注压成型后室温下自由态放置 24 h 以上，测试前在产品表面喷涂显影剂，然后通过 3D 扫描仪白光扫描产品生成点云并拟合成 3D 数据，最后将拟合成的 3D 数据与理论数据进行对比得出产品的实际变形量，便携式 3D 扫描仪及测试过程如图 6.31 所示。

图 **6.31**　便携式 3D 扫描仪及测试过程

3D 扫描测试产品变形如图 6.32 所示，整体上产品两端呈向上翘曲变形趋势，远离浇口的对角变形量最大，最大达到 0.214 mm。实测变形趋势与 Moldflow 结果和联合仿真结果基本一致，表明两种模拟方法均能较好地预测产品变形趋势，但是变形量差异较大，如表 6.6 所示，Moldflow-Abaqus 联合仿真误差为 10.3%，远小于 Moldflow 的 50.0%，表明联合仿真在考虑制品动态冷却中高分子链的蠕变行为后，预测得到的制品变形更符合实际，证明考虑注射成型热机历史的制品结构行为联合仿真，能更可靠地开展注塑制品变形的定量分析。

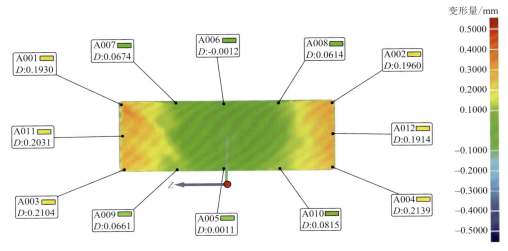

图 **6.32**　雷达罩变形测试结果

表 **6.6**　模拟与实测结果对比

	Moldflow	联合仿真	实测变形
Z 方向最大变形量	0.321 mm	0.192 mm	0.214 mm
误差	50.0%	10.3%	—

事实上，聚合物的黏弹性特征使其在内应力（通常为热应力）作用下均会有应力松弛行为，而基于线弹性模型的一个时间步计算到室温的预测方法，显然与聚合物的黏弹性特征不符，这也是目前模流软件变形分析不准确的主要原因之一。当然，聚合物的应力松弛行为是与冷却环境和冷却效率密切相关的，不同的冷却方式冷却效率差别巨大（如退火与室温冷却等），这也是商业软件通常不考虑模外冷却应力松弛的主要原因。

6.5　纤维增强注塑-制品结构联合仿真

纤维增强注射成型是一个典型的复合材料成型，纤维的取向各向异性和分布的非均匀直接影响着产品服役性能，也为联合仿真带来了极大的困难。

纤维增强热塑性复合材料（fiber reinforced thermoplastic composites，FRT）具有比模量和比强度大、耐疲劳、可设计强等诸多优点，在追求用材轻质、高强的航空、航天等领域备受青睐。另外，FRT 具有可回收、循环利用的优点，对节能、环保意义重大。FRT 宏观上呈现出不同程度的各向异性，与纤维取向平行和垂直方向上的性能差别很大，这种各向异性的特点在提高复合材料制品设计灵活性的同时，也显著增加了设计复杂度和难度，这使得 FRT 制品的性能预测、结构设计强烈依赖于 CAE 技术。当前，FRT 制品结构行为 CAE 仿真面临两个亟待解决的问题：一是复合材料各向异性参数的准确获取；二是材料主方向的识别与设置问题。这两个问题相互关联，即使有了准确的材料参数，也需要对材料方向进行正确设定，否则影响 CAE 分析的可靠性。但现有商业 CAE 软件用于 FRT 复合材料制品模流-结构分析时存在诸多困难，因为模流分析模型通常是单制件模型，即 FRT 零件本身，而结构分析模型往往是多制件模型，是 FRT 制件与其他制件的装配体，制件之间存在复杂的接触关系。另外，由于 FRT 零件的材料参数与注射成型工艺过程有关，因受流动诱导的影响，材料内的纤维分布、取向不均匀，导致材料的力学性能参数发生变化，这意味着材料的力学性能参数只能通过模流分析得到，但如何将其应用于结构分析依然是工程应用中亟待解决的问题。在 6.4.1 节开发的模流-结构分析接口转换器的基础上，基于 Moldflow-Abaqus 联合分析，我们提出一种纤维增强注射成型取向-制品结构行为的联合仿真方法。

6.5.1　FRT 材料参数计算

复合材料因微观上材质不均匀，导致复合材料的宏观模量和强度具有方向性，这种方向性取决于材料组的性质和微观结构，研究材料宏观物性参数与材料微观结构、材料组分的关系是复合材料细观力学的主要内容，采用的方法是均质化方法，目的是用一个均匀材料代替非均匀材料，计算复合材料宏观平均弹性常数。这涉及两个尺度：一个是宏观的、平均意义的量；另一个是微观的、涉及组分材料的属性和微观结构的量。为了建立宏、微观量之间的关系，均质法分为两步，第一步是采用体积平均的方法建立复合材料宏观平均应力、应变与各组分微观平均应力、应变之间的关系，假设复合材料由 N 相材料构成，第 r 相材料所占的体积用 V_r 表示，这样有

$$\begin{cases} \bar{\sigma}_{ij} = \dfrac{1}{V} \int_V \sigma_{ij} \mathrm{d}V = \sum_{r=0}^{N-1} \dfrac{V_r}{V} \dfrac{1}{V_r} \int_{V_r} \sigma_{ij} \mathrm{d}V_r = \sum_{r=0}^{N-1} c_r \bar{\sigma}_{ij}^{\mathrm{r}} \\[3mm] \bar{\varepsilon}_{ij} = \dfrac{1}{V} \int_V \varepsilon_{ij} \mathrm{d}V = \sum_{r=0}^{N-1} \dfrac{V_r}{V} \dfrac{1}{V_r} \int_{V_r} \varepsilon_{ij} \mathrm{d}V_r = \sum_{r=0}^{N-1} c_r \bar{\varepsilon}_{ij}^{\mathrm{r}} \\[3mm] \displaystyle\sum_{r=0}^{N-1} c_r = 1 \end{cases} \quad (6.127)$$

其中，c_r 为第 r 相材料的体积分数。第二步是逆向建立各组分微观平均应力、应变与复合材料宏观平均应力、应变之间的关系，也称局部化关系：

$$\begin{cases} \overline{\varepsilon}_{ij}^r = A_{ijkl}^r \overline{\varepsilon}_{kl} \\ \overline{\sigma}_{ij}^r = B_{ijkl}^r \overline{\sigma}_{kl} \end{cases} \qquad (6.128)$$

其中，A_{ijkl}^r、B_{ijkl}^r 称为集中系数张量，并根据应力应变关系得到：

$$\begin{cases} \overline{C}_{ijmn} = C_{ijmn}^0 + \sum_{1}^{N-1} c_r \left(C_{ijkl}^r - C_{ijkl}^0 \right) A_{klmn}^r \\ \overline{S}_{ijmn} = S_{ijmn}^0 + \sum_{1}^{N-1} c_r \left(S_{ijkl}^r - S_{ijkl}^0 \right) B_{klmn}^r \end{cases} \qquad (6.129)$$

其中，$\overline{C}_{ijmn}$、$\overline{S}_{ijmn}$ 为复合材料宏观平均刚度和柔度张量。

1. 复合材料性能预测模型

对于仅有基体和夹杂组成的双组分材料，采用均质化方法建立的复合材料宏观平均弹性常数预测模型主要有 Eshellby 模型、Tandon-Weng 模型、上下限模型、Mori-Tanaka 模型以及自洽模型等 5 个模型[1]。

Eshellby 模型将牛顿重力场位势理论应用到复合材料应力场，研究了无限大基体中包裹微量、取向一致、均匀分布的椭球夹杂问题，建立了复合材料等效夹杂理论，该理论后来成为复合材料细观力学的重要组成部分，在复合材料弹性参数预测计算中有重要应用，基于该理论建立了 Eshellby 模型[2]。Voigt 和 Reuss 基于等效应变假设和等效应力假设最先建立了上下限模型，主要应用于基体和夹杂都是各向同性的复合材料，如果基体和夹杂呈各向异性，则结果误差大。后来 Hashin 和 Shrikman 采用变分法得到了一个更为精确的上下限模型，同样应用于基体和夹杂都是各向同性的复合材料[3, 4]。Walpole 采用能量原理方法重构 Hashin-Shrikman 模型，使其能够应用于各向异性复合材料以及无限长纤维夹杂复合材料[5, 6]，Willis、Wu 和 McCullough 又将该模型推广到短纤维夹杂复合材料[7, 8]。剪切迟滞模型只考虑一根长为 l，半径为 r，被基体包围并与该基体形成一个半径为 R 圆柱形的同心圆柱，这是一个经典的理论模型，只能计算纤维方向的拉伸模量，理论价值高[99]。自洽模型将多夹杂转换成单夹杂问题进行处理，即将多夹杂复合材料等效为一个单夹杂复合材料。该模型最早由 Hill 和 Budiansky 提出，用于球形和连续纤维夹杂，Laws、McLaughlin 等将它推广到短纤维夹杂[172-175]。Halpin-Tsai 模型是一个公认的比较好的半经验模型，建立在实验与理论基础上，在预测低纤维含量的复合材料参数时较准确，但对于高纤维含量估值偏低，为此 Hewitt 和 Malherbe 对 Halpin-Tsai 模型进行了修正[174-176]。Mori-Tanaka 模型是 Mori 和 Tanaka 在研究弥散硬化材料的加工硬化时建立的模型[28, 175, 176]，其认为复合材料夹杂体在外力作用下的平均应变和应力，与基体内相对应的平均值不同，因此在模型内添加了扰动项，并引用 Eshelby 等效夹杂方法来表达扰动应力，该方法计算简洁，且考虑了夹杂颗粒之间的相互影响，适用于较高夹杂颗粒含量的复合材料，得到较为广泛的采用。Tandon-Weng 模型建立在 Mori-Tanaka 模型上，为了得出夹杂内部的平均应力和平均应变，Tandon-Weng 模型首先应用 Eshelby 模型的椭球夹杂理论计算特征应变，进而推导出复合材料的工程弹性参数。

2. Tandon-Weng 模型及其修正

Tandon-Weng 模型建立在 Mori-Tanaka 模型基础上，二者理论上是一致的，Mori-Tanaka 模型通过矩阵运算得到复合材料的刚度参数，而 Tandon-Weng 模型采用另外一种方法得到复合材料工程弹性常数的解析解，其中的关键是根据 Mori-Tanaka 理论和均质法建立了复合材料宏观平均应变与基体内应变以及本征应变之间的关系。

$$\bar{\varepsilon}_{kl} = \varepsilon_{kl}^0 + c\varepsilon_{kl}^* \qquad (6.130)$$

进而根据 Eshelby 等效原则，用基体、夹杂的刚度系数表示应力应变关系得到：

$$(C_{ijkl}^1 - C_{ijkl}^0)[\varepsilon_{kl}^0 + (1-c)S_{ijkl}\varepsilon_{kl}^* + c\varepsilon_{kl}^*] + C_{ijkl}^0\varepsilon_{kl}^* = 0 \qquad (6.131)$$

因为基体、纤维属于各向同性材料，其刚度参数可以采用拉梅（Lamé）常数表示：

$$C_{ijkl}^0 = \lambda_0\delta_{ij}\delta_{kl} + \mu_0(\delta_{ik}\delta_{jl} + \delta_{il}\delta_{jk}) \qquad (6.132)$$

$$C_{ijkl}^1 = \lambda_1\delta_{ij}\delta_{kl} + \mu_1(\delta_{ik}\delta_{jl} + \delta_{il}\delta_{jk}) \qquad (6.133)$$

其中，λ_0、μ_0 和 λ_1、μ_1 为拉梅常数，δ_{ij} 为克罗内克符号，当 $i=j$ 时，δ_{ij} 等于 1，当 i、j 不相等时 δ_{ij} 等于 0。为了计算本征应变 ε_{ij}^* 的正应变分量，将式（6.131）中的 ij 定义为 11、22、33 得到：

$$D_1\varepsilon_{11}^0 + \varepsilon_{22}^0 + \varepsilon_{33}^0 + B_1\varepsilon_{11}^* + B_2(\varepsilon_{22}^* + \varepsilon_{22}^*) = 0 \qquad (6.134)$$

$$\varepsilon_{11}^0 + D_1\varepsilon_{22}^0 + \varepsilon_{33}^0 + B_1\varepsilon_{11}^* + + B_4\varepsilon_{22}^* + B_5\varepsilon_{33}^* = 0 \qquad (6.135)$$

$$\varepsilon_{11}^0 + \varepsilon_{22}^0 + D_1\varepsilon_{33}^0 + B_3\varepsilon_{11}^* + + B_5\varepsilon_{22}^* + B_4\varepsilon_{33}^* = 0 \qquad (6.136)$$

其中

$$B_1 = cD_1 + D_2 + (1-c)(D_1S_{1111} + 2S_{2211})$$

$$B_2 = c + D_3 + (1-c)(D_1S_{1122} + S_{2222} + S_{2233})$$

$$B_3 = c + D_3 + (1-c)[S_{1111} + (1+D_1)S_{2211}]$$

$$B_4 = cD_1 + D_2 + (1-c)(S_{1122} + D_1S_{2222} + S_{2233})$$

$$B_5 = c + D_3 + (1-c)(S_{1122} + S_{2222} + D_1 S_{2233})$$
$$D_1 = 1 + 2(\mu_1 - \mu_2)/(\lambda_1 - \lambda_0)$$
$$D_2 = (\lambda_0 + 2\mu_0)/(\lambda_1 - \lambda_0)$$
$$D_3 = \lambda_0/(\lambda_1 - \lambda_0)$$

联立求解以上三式得

$$\varepsilon_{11}^* = [A_1 \varepsilon_{11}^0 - A_2(\varepsilon_{22}^0 + \varepsilon_{33}^0)]/A \tag{6.137}$$

$$\varepsilon_{22}^* = [2A_3 \varepsilon_{11}^0 + (A_4 + A_5 A)\varepsilon_{22}^0 + (A_4 - A_5 A)\varepsilon_{33}^0]/2A \tag{6.138}$$

$$\varepsilon_{33}^* = [2A_3 \varepsilon_{11}^0 + (A_4 - A_5 A) + (A_4 + A_5 A)\varepsilon_{33}^0]/2A \tag{6.139}$$

其中

$$A_1 = D_1(B_4 + B_5) - 2B_2$$
$$A_2 = (1 + D_1)B_2 - (B_4 + B_5)$$
$$A_3 = B_1 - D_1 B_3$$
$$A_4 = (1 + D_1)/B_1 - 2B_3$$
$$A_5 = (1 - D_1)/(B_4 - B_5)$$
$$A = 2B_2 B_3 - B_1(B_4 + B_5)$$

同理，令 ij 为 12、23、13 可以求解出：

$$\varepsilon_{12}^* = \frac{\varepsilon_{12}^0}{\dfrac{\mu_0}{\mu_1 - \mu_2} + c + 2(1-c)S_{1212}} \tag{6.140}$$

$$\varepsilon_{23}^* = \frac{\varepsilon_{23}^0}{\dfrac{\mu_0}{\mu_1 - \mu_2} + c + 2(1-c)S_{2323}} \tag{6.141}$$

$$\varepsilon_{13}^* = \frac{\varepsilon_{13}^0}{\dfrac{\mu_0}{\mu_1 - \mu_2} + c + 2(1-c)S_{1313}} \tag{6.142}$$

横观各向同性材料具有五个独立的弹性常数，在 Tandon-Weng 模型中，这五个参数分别为拉伸模量（E_{11}、E_{22}）、剪切模量（G_{12}、G_{23}）以及泊松比（ν_{12}）。计算 E_{11} 时，令 $\bar{\sigma}_{ij}$ 除 $\bar{\sigma}_{11}$ 外其他分量都为 0，则复合材料有应力-应变关系：

$$\bar{\sigma}_{11} = E_{11} \bar{\varepsilon}_{11} \tag{6.143}$$

而在等效材料中的应变分量为

$$\begin{cases} \varepsilon_{11}^0 = \bar{\sigma}_{11}/E_0 \\ \varepsilon_{22}^0 = \varepsilon_{33}^0 = -\nu_0 \bar{\sigma}_{11}/E_0 \end{cases} \tag{6.144}$$

其中，v_0 和 E_0 分别是基体的泊松比和弹性模量。结合上式可以推导出：

$$E_{11} = \frac{E_0}{1+c(A_1+2v_0A_2)/A} \tag{6.145}$$

同理，令 $\bar{\sigma}_{ij}$ 除 $\bar{\sigma}_{22}$ 外其他分量都为 0，可以推导出 E_{22}：

$$E_{22} = \frac{E_0}{1+c[-2v_0A_3+(1-v_0)A_4+(1+v_0)A_5A]/2A} \tag{6.146}$$

当只给材料施加纯剪切应力 $\bar{\sigma}_{12}$ 和 $\bar{\sigma}_{21}$ 时，可得

$$\frac{G_{12}}{\mu_0} = 1+\frac{c}{\dfrac{\mu_0}{\mu_1-\mu_0}+2(1-c)S_{1212}} \tag{6.147}$$

当只给材料施加纯剪切应力 $\bar{\sigma}_{23}$ 和 $\bar{\sigma}_{32}$ 时，可得

$$\frac{G_{23}}{\mu_0} = 1+\frac{c}{\dfrac{\mu_0}{\mu_1-\mu_0}+2(1-c)S_{2323}} \tag{6.148}$$

Tandon-Weng 理论使用式（6.147）和式（6.148）联立求解估算 v_{12}，首先通过建立 2-3 平面内的平面应变状态，即仅在 2 和 3 方向施加相同的应力载荷 $\bar{\sigma}$，从而得到：

$$\bar{\sigma}_{11} = 2v_{12}\bar{\sigma} \tag{6.149}$$

进而得到体积模量 K_{23} 和泊松比 v_{12} 的关系：

$$\frac{K_{23}}{K_0} = \frac{(1+v_0)(1-2v_0)}{1-v_0(1+2v_{12})+c\left(2(v_{12}-v_0)A_3+\left(1-v_0(1+2v_{12})\right)A_4\right)/A} \tag{6.150}$$

式中，$K_0=\lambda_0+\mu_0$ 为基体材料在平面应变状态下的体积模量。其次引用 Hashin-Rosen 理论：

$$v_{12}^2 = \frac{E_1}{E_2}-\frac{E_1}{4}\left(\frac{1}{G_{23}}+\frac{1}{K_{23}}\right) \tag{6.151}$$

这两个方程循环迭代可以计算出 K_{23} 和 v_{12}。Tandon-Weng 模型计算得到五个独立的弹性常数（E_{11}、E_{22}）、剪切模量（G_{12}、G_{23}）以及泊松比（v_{12}），其他 4 个参数可以通过这五个参数确定，利用横观各向同性特征可得 $E_{33}=E_{22}$、$G_{13}=G_{12}$、$v_{13}=v_{12}$，对于泊松比 v_{23} 可以采用两种方法计算，一是在各向同性面上 v_{23} 满足：

$$\nu_{23} = \frac{E_{22} - 2G_{23}}{2G_{23}} \tag{6.152}$$

二是根据 Hashin、Rosen 理论有

$$\nu_{23} = \frac{K_{23} - \psi G_{23}}{K_{23} + \psi G_{23}} \tag{6.153}$$

其中

$$\psi = 1 + \frac{4K_{23}\nu_{21}^2}{E_{11}}$$

通过测试可知，Tandon-Weng 模型采用式（6.152）、式（6.153）计算泊松比参数 ν_{23} 的结果不一致，进一步研究发现 Tandon-Weng 模型在引用 Hashin-Rose 理论时误将 ν_{21} 当作 ν_{12}，即式（6.151）的正确形式为

$$\nu_{21}^2 = \frac{E_1}{E_2} - \frac{E_1}{4}\left(\frac{1}{G_{23}} + \frac{1}{K_{23}}\right) \tag{6.154}$$

式（6.154）可以通过另一种方式证明。根据体积模量的定义有

$$K_{23} = \frac{\bar{\sigma}}{2(\bar{\varepsilon}_{11} + \bar{\varepsilon}_{22} + \bar{\varepsilon}_{33})} = \frac{1}{\dfrac{2}{E_2} - \dfrac{2\nu_{23}}{E_2} - 4\dfrac{\nu_{21}\nu_{12}}{E_1}} \tag{6.155}$$

代入式（6.155）得

$$\frac{1}{K_{23}} = \frac{4}{E_2} - \frac{1}{G_{23}} - 4\frac{\nu_{21}^2}{E_1} \tag{6.156}$$

可以看出式（6.154）与式（6.156）完全相同，只是表达形式不同。因此可证明 Tandon-Weng 模型在推导式（6.149）时误将 ν_{12} 等效为 ν_{21}，这里予以修正。在计算 K_{23} 时，需要设定 2-3 平面内为平面应变状态。因体积模量仅与正应力、正应变有关，因此将剪切应力设置为 0，只考虑法向应变和应力，具体平面应变状态条件如下：

$$\begin{cases} \bar{\varepsilon}_{11} = 0 \\ \bar{\varepsilon}_{22} = \bar{\varepsilon}_{33} = \bar{\varepsilon} \\ \bar{\sigma}_{22} = \bar{\sigma}_{33} = \bar{\sigma} \\ \bar{\tau}_{12} = \bar{\tau}_{23} = \bar{\tau}_{31} = 0 \end{cases} \tag{6.157}$$

$$
\begin{bmatrix} 0 \\ \bar{\varepsilon}_{22} \\ \bar{\varepsilon}_{33} \\ 0 \\ 0 \\ 0 \end{bmatrix} = \begin{bmatrix} \dfrac{1}{E_1} & -\dfrac{v_{12}}{E_2} & -\dfrac{v_{12}}{E_2} & 0 & 0 & 0 \\ -\dfrac{v_{21}}{E_1} & \dfrac{1}{E_2} & -\dfrac{v_{23}}{E_2} & 0 & 0 & 0 \\ -\dfrac{v_{21}}{E_1} & -\dfrac{v_{23}}{E_2} & \dfrac{1}{E_2} & 0 & 0 & 0 \\ 0 & 0 & 0 & \dfrac{1}{G_{12}} & 0 & 0 \\ 0 & 0 & 0 & 0 & \dfrac{1}{G_{23}} & 0 \\ 0 & 0 & 0 & 0 & 0 & \dfrac{1}{G_{12}} \end{bmatrix} \begin{bmatrix} \bar{\sigma}_{11} \\ \bar{\sigma} \\ \bar{\sigma} \\ 0 \\ 0 \\ 0 \end{bmatrix} \qquad (6.158)
$$

由于 $\bar{\varepsilon}_{11}=0$，应力 $\bar{\sigma}_{11}$ 可表达为

$$
\begin{cases} \bar{\sigma}_{11}\dfrac{1}{E_1} - \bar{\sigma}_{22}\dfrac{v_{12}}{E_2} - \bar{\sigma}_{33}\dfrac{v_{12}}{E_2} = 0 \\ \bar{\sigma}_{11} = 2E_1\left(\dfrac{v_{12}}{E_2}\right)\bar{\sigma} \end{cases} \qquad (6.159)
$$

进而利用柔度矩阵的对称性得

$$
\frac{v_{12}}{E_2} = \frac{v_{21}}{E_1} \qquad (6.160)
$$

联合式（6.159）、式（6.160）可以得

$$
\bar{\sigma}_{11} = 2E_1\frac{v_{21}}{E_1}\bar{\sigma} = 2v_{21}\bar{\sigma} \qquad (6.161)
$$

将式（6.161）与（6.149）进行比较，很明显，Tandon-Weng 模型将泊松比 v_{12} 当作 v_{21}，相应地，式（6.150）应修正为

$$
\frac{K_{23}}{K_0} = \frac{(1+v_0)(1-2v_0)}{1-v_0(1+2v_{21}) + c\left(2(v_{21}-v_0)A_3 + \left(1-v_0(1+2v_{21})\right)A_4\right)/A} \qquad (6.162)
$$

通过修正，泊松比 v_{23} 的计算无论是采用式（6.161）或者式（6.162），两者的结果一致。

6.5.2　FRT 制品模流-结构联合仿真方法

注射成型 FRT 制品的结构及模具结构设计过程是一个不断循环的过程，即根据产品性能指标要求设计初始方案，然后通过 CAE 分析模拟预测制品的成型质量

和性能，并依据模拟结果对设计方案进行修改，重复这一过程直到各项性能指标满足要求为止。FRT 材料的力学性能对纤维含量、纤维取向和纤维长径比非常敏感，在注射成型过程中流动诱导的作用下，制件内各点纤维含量、取向呈多样性，相应的材料力学性能参数也不一样。因此，在模拟分析制品力学性能时，需要结合模流分析以获取准确的材料参数，进行模流-结构联合仿真分析，例如先通过 Moldflow 运行"Fill + Pack"分析，然后将单元材料数据导出到 Abaqus 单元进行结构分析。

到目前为止，有两种软件工具可用于 Moldflow 和 Abaqus 之间的交互分析，一个是 Abaqus-Interface for Moldflow，另一个是 Autodesk Helius。Abaqus-Interface for Moldflow 可以将 Moldflow 模流分析模型（包括单元、节点、材料参数等）转换为 Abaqus 结构分析模型，模流分析模型和结构分析模型除了分析类型不同外，其他方面基本相同。这一特点决定了它仅适用于单制件模型，而不适用于多制件模型，因为模流分析的对象通常仅为注塑件本身，不包含与注塑件装配在一起的其他制件，也缺乏注塑件与其他制件之间的接触信息，所以它仅适用于单制件模型，应用范围有限。而 Autodesk Helius 可以处理高度复杂的多制件模型，模流分析模型和结构分析模型可以各自独立，模流分析的对象仍为制件本身，而结构分析的对象可以是注塑件和其他制件的装配体，Autodesk Helius 将模流分析得到的单元材料参数影射到结构分析单元，扩展了模流-结构联合分析的应用范围。尽管如此，由于效率、准确性和其他原因，工程应用中依然期待有更好的解决方案。基于此，我们提出了一种更有效的方法，采用 Visual C++ 自主开发了一个数据转换软件 DCtool，可作为 Moldflow 和 ABAQUS 之间参数传递的桥梁，实现模流-结构联合仿真分析。

在 CAE 分析中，FRT 制件的几何模型可以是 3D 实体模型或 2D 中面模型。在 3D 情况下，Moldflow 的 FEM 分析模型只能采用一种单元，即四面体单元，而 Abaqus 可以采用四面体、六面体两种单元。无论是哪种单元，这两个软件默认的单元坐标系都平行于全局坐标系，虽然单元材料的方向是在单元坐标系下定义的，但此时可以理解为在全局坐标系下定义，材料参数的意义相同，因而可以直接共享，即在制件的局部区域内，如果能够找到一个代表该区域的 Moldflow 单元和一个 Abaqus 单元，则 Moldflow 单元的材料数据可用于 Abaqus 单元，需要做的工作较为简单，只需将两个模型中的单元在空间位置上进行匹配就可以共享单元材料数据，实现模流-结构一体化联合分析，但这不是本章节重点讨论的内容，这里主要关注更复杂的情况，即当制件是薄壁制品、几何模型为 2D 中面模型时的模流、结构分析各自独立划分网格时的联合仿真分析。

当制件为薄壁制品、几何模型为 2D 中面模型时，Moldflow 只能采用三角形单元网格，而 Abaqus 可以采用三角形单元和四边形单元混合网格。与 3D 实体模型不同，2D 中面模型的单元坐标系方向并不与全局坐标系平行。另外，需要强调的是，模流分析模型通常单制件模型，结构分析模型往往是多制件模型。如图 6.33 所示，给出了一个典型的联合仿真 CAE 模型，Moldflow 和 Abaqus 各自独立建立分析模型并划分网格，这里称之为联合仿真自由网格模型。图 6.33（a）是 Moldflow 的模流分析模型，仅包含一个 FRT 制件，模型中包含 1D 流道单元，FRT 制件被划分为 208524 个 2D 三角形单元。图 6.33（b）是 Abaqus 对应的结构分析模型，除了 FRT 制件外，还包含另外 11 个金属制件，这是一个多制件装配体，各制件之间存在接触、连接关系，模型共有 238177 个 2D 单元，包括三角单元和四边形单元，其中 107140 个单元（三角形和四边形混合单元）属于 FRT 制件。

(a)　　　　　　　　　　　　　　　　　　(b)

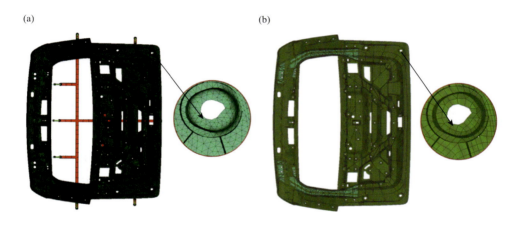

图 **6.33**　联合仿真自由网格模型

（a）Moldflow 网格；（b）Abaqus 网格

　　模流和结构分析各自求解的物理场和计算特点，决定了模流和结构分析需要各自独立划分自由网格模型，而这两种模型之间存在的典型区别可以概括如下：①分析模型不同，一个是单制件模型，另一个是多制件模型；②FRT 制件上的单元形状不同，一个是纯三角形单元，另一个是三角形和四边形单元的混合；③FRT 制件上的单元大小和数量不同，单元和节点的索引编号无任何对应关系。

　　上述两种模型之间的区别，使模流-结构联合仿真的数据共享与转换在技术上存在难题，而单元匹配和数据映射的质量会直接影响结构分析的可靠性。单元匹配是指从模流、结构分析模型中各自取出一个单元形成单元对，这一对单元应该是代表 FRT 制件内同一区域的最佳单元。对于每一对单元，数据映射是将材料数据从模流分析单元转换到结构分析单元，包括将材料方向或纤维取向从位于模流分析单元内映射到位于结构分析单元内，并根据配对单元的坐标变换关系等修改、重构材料数据。

1. 基于自由网格的联合仿真算法

在默认情况下，Moldflow 模流分析的输出结果中并不包含材料参数数据，为了得到 FRT 材料的力学性能参数，至少需要执行一个"填充 + 保压"分析，得到单元信息文件"*.pat"和单元材料参数文件"*.osp"。

Abaqus 结构分析可以通过人机交互模式和命令驱动模式完成，人机交互模式是在 GUI 界面中一步步完成分析所需的每一个操作；命令驱动模式是将分析所需的每一个操作对应的操作命令写入命令流文件，然后由 Abaqus 读入该文件，按顺序执行每一个命令，自动完成分析操作。人机交互模式不具备耦合分析功能，导入的单元材料数据无效。为了实现耦合分析，需要将两种模式结合起来，在 Abaqus GUI 模式下完成结构分析所需的所有操作如建立模型、划分网格、施加载荷约束等，当一切工作准备就绪并可以执行分析计算时，从 Abaqus GUI 操作界面导出命令流文件"*.inp"，为了在 Abaqus 中应用 Moldflow 单元的材料参数，需要借助作者团队研究开发的 DCtool 软件，对两个模型进行单元匹配和材料参数转换，然后通过在 Abaqus 命令流文件"*.inp"中添加一条新的命令来导入材料数据，基于该技术路线，模流-结构联合分析算法可以组织如下：

（1）Moldflow 准备其流动分析模型，包括导入 FRT 制品几何模型、划分网格、工艺参数设置以及必要的输出设置，然后运行"填充 + 保压"分析，并将其分析模型的单元信息保存在"*.pat"文件中，将单元的材料数据保存在"*.osp"文件中。

（2）Abaqus 准备其结构分析模型，准备好之后将分析保存在命令流文件"*.inp"中。该文件称为主命令流文件，以区别于其他辅助命令流文件，辅助命令流文件"*.inp"被主命令流文件调用，以便完善分析所需的信息。

（3）利用我们自主开发的 DCtool 软件，读取以上三个文件，获取 FRT 制件上的模流、结构单元信息，进行单元匹配、数据运算与映射，最后导出两个新文件：一个辅助命令流文件"*.inp"和一个新的单元材料数据文件"*.shf"。在辅助命令流文件中，FRT 制件上的每一个单元默认被分成 20 层，每一层对应自己的材料数据。需要注意的是，模流-结构联合分析时，Abaqus 要求材料数据文件与主命令流文件具有相同的名称。

（4）在主命令流文件中的激活求解器的命令之前，增加一个命令以更新 FRT 制件上的单元和材料数据信息。

（5）在 DOS 控制台窗口中发送命令"call abaqus job = b cpus = 8 int"开始结构分析。该算法组织如图 6.34 所示。

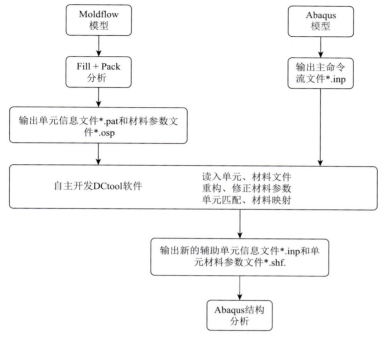

图 6.34　基于自由网格的联合仿真算法

　　上述算法中，一些关键问题需要解决，以确保高效和准确，包括：①快速单元匹配，当单元数量较大时，匹配工作非常耗时，如何加速以节省时间是一个关键问题。②纤维重新定向，纤维方向代表 FRT 材料的主方向，它位于单元平面内，并通过纤维与单元坐标系 x 轴之间的夹角表示。由于两个匹配的单元平面可能不相互平行，因此需要将纤维方向从位于一个单元中定向到位于另一个单元中。③材料数据重建，材料数据在单元坐标系中定义，由于两个软件中坐标系的定义方式不同，材料方向的意义不同，因此应修改材料方向。另外，模流分析的材料数据对于结构分析来说不完整，缺少一些必要的信息，且材料数据的组织结构也不同，必须对其进行重构。④泊松比修正，因为 Tandon-Weng 模型是Moldflow 计算材料参数的默认模型，但其泊松比不正确，需要进行修正。

　　2. 单元匹配和参数转换关键算法

　　针对上述采用自由网格开展模流-结构联合仿真存在的问题，我们自主开发了DCtool 软件，可实现在模流分析模型和结构分析模型间进行单元匹配和材料参数转换，然后通过在 Abaqus 命令流文件"*.inp"中添加一条新的命令来导入材料数据，其中关键算法解决方法如下：

　　（1）单元快速匹配算法。当模型较大时，单元匹配非常耗时。为了节省匹配搜索时间，需要将匹配搜索范围限制在一个小区域内，这是通过空间分割来实现的。更具体地说，FRT 制件所占的空间区域被划分为一定数量、大小相同的立方体。每个立方体由其整数坐标索引，整数坐标可从其中心点的浮点坐标四舍五入得到。类似地，一个单元的整数坐标从其质心四舍五入得到。

（2）根据其整数坐标将单元分配给适当的立方体。问题是最初不知道一个立方体内会有多少个单元。这就要求存储内存可以动态扩展。所以采用了 STL 库的 hash_map 和 vector。C＋＋程序中这种可扩展变量的典型定义为："hash_map＜int，hash_map＜int，hash_map＜int，vector＜int＞＞＞＞element_sets"。它是 hash_map 和 vector 的组合。hash_map 是三维的，由立方体的整数坐标索引。每个节点包含一个 vector 向量，用于存储立方体中的单元。

（3）单元匹配算法可以表述如图 6.35 所示。对于给定的模流分析单元，计算其整数坐标，确定对应的立方体和向量，然后立即将其存入向量中。对于给定的结构单元，计算其整数坐标，根据其整数坐标找到具有相同整数坐标的立方体及其向量中存储的模流单元，然后从这些单元中找到最佳的单元进行配对。一个特殊的情况是，当一个结构单元的质心恰好在立方体的边界上时，可能会发生故障，那么匹配工作应该扩展到其他八个相邻的立方体。

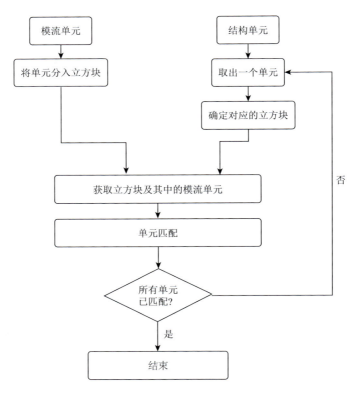

图 **6.35** 自由网格单元匹配算法

（4）纤维重新定向。真实情况下，纤维方向始终位于单元平面内，代表单元材料的主要方向。而在实际情况下，模流和结构网格在单元尺寸和数量、单元类型、近似算法等方面的差异，导致配对上的模流分析网格和结构分析网格通常不共面或不平行，因此必须将位于模流单元中的纤维取向重新定向到配对的结构单元中。纤维重新定向是通过将纤维从流动单元投影到匹配的结构单元上来完成的，并将投影线视为新的纤维方向，纤维重新定向效果如图 6.36 所示。

图 6.36　纤维重新定向

（a）模流分析单元纤维取向；（b）定向到结构分析单元纤维取向

材料数据重建包括修改纤维角度和补充缺失数据。由于材料数据是在单元坐标系中定义的，其主方向由纤维与单元坐标系 x 轴的夹角 θ 来衡量。在 Moldflow 中，由单元的 3 个节点决定。x 轴平行于第一条边 l_{ij} 并从节点 i 指向 j，z 轴平行于单元平面的法线方向，然后根据右手定则获得 y 轴。在 Abaqus 中，它的 x 轴是全局坐标系 x 轴在单元上的投影。因此，应在纤维投影后修改角度 θ。对于一对匹配的单元，θ 的修正算法如下：①根据 θ 和模流单元坐标系信息将纤维方向转化为全局 3D 向量；②将向量投影到结构单元平面；③重新计算角度 θ。

Moldflow 导出的单元默认被重新分割为 20 层，每一层都有自己的材料数据。Moldflow 和 Abaqus 都将单元材料数据保存为数据块，但格式不同。在 Moldflow 中，一个数据块只存储所有单元的 20 层中的一层材料数据，而在 Abaqus 中，一个数据块存储一个单元 20 层的所有材料数据。所以必须调整 Moldflow 的数据块。此外，泊松比 v_{23} 等一些材料数据是不需要的，但缺少一项必要数据，从复合材料的力学理论可知，缺失的数据是剪切模量 G_{23}，其值由下式获得：

$$G_{23} = \frac{E_{22}}{2(1 + v_{23})} \tag{6.163}$$

式中，E_{22} 和 v_{23} 分别是 2-3 横向各向同性平面上的杨氏模量和泊松比。最后，泊松比 v_{23} 的计算可采用式（6.161）或式（6.162），两者的结果一致。

6.5.3　工程应用：纤维增强注塑汽车尾门联合仿真

随着全球能源危机加剧、新能源汽车的兴起，迫切需要汽车进一步轻量化以减少能源消耗、提高电动车续航里程。在此背景下，高分子复合材料注塑制品从传统的广泛应用于汽车内外饰，逐渐尝试向"四门两盖"这类结构/半结构制件上应用。相对于传统的金属汽车尾门，纤维增强注塑尾门具有多零件集成一次成型、轻量化效果明显等优势，然而注射成型过程纤维取向和断裂导致制品力学性能与注射成型工艺密切相关，且产品不同部位性能呈现变化的各向异性分布。那么传统的基于各向同性材料参数开展的制品结构设计和分析，已不再适用纤维增强注塑尾门的开发。因此，对于可靠的纤维增强注塑制品开发，必须开展纤维增强注射成型与制品结构行为的联合仿真分析。

1. 模流分析与参数转换

将自主开发的 DCtool 软件应用于 FRT 汽车尾门的开发和联合仿真，首先需要模流分析和参数转换。这是一个真正的产品，经过优化设计后的汽车尾门 CAD 模型如图 6.37（a）所示，该尾门占空间尺寸为 1.06 m×1.3 m×0.5 m，成型材料为 PP + LGF40%（Sabic STAMAX 40YM240）。注射成型设备为 HT-3300T，成型参数为熔体温度 250℃、充填时间 6.8 s、保压时间 12 s、保压压力设置为最大注射压力的 85%，模具温度为 60℃。采用直接和侧浇口注塑，浇口与流道设计如图 6.37（b）所示。

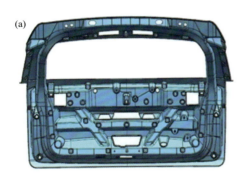
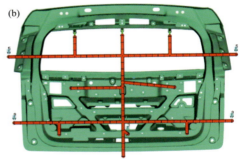

图 6.37　汽车尾门模型

（a）CAD 模型；（b）浇口与流道设计

根据上述注塑工艺，采用 Moldflow 开展了模流分析，共划分 287291 个三角形网格，模拟得到的纤维平均取向如图 6.38 所示。然后，采用 DCtool 软件将模流分析三角形单元信息匹配到 ABAQUS 结构分析三角形和四边形混合单元上，并利用修正 Tandon-Weng 模型完成结构分析单元的正交各向异性材料参数计算，提供给 ABAQUS 结构分析使用。图 6.39 为模流分析纤维取向与匹配到结构分析单元纤维取向的对比，通过放大图可发现，纤维在局部特征位置的取向能非常准确地匹配到结构分析三角形和四边形混合单元，这为联合仿真的准确计算奠定了基础。

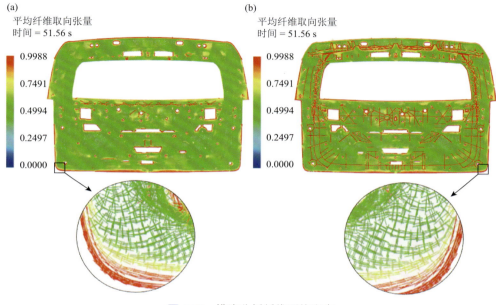

图 **6.38**　模流分析纤维平均取向

（a）俯视图；（b）底视图

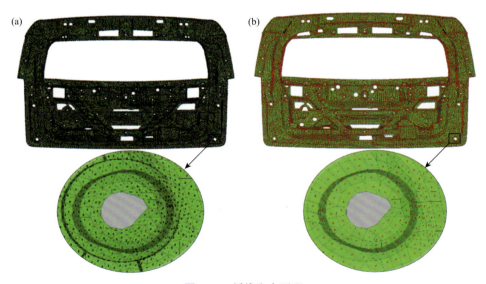

图 **6.39**　纤维取向匹配

（a）模流分析纤维取向；（b）匹配到结构分析单元纤维取向

2. 扭转刚度测试与仿真分析

根据纤维增强尾门的实际工况，首先开展扭转刚度的测试和联合仿真，约束和载荷如图 6.40 所示。

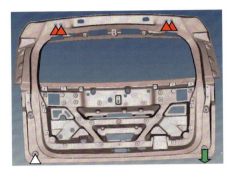

🔺 约束全部自由度
🔺 约束自由度3
🔽 $F = 50 \text{ N}(-z)$

图 6.40　约束与载荷

🔺表示与铰链连接的车身侧，6 个自由度全部约束，而铰链本身 3 个方向位移约束、转动自由度释放，🔺表示 z 向位移约束，🔽 表示在-z 方向施加 50 N 的载荷

在上述扭转工况下，Moldflow-ABAQUS 联合仿真计算得到的加载处 z 向位移为-70.8 mm，图 6.41（a）所示。同时，对注塑完成的尾门开展相同工况下的扭转位移测试，图 6.41（b）所示，3 次尾门扭转位移测试的平均值为-74.1 mm，与通过联合仿真确定的设计值-70.8 mm 吻合度较好，与设计值相差仅为 4.7%，表明基于联合仿真分析开发的汽车尾门符合设计目标，这进一步证明利用 DCtool 软件开展的联合仿真分析，能有效地指导实际生产中制品的结构设计和刚度校核。

(a)

1320176
设计值=-70.8

(b)

50 N

图 6.41　扭转位移联合仿真与测试

（a）Moldflow-ABAQUS 联合仿真；（b）扭转位移测试

3. 弯曲刚度测试与仿真分析

汽车尾门弯曲刚度测试和联合仿真，约束和载荷如图 6.42 所示，

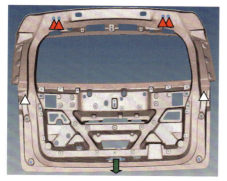

△ 约束全部自由度
△ 约束自由度3
↓ $F = 150\ N(-z)$

图 6.42　约束与载荷

▲ 和 △ 代表约束与图 6.40 相同，↓ 表示在 $-z$ 方向施加 150 N 的载荷

　　弯曲工况下，Moldflow-ABAQUS 联合仿真得到的加载处 z 向位移为 $-4.6\ mm$，图 6.43（a）所示。弯曲刚度测试如图 6.43（b）所示，3 次测试平均值为 $-5.17\ mm$，二者吻合度较好，联合仿真设计值达到实测值的 88.97% 左右，表明基于联合仿真分析设计开发的汽车尾门符合弯曲工况下的设计目标，再次证明联合仿真分析在开发大尺寸、高性能要求制品过程中具有重要的指导意义，使纤维增强注塑制品结构设计从定性层面上升到定量层面。

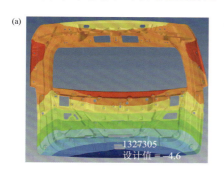

图 6.43　弯曲位移联合仿真与测试

（a）Moldflow-ABAQUS 联合仿真；（b）弯曲位移测试

　　应用联合仿真技术指导设计的汽车尾门，较好地达到了设计目标，扭转位移和弯曲位移的实测值均与联合仿真值吻合度较好，表明联合仿真分析在开发类似汽车尾门这种大尺寸、高性能纤维增强制品时，具有重要的指导意义，其使注塑

制品结构设计从定性层面上升到定量层面，对提高产品开发成功率、缩短开发周期具有不可替代的作用。

6.6 透明件注射成型-光学性能一体化分析

传统无机玻璃制造的光学制品，具有光学常数精确、光学性质均匀稳定且坚硬耐磨，不易变形的优点[177]，但与透明高分子加工制品相比，其具有质量重、成型加工困难且受冲击易碎的缺点，已无法适应当前对光学器件轻量化、高性能、高效率、低成本的要求[177-179]。自20世纪末以来，以聚碳酸酯（PC）为代表的高分子光学制品在一些领域逐渐替代传统玻璃制品[178-181]，比较典型的有战机风挡、航天面窗、光学透镜等。

透明高分子制品最主要的成型工艺是注射成型[180-183]，其具有产品质量稳定、生产效率高、可近净精密成型复杂结构产品的优点[184]。然而，在注射成型中，制品不同位置所经历的压力和温度变化不尽相同，其对应的熔体凝固时间和凝固压力也会不同，最终在制件中形成非均匀的密度和残余应力分布[184-187]。根据 Lorentz-Lorenz 光学理论，折射行为与透明高分子的聚集程度紧密相关，其折射值随密度的增加而增大[186-189]。所以，注塑透明件非均匀的密度分布必将使其折射率产生非均匀的变化，并最终加剧其角偏差、光畸变等光学缺陷。

因此，如何利用模具设计和工艺参数设置来优化透明件的透光行为就成为研究的热点。为获得均匀光扩散的光学制品，朱勤勤[178]利用共焦显微镜开展了模腔粗糙度对制品光扩散的影响研究。Huang[186]研究了工艺条件对注塑 PC 制件光透过率和雾度的影响，发现工艺条件对雾度影响较大。王鑫等[190]开展了浇口形状对 PC 注塑制品光透过率的影响研究。曹国荣等[191]和王宇宏等[192]分别开展了 PC 注塑件光学角偏差的实验研究，发现厚度均匀性是影响角偏差的重要因素之一。

要深入研究工艺参数对注塑件透光行为的影响机制，更有效的方法是数值模拟与实验研究相结合[193-195]。Park 等[196]基于注塑软件 TIMON3D，模拟分析了成型参数对光学透镜折射率和像差变化的影响，发现优化成型参数有利于像差均匀变化。Yang 等[197]利用 MoldFlow 模拟的压力和温度数据，研究了保压压力对 PMMA 注塑透镜折射行为的影响，指出适当高的压力有利于折射率的均匀性。同样基于 Moldflow，Bensingh 等[198]利用混合人工神经网络优化模拟参数来减小 PC 双非球面透镜收缩率，以此来改善透镜光学性能。Li 等[199]通过模流软件 Moldex3D 数值分析了注塑多焦渐进镜像差变化和折射率分布。Adhikari 等[200]利用有限元法模拟了注塑透镜成型后的光学像差。李金仓等[201]基于正交试验法，开展了注塑透明件光透过率的计算和实验研究。

关于注塑件折射率的数值研究，多是在商业模流软件导出的模拟数据基础上进行的，该方法在采用 Hele-Shaw 理论模拟薄壁透明件时存在缺陷。在 Hele-Shaw 假设中，制件壁厚方向压力梯度被忽略，单个节点在该方向只能输出 1 个压力值和 1 个平均的温度值，基于该数据计算的密度和折射率无法体现出厚度方向的变化。然而，折射率在厚度方向的变化对光的传播路径却有重要影响。

在 Hele-Shaw 模拟基础上，本书笔者提出在制品壁厚方向分层求解温度场并跟踪每层熔体冻结时的压力，以此实现厚度方向折射率分层模拟，采用 C ＋＋语言开发了相关模拟程序，基于自主研发的注塑软件 Z-Mold 实现了注塑过程与折射率分布的一体化模拟[202]。以 PC 注塑平板为例，验证了该方法的可靠性，并成功应用到神舟系列航天服面窗的模拟分析。

6.6.1　注射成型与折射率一体化模拟方法

注射成型过程压力场模拟分为充填和保压两个阶段，充填阶段通常认为高聚物熔体是不可压缩的，根据 Hele-Shaw 中面假设和相应的边界条件，可推导得到注射成型充填阶段压力场求解方程。一体化模拟的基本方法为，首先开展注射成型过程压力场计算和温度场分层求解，同时根据高聚物状态方程求解密度分布，最后根据折射率分层预测模型计算透光制品的折射率分布。

1. 注射成型过程温度场分层求解

中面模拟是沿制品中心面划分三角形网格，图 6.44（b）所示，厚度信息记录在单元节点上，基于该网格求解压力场方程时，单个时间步内不考虑厚度方向压力变化，这对薄壁制品是合理的。而对于传热过程，当熔体接触模腔上下表面时，热传导的作用使制品厚度方向温度变化剧烈，此时则需在厚度方向上分层计算温度变化，图 6.44（c）所示。

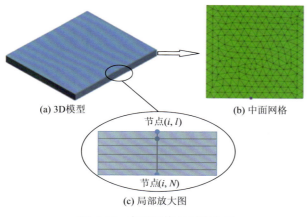

(a) 3D模型　　　　　　　　　　(b) 中面网格

节点(i, l)

节点(i, N)

(c) 局部放大图

图 6.44　中面网格与厚度分层

基于上述分层计算思想，考虑到充填时熔体流速较快、流动方向传热以对流为主的特征，将能量方程的剪切项、对流项和热传导项分步求解，如式（6.164）所示。

$$\begin{cases} \rho C_p \dfrac{\partial T}{\partial t} = \eta \dot{\gamma}^2 \\[2mm] \dfrac{\partial T}{\partial t} + v_x \dfrac{\partial T}{\partial x} + v_y \dfrac{\partial T}{\partial y} = 0 \\[2mm] \rho C_p \dfrac{\partial T}{\partial t} = k \dfrac{\partial^2 T}{\partial z^2} \end{cases} \quad （6.164）$$

式中，ρ、C_p、t、$\dot{\gamma}$、v 及 k 分别是密度、比热容、时间、剪切速率、各方向的速度和热导率。求解时，厚度方向的剪切项、热传导项与流动方向对流项分步交替求解。对流项基于中面三角形网格求解即可，不再赘述。而厚度方向，在中面网格节点位置根据层数划分一维单元，用于求解热传导和剪切生热，以体现厚度方向温度场变化。同时，在每个时间步根据节点温度判断每层熔体凝固情况、并跟踪每层冷凝时的压力，然后根据状态方程求解制品的密度分布。

2. 折射率分层模拟方法

根据 Lorentz-Lorenz 光学理论，可推导得到透明介质摩尔折射度 A、分子量 W、密度与折射率 n 之间的关系式：

$$\rho = \frac{W}{A} \frac{n^2 - 1}{n^2 + 2} \quad （6.165）$$

实验研究表明，ρ 与 $\dfrac{n^2 - 1}{n^2 + 2}$ 具有线性关系，A 和 W 是透明介质固有属性。根据该特性，可根据常温常压下物质折射率来计算其他条件下的折射率。

折射率厚度分层与温度场相同，图 6.45 所示，对于任意的中面三角形网格节点 i，假定其在厚度上共分为 L 层，对于任意第 j 层，其厚度和冻结压力分别用 $H_{i,j}$ 和 $p_{i,j}$ 表示，根据 PVT 方程则可得到节点 i 在该层的密度

$$\rho_{i,j} = \frac{1}{V_0(T)\left\{1 - 0.08941\ln\left[1 + \dfrac{p_{i,j}}{B(T_{i,j})}\right]\right\}} \quad （6.166）$$

结合式（6.165）和式（6.166）即可得到节点 i 在第 j 层的折射率计算公式

$$n_{i,j} = \sqrt{\frac{2A\rho_{i,j} - W}{W - A\rho_{i,j}}} \quad （6.167）$$

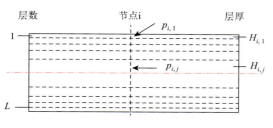

图 **6.45**　制品厚度分层

6.6.2　折射率模拟与实验研究

基于上述压力场、温度场求解方程和折射率分层计算方法，在 Z-Mold 平台上开发完成了折射率分层计算代码程序，实现了注塑与折射行为的一体化模拟。

1. PC 平板透明件折射率模拟

如图 6.46 所示，边长 100 mm、厚度 2 mm 的正方形注塑透明件，注射料为光学 PC，材料参数见表 6.7。工艺参数为：注塑时间 2 s，熔体温度 280℃，模具温度 90℃，保压压力为最大注射压力的 90%，保压时间 10 s，冷却时间 10 s。该模型共划分 6154 个单元、3178 个节点，点浇口设置在边中点，图 6.46（b）所示。

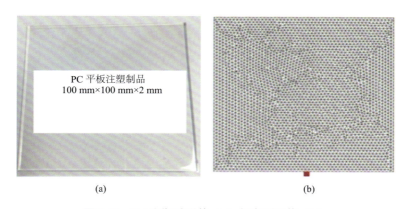

(a)　　　　　　　　　　　　　　　　(b)

图 **6.46**　PC 注塑透明件（a）与中面网格（b）

表 **6.7**　PC 性能参数

密度/(kg/m³)	热传导率/[W/(m·K)]	比热容/[J/(kg·K)]	玻璃化转变温度/K
1045.6	0.23	1881	417

图 6.47 是距浇口 20 mm 附近节点 700 折射率在厚度方向的计算结果。折射率

在厚度上呈 M 形变化，即从制品表面到中心折射率先增大后减小，该规律与充模过程中厚度上冻结压力变化基本一致。在实际注射成型的"喷泉"流动中，压力较低的流动前沿熔体首先与上下模腔壁接触而在制品表面形成凝固层，而较低的压力也被冻结在制品表面凝固层；随着熔体不断向前流动，表面凝固层附近的熔体压力也不断升高，因此在表面至中心的过渡区域熔体凝固时压力也会增大；在制品中心，当浇口凝固或保压结束时，该区域温度较高的熔体或固体因温度下降而冻结压力也同步下降。上述折射率与冻结压力一致的变化规律，表明压力对厚度方向折射率变化有显著影响。

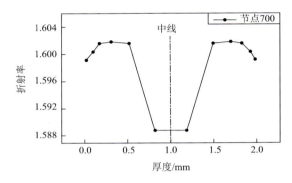

图 6.47 厚度方向折射率分布

图 6.48 是通过厚度方向取权平均得到的流动方向折射率分布，折射率在浇口区域和填充末端较大，流动方向上呈先减小再增大的变化规律。究其原因，在注射成型过程中浇口区域压力一直最大，该区域密度和折射率也通常最大；而在制品最后充填部位，当填充结束、保压开始时，还未形成凝固层或凝固层很薄，

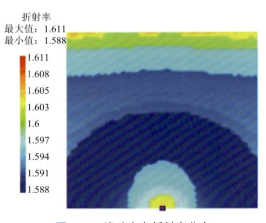

图 6.48 流动方向折射率分布

随着熔体的凝固，较大的保压压力被冻结在该部位，因此折射率相对也较大。上述模拟结果显示，制品整体最终折射率在厚度方向和流动方向均呈现出与注射成型工艺相关的变化趋势，表明成型工艺对制品内部折射率的整体分布具有重要影响。

图 **6.49**　折射率测量仪器

2. 折射率的实验研究

为验证模拟方法的可靠性，实验注射成型了一批图 6.46（a）所示 PC 透明件，成型中最大注射压力为 39MPa。利用 Brewster 定律测量其折射率分布，测量仪器如图 6.49 所示。考虑到实验很难测量厚度方向折射率变化且单个测量点仅可测得 1 个折射率，这里采取测量值与相应位置厚度方向模拟结果取权平均值进行对比。

在注塑件中心线上，分别距浇口 10 mm、25 mm、40 mm、55 mm、70 mm 位置进行测量，测量 5 组取平均值，测量值与模拟取权平均值对比如表 6.8 所示。对比结果表明，依次远离浇口，测量值与模拟值均呈现先减小后增大的变化规律，且数值上二者比较接近，表明折射率算法具有较高的可靠性。

表 6.8　折射率测量值与模拟值对比

距浇口距离/mm	Brewster 角/(°)	折射率测量值	折射率模拟值
10	58.05	1.6034	1.6000
25	57.89	1.5935	1.5914
40	57.97	1.5985	1.5903
55	57.97	1.5985	1.5890
70	58.11	1.6072	1.5953

6.6.3　工程应用：宇航服面窗

针对某型号宇航服面窗的研制，利用一体化模拟程序开展了面窗折射率的模拟分析。计算网格如图 6.50 所示，单元尺寸 8 mm，共划分 4034 个单元、2072 个节点。光学 PC 点浇口注射，模拟参数为：注塑时间 3 s，熔体温度 280℃，模具温度 80℃，以最大注射压力 85%保压，保压和冷却时间均为 10 s。为定量分析面窗不同位置折射率变化，在通过浇口的对称线上每隔 4 个单元选择 1 个节点共 12 个节点为考察对象。

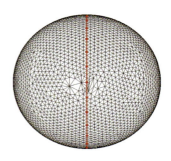

图 **6.50**　宇航服面窗网格

1. 折射率分层模拟分析

计算时厚度方向共分 12 层，图 6.51 是表面层（第 1 层）、过渡层（第 4 层）和中心层（第 6 层）各考察点折射率计算结果。结果表明，表面层折射率在流动方向呈均匀减小趋势，这与该层由前沿熔体凝固形成、冻结压力在流动方向逐渐降低有关；而过渡层整体上折射率最大，且在流动方向中间位置有明显的波动；在中心层，除充填末端的波动外，折射率普遍最小且均匀性较好。整体而言，该面窗厚度方向折射率变化规律及成因与图 6.47 基本一致。事实上，这种厚度方向的变化趋势是由注射成型工艺过程决定的，是该成型方式的固有属性。图 6.52 是第 4 层和第 6 层折射率分布云图。

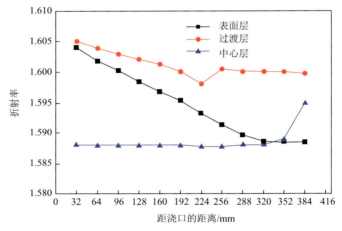

图 6.51　不同层折射率预测值

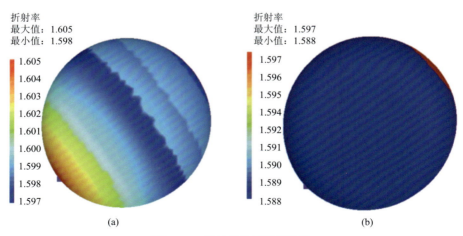

(a)　　　　　　　　　　　　　　　　　(b)

图 6.52　折射率分层模拟结果

（a）第 4 层；（b）第 6 层

2. 保压对折射率分布影响

在不改变其他工艺条件下,分别模拟了不同保压方式下折射率的分布(图 6.53 和图 6.54)。在以最大注射压力 45%保压时,折射率整体较小且相邻考察点折射值波动较大,表明保压压力明显不足,面窗非均匀收缩导致折射率呈非规律的波动分布;当保压压力增大到 85%时,从浇口到充填末端折射率呈均匀变化的趋势,折射率波动显著减小;而以最大注射压力 90%保压 3 s、80%保压 4 s、70%保压 3 s 的动态方式保压时,折射率变化的均匀性进一步改善,且最大折射率较 85%保压有所下降。模拟结果表明,该动态保压能有效改善折射率变化均匀性、调控折射率大小,是相对较优的保压方式。

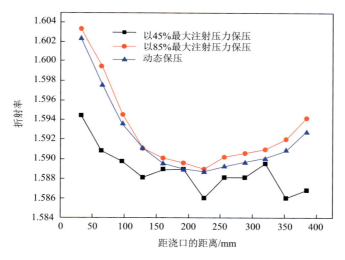

图 6.53　不同保压方式下折射率预测值

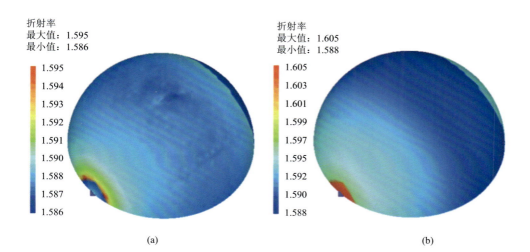

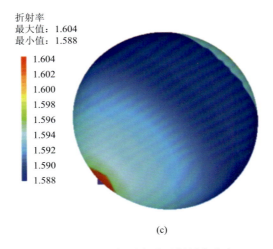

折射率
最大值：1.604
最小值：1.588

(c)

图 6.54　不同保压方式下折射率分布

（a）保压压力为最大注射压力的 45%；（b）保压压力为最大注射压力的 85%；（c）动态保压

3. 宇航服面窗角偏差预测模拟

光学角偏差是评价透明制品光学性能的重要参数之一，是描述光线通过透明制品后光线传播方向变化的物理量，如图 6.55 所示。光学角偏差由两部分组成：横向位移 d 和光线偏转角 θ。横向位移主要与透明件折射率、厚度和入射角有关，折射率、厚度和入射角一定时，横向位移不会随目标距离的变化而变化。这里主要对角度偏转引起的角偏差进行讨论。

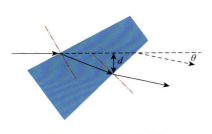

图 6.55　角偏差示意图

注射成型高分子透明制品会由于成型设备及成型参数选择不当而产生折射率分布不均、翘曲与收缩等缺陷。这些缺陷都会使制品具有较大的角偏差，影响使用性能。为了进一步讨论注射成型工艺对面窗角偏差的影响，本节采用单一变量法分析保压压力、模具温度、熔体温度等因素对面窗角偏差的影响，统一设置入射角为 50°。

1）保压过程对角偏差的影响

在注射成型过程中，保压过程会增加注塑件的密度，而密度、折射率、角偏差三者之间相互联系。在其他工艺参数不变情况下，分别讨论不保压、以最大充填压力百分比保压及阶段性保压对角偏差的影响。可以看到：①不保压。即不设置保压过程对面窗注塑件进行模拟分析，折射率及角偏差结果如图 6.56 所示，最大角偏差为 42.7′，此时制品折射率及角偏差分布均匀性较差。②以最大充填压力

85%、时间为 10 s 保压，结果如图 6.57 所示，此时最大角偏差为 42.81′，比不保压略有增加，但折射率及角偏差分布均匀性得到明显改善，表明保压有利于角偏差的均匀性分布。③采用压力逐渐递减的阶段保压，以最大充填压力的 90%、80% 和 70%保压 10 s，结果如图 6.58 所示，此时最大角偏差为 42.84′。通过与以上模拟结果对比可发现，阶段性保压与不保压相比，同样使折射率及角偏差均匀性得到改善，但与非阶段性保压方式相比，均匀性变化不明显。

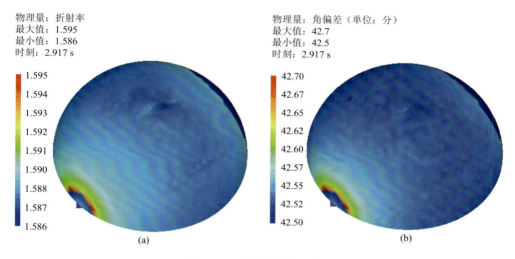

图 **6.56**　无保压时模拟结果

（a）折射率模拟结果；（b）角偏差模拟结果

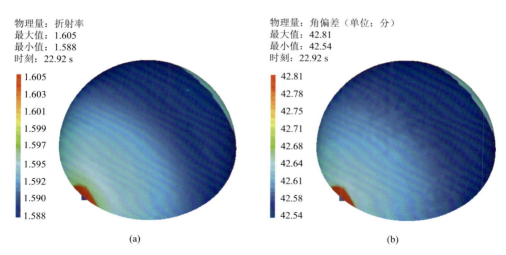

图 **6.57**　采用最大充填压力的 85%保压 10 s 时模拟结果

（a）折射率模拟结果；（b）角偏差模拟结果

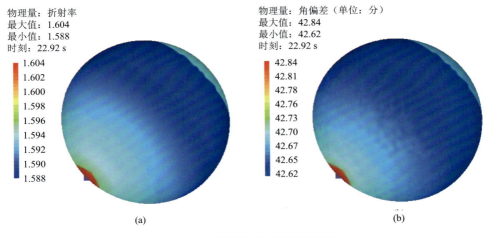

图 **6.58** 采用阶段性保压模拟结果

（a）折射率模拟结果；（b）角偏差模拟结果

2）模具温度对角偏差的影响

采用阶段性保压，模具温度分别设置为 65℃、75℃、85℃、95℃，角偏差模拟结果及不同模具温度下角偏差随取点位置变化关系分别如图 6.59 和图 6.60 所示。可以看出，不同模具温度下，面窗角偏差变化规律相同，由浇口到最后充填位置角偏差呈现先减小后增大的趋势。随着模具温度的升高，角偏差数值无明显变化，但分布均匀性大幅改善。

由此可以看出，角偏差数值上对模具温度变化不敏感，但适当地升高模具温度，有利于角偏差分布更加均一。

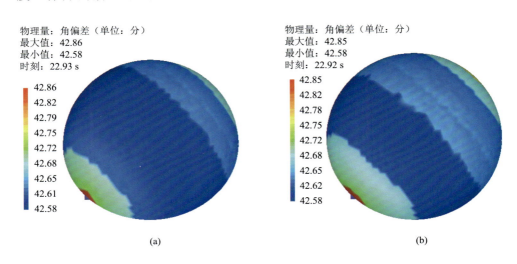

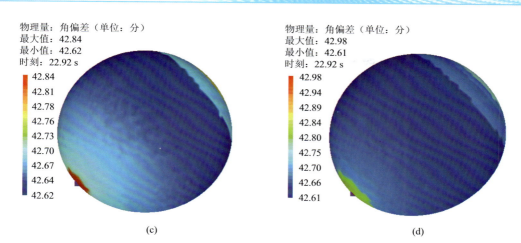

物理量：角偏差（单位：分）
最大值：42.84
最小值：42.62
时刻：22.92 s

物理量：角偏差（单位：分）
最大值：42.98
最小值：42.61
时刻：22.92 s

（c）　　　　　　　　　　　　　　　　（d）

图 6.59　模具温度对角偏差的影响

（a）模具温度为 65℃；（b）模具温度为 75℃；（c）模具温度为 85℃；（d）模具温度为 95℃

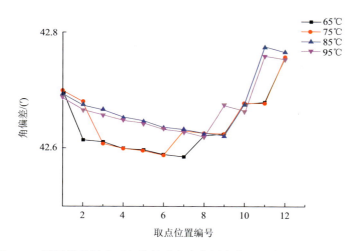

图 6.60　不同模具温度下角偏差随取点位置变化（取点位置见图 6.50）

3）熔体温度对角偏差的影响

熔体温度分别设置为 265℃、275℃、285℃和 295℃，采用阶段保压，研究熔体温度对 PC 面窗角偏差的影响。角偏差模拟结果以及不同熔体温度下角偏差随取点位置变化如图 6.61 和图 6.62 所示。可以看出，不同熔体温度下，由浇口附近到熔体最终充填位置处，角偏差都呈现先减小后增大的趋势。随着熔体温度的升高，角偏差数值无明显变化，但熔体温度的升高同样提升了角偏差分布的均匀性。图 6.63 为最佳成型工艺下最终注塑完成的宇航服面窗。

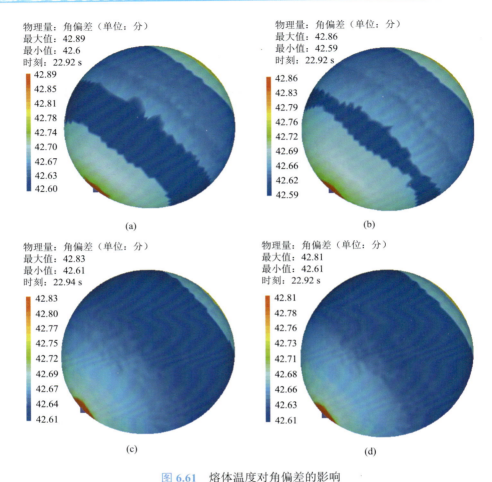

图 **6.61** 熔体温度对角偏差的影响

（a）熔体温度 265℃；（b）熔体温度 275℃；（c）熔体温度 285℃；（d）熔体温度 295℃

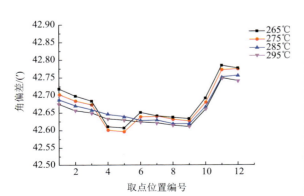

图 **6.62** 不同熔体温度下角偏差随取点位置变化

图 **6.63** 注塑宇航服面窗

6.7 发展趋势与展望

近四十年注射成型模拟的理论和数值方法均取得了长足的进步，开发了很多实用的商业软件，对塑料产业的指导作用日益突出，但塑料产业发展也日新月异，精度越来越高，加工周期越来越短，对 CAE 的要求也越来越高。为迎接塑料行业面临的挑战，解决关键技术难题，注射成型 CAE 亟需解决以下问题：

（1）黏弹性理论与算法。黏弹性理论模型能够表征材料的真实特征，使用黏弹性本构模型能够预测二次流、应力光学条纹等复杂物理现象，为复杂材料体系如纤维复合材料提供相容的分析模型与算法，还可以为后续的结构分析、光学分析等提供更完整的初始数据。黏弹性模拟面临的主要问题：一是模型的准确性不足，尤其是针对复合材料的精确黏弹性模型十分稀缺，现有模型均有一定的适用范围，线形材料模型难以适用带支链的材料，单一材料模型不适用于复合材料；二是数值求解精度不高，黏弹性求解本身的难度阻碍了数值方法的有效性，高精度的数值方法面临收敛性、稳定性等困难。

（2）成型、成性一体化分析。注射成型分析可以辅助工程师探索工艺的可行性、模具结构的合理性，预测制品的缺陷与外观质量，但难以预测脱模后制品的变形、寿命、装配精度以及制品服役性能，而这些性能与材料特征、成型工艺、模具结构密切相关，如流动过程中残余应力决定了成型制品的折射率。因此，需要开展一体化分析为制品的定制化设计与加工提供理论分析工具。一方面，一体化分析需要共享网格数据，开发接口程序提供下一分析软件需要的初始数据及必要的性能参数，如复合材料成型分析完成后需要根据材料特性、纤维取向计算结构分析需要的各向异性模量；另一方面，需要根据制品性能要求构造成型的反问题，即以 CAE 理论为基础用灵敏度分析方法建立制品性能与材料特征、模具结构与成型工艺之间的依赖关系，构造求解算法。

（3）基于大数据的智能计算。塑料材料种类繁多，成型机制也各有特点，模具结构更是千差万别，具体产品加工会出现飞边、流痕、翘曲变形等各种问题，依靠经验、分析软件一一解决会花费很多的时间与资源，而中国有多达 15571 家规模以上塑料加工企业，每天从事数以千万的塑料制品生产，收集这些产品加工的成功经验、失败教训及解决方法，将其标准化、数字化，形成塑料成型加工的知识库、方案库、案例库，结合传感技术及 CAE 计算结果，应用优化设计、机器学习算法开发塑料成型模具结构、加工工艺的智能分析系统，辅助设计、成型工程师及时发现问题、找出解决方案，实现塑料注射成型的智能化。

（4）无网格与多尺度模拟。注塑制品质量与材料在不同尺度下的结构密切相关。无网格法配合拉格朗日描述可以更容易实现注射成型过程中物性参数的追踪，而多尺度模拟可以同时得到不同尺度下的结构信息，两者的发展与结合可以更深入地了解注塑制品质量与性能的形成机制，进一步提升注塑制品的质量，拓宽注塑制品的使用场景和领域。

参 考 文 献

[1]　Hieber C A，Shen S F. A finite-element/finite-difference simulation of the injection-molding filling process[J]. J Non-Newton Fluid，1980，7：1-32.

[2]　Wang W，Hieber C A，Wang K K. Dynamic simulation and graphics for the injection molding of 3-dimensional thin parts[J]. J Polym Eng，1986，7：21-45.

[3]　Chiang H H，Hieber C A，Wang K K. A unified simulation of the filling and postfilling stages in injection molding. Part I：Formulation[J]. Polym Eng Sci，1991，31：116-124.

[4]　Himasekhar K，Lottey J，Wang K K. CAE of mold cooling in injection molding using a three-dimensional numerical simulation[J]. J Eng Ind Trans ASME，1992，144：213-221.

[5]　Isayev A I. Orientation，residual stresses，and volumetric effect in injection molding[M]//Isayev A I. Injection and Compression Molding Fundamentals. New York：Marcel Deker，1987：227-328.

[6]　Batoz J L，Lardeur P. A discrete shear triangular nine d.o.f. element for the analysis of thick to very thin plates[J]. Int J Numer Meth Eng，1989，28：533-560.

[7]　Zheng R，Tanner R I，Fan X J. Injection Molding：Integration of Theory and Molding Methods[M]. Heidelberg：Springer，2011.

[8]　Cao W，Wang R，Shen C. A dual domain method for 3D flow simulation[J]. Polym-Plast Technol，2004，43（5）：1471-1486.

[9]　Pichelin E，Coupez T. Finite element solution of the 3D filling problem for viscous incompressible fluid[J]. Comput Method Appl M，1998，163：359-371.

[10]　Pichelin E，Coupez T. A Taylor discontinuous galerkin method for the thermal solution in 3D mold filling[J]. Comput Method Appl M，1999，178：153-169.

[11]　Advani S G，Tucker C L III. The use of tensors to describe and predict fiber orientation in short fiber composites[J]. J Rheol，1987，31：751-784.

[12]　Folgar F P，Tucker C L III. Orientation behavior of fiber in concentrated suspensions[J]. J Reinf Plast Comp，1984，3：98-119.

[13]　Fan X J，Phan-Thien N，Zheng R. A direct simulation of fiber suspensions[J]. J Non-Newton Fluid，1998，74：113-135.

[14]　Phelps J H，Tucker C L II. An anisotropic rotary diffusion model for fiber orientation in short- and long-fiber thermoplastics[J]. J Non-Newton Fluid，2009，156：165-176.

[15]　Tucker C L III，Wang J，O'Gara J F. Method and article of manufacture for determining a rate of change of orientation of a plurality of fibers disposed in a fluid：US 11442560[P]. 2007.

[16]　Wang J，O'Gara J F，Tucker C L III. An objective model for slowing orientation kinetics in concentrated fiber suspensions：theory and rheological evidence[J]. J Rheol，2008，52：1179-1200.

[17]　Hand G L. A theory of anisotropic fluids[J]. J Fluid Mech，1962，13：33-46.

[18]　Doi M. Molecular dynamics and rheological properties of concentrated solution of rodlike polymers in isotropic

and liquid crystalline phases[J]. J Polym Sci: Polym Phys Edition，1981，19: 229-143.

[19] Lipscomb D D II, Denn M M, Hur D U, et al. The flow of fiber suspension in complex geometry[J]. J Non-Newton Fluid，1988，26: 297-325.

[20] Advani S G，Tucker C L III. Closure approximations for three-dimensional structure tensors[J]. J Rheol，1990，34: 367-386.

[21] Hinch E J, Leal L G. Constitutive equations in suspension mechanics. Part 2: Approximate forms for a suspension of rigid particles affected by Brownian rotations[J]. J Fluid Mech，1976，76: 187-208.

[22] Cintra J S，Tucker C L III. Orthotropic closure approximations for flow-induced fiber orientation[J]. J Rheol，1995，39: 1095-1121.

[23] Dupret F，Verleye V. Modelling the flow of fiber suspensions in narrow gaps[M]//Siginer D A，de Kee D，Chhabra R P. Advances in the Flow and Rheology of Non-Newtonian Fluids. New York: Elsevier，1999: 1347-1398.

[24] Chung D H，Kwon T H. Invariant-based optimal fitting closure approximation for the numerical prediction of flow-induced fiber orientation[J]. J Rheol，2002，46: 169-194.

[25] Austin C. Warpage Design Principles[M]. Melbourne: Moldflow Pty Ltd.，1991.

[26] Shoemaker J. Moldflow Design Guide: A Reference for Plastics Engineers[M]. Munich: Hanser，2006.

[27] Tucker C L III，Liang E. Stiffness predictions for unidirectional short-fiber composites: review and evaluation[J]. Compos Sci Technol，1999，59: 655-671.

[28] Mori T，Tanaka K. Average stress in matrix and average elastic energy of materials with misfitting inclusions[J]. Acta Metall，1973，21: 571-574.

[29] Mura T. Micromechanics of Defects in Solids[M]. Boston: Martinus Nijhoff Publishers，1987.

[30] Nguyen B N，Bapanapalli S K，Holbery J D，et al. Fiber length and orientation in long-fiber injection-molded thermoplastics. Part I: Modeling of microstructure and elastic properties[J]. J Compos Mater，2008，42（10）: 1003-1029.

[31] Schulenberg L，Seelig T，Andrieux F，et al. An anisotropic elasto-plastic material model for injection-molded long fiber-reinforced thermoplastics accounting for local fiber orientation distributions[J]. J Compos Mater，2017，51（14）: 2061-2072.

[32] Rosen B W，Hashin Z. Effective thermal expansion coefficients and specific heats of composite materials[J]. Int J Eng Sci，1970，8: 157-173.

[33] Struik L C E. Internal Stresses，Dimensional Instabilities and Molecular Orientations in Plastics[M]. Chichester: Wiley，1990.

[34] Cao W，Shen C，Li H. Coupled part and mold temperature simulation for injection molding based on solid geometry[J]. Polym-Plast Technol，2006，45: 741-749.

[35] Padding J T，Briels W J. Systematic coarse-graining of the dynamics of entangled polymer melts: the road from chemistry to rheology[J]. J Phys-Condens Mat，2011，23（23）: 233101.

[36] Brini E，Algaer E A，Ganguly P，et al. Systematic coarse-graining methods for soft matter simulations—a review[J]. Soft Matter，2013，9（7）: 2108-2119.

[37] Müller-Plathe F. Coarse-graining in polymer simulation: from the atomistic to the mesoscopic scale and back[J]. ChemPhysChem，2002，3（9）: 754-769.

[38] de Gennes P G. Reptation of a polymer chain in the presence of fixed obstacles[J]. J Chem Phys，1971，55: 572-579.

[39] Doi M，Edwards S F. Dynamics of concentrated polymer systems. Part 1: Brownian motion in the equilibrium

state[J]. J Chem Soc Farad T 2，1978，74：1789-1801.

[40] Doi M，Edwards S F. Dynamics of concentrated polymer systems. Part 2：Molecular motion under flow[J]. J Chem Soc Farad T 2，1978，74：1802-1817.

[41] Doi M，Edwards S F. Dynamics of concentrated polymer systems. Part 3：The constitutive equation[J]. J Chem Soc Farad T 2，1978，74：1818-1832.

[42] Doi M，Edwards S F. Dynamics of concentrated polymer systems. Part 4：Rheological properties[J]. J Chem Soc Farad T 2，1979，75：38-54.

[43] Doi M，Edwards S F. The Theory of Polymer Dynamics[M]. Oxford：Clarendon Press，1988.

[44] Doi M. Soft Matter Physics[M]. New York：Oxford University Press，2013.

[45] Masubuchi Y. Simulating the flow of entangled polymers[J]. Annu Rev Chem Biomol，2014，5：11-33.

[46] Graham R S，Likhtman A E，McLeish T C B，et al. Microscopic theory of linear，entangled polymer chains under rapid deformation including chain stretch and convective constraint release[J]. J Rheol，2003，47（5）：1171-1200.

[47] Kremer K，Grest G S. Dynamics of entangled linear polymer melts：a molecular-dynamics simulation[J]. J Chem Phys，1990，92（8）：5057-5086.

[48] Masubuchi Y，Takimoto J I，Koyama K，et al. Brownian simulations of a network of reptating primitive chains[J]. J Chem Phys，2001，115（9）：4387-4394.

[49] Schieber J D，Neergaard J，Gupta S. A full-chain，temporary network model with sliplinks，chain-length fluctuations，chain connectivity and chain stretching[J]. J Rheol，2003，47（1）：213-233.

[50] De S，Fish J，Shephard M S，et al. Multiscale modeling of polymer rheology[J]. Phys Rev E，2006，74（3）：030801.

[51] Yasuda S，Yamamoto R. Multiscale simulation for thermo-hydrodynamic lubrication of a polymeric liquid between parallel plates[J]. Mol Simulat，2015，41（10-12）：1002-1005.

[52] Yasuda S，Yamamoto R. Synchronized molecular-dynamics simulation via macroscopic heat and momentum transfer：An application to polymer lubrication[J]. Phys Rev X，2014，4（4）：041011.

[53] Yasuda S，Yamamoto R. Synchronized molecular-dynamics simulation for the thermal lubrication of a polymeric liquid between parallel plates[J]. Comput Fluids，2016，124：185-189.

[54] Murashima T，Taniguchi T. Flow-history-dependent behavior of entangled polymer melt flow analyzed by multiscale simulation[J]. J Phys Soc Jpn，2012，81（Suppl. A）：SA013.

[55] Murashima T，Taniguchi T，Yamamoto R，et al. Multiscale simulations for polymeric flow[J]. arXiv：1101.1211v1，2011.

[56] Murashima T，Yasuda S，Taniguchi T，et al. Multiscale modeling for polymeric flow：particle-fluid bridging scale methods[J]. J Phys Soc Jpn，2012，82（1）：012001.

[57] Feng H，Andreev M，Pilyugina E，et al. Smoothed particle hydrodynamics simulation of viscoelastic flows with the slip-link model[J]. Mol Syst Des Eng，2016，1（1）：99-108.

[58] 张小华，欧阳洁，孔倩. 聚合物流动的多尺度模拟[J]. 化工学报，2007，58（8）：1897-1904.

[59] Guo X，Cao Y，Wang M，et al. A Multi-scale Parallel Numerical Solver for Modeling of Two-phase Viscoelastic Fluids Based on the OpenFOAM[C]. Proc 2015 Int Conf Model，Simul Appl Math. Phuket：Atlantis Press，2015.

[60] Masubuchi Y，Uneyama T，Saito K. A multiscale simulation of polymer processing using parameter-based bridging in melt rheology[J]. J Appl Polym Sci，2012，125（4）：2740-2747.

[61] 娄燕，裴九龙，何培乾. 一种基于分子链段长度的微观黏度模型[J]. 高分子材料科学与工程，2015，1：126-132.

[62] 任金莲，陆伟刚，蒋涛. 充模过程中熔接痕的改进光滑粒子动力学方法模拟与预测[J]. 物理学报，2015，

64（8）：80202-080202.

[63]　Bird R B，Armstrong R C，Hassager O. Dynamics of Polymeric Liquids. Volume 1：Fluid Mechanics[J]. New York：John Wiley and Sons，1987.

[64]　Cross M M. Rheology of non-Newtonian fluids：a new flow equation for pseudoplastic systems[J]. J Colloid Sci，1965，20（5）：417-437.

[65]　Hieber C A，Chiang H H. Shear-rate-dependence modeling of polymer melt viscosity[J]. Polym Eng Sci，1992，32：931-938.

[66]　Williams M L，Landel R F，Ferry J D. The temperature dependence of relaxation mechanisms in amorphous polymers and other glass-forming liquids[J]. J Am Chem Soc，1955，77：3701-3707.

[67]　Phan-Thien N，Tanner R I. A new constitutive equation derived from network theory[J]. J Non-Newton Fluid，1977，2（4）：353-365.

[68]　Langouche F，Debbaut B. Rheological characterization of high density polyethylene with a multi-mode differential viscoelastic model and numerical simulation of transient elongational recovery experiments[J]. Rheol Acta，1999，38：48-64.

[69]　Verbeeten W M H，Peters G W M，Baaijens F P T. Differential constitutive equations for polymer melts：the extended Pom-Pom model[J]. J Rheol，2001，45：823-843.

[70]　Tanner R I，Nasseri S. Simple constitutive models for linear and branched polymers[J]. J Non-Newton Fluid，2003，116：1-17.

[71]　Leonov A I. Nonequilibrium thermodynamics and rheology of viscoelastic polymer media[J]. Rheol Acta，1976，15：85-98.

[72]　Pivokonsky R，Zatloukal M，Filip P. On the predictive/fitting capabilities of the advanced differential constitutive equations for linear polyethylene melts[J]. J Non-Newton Fluid，2008，150：56-64.

[73]　Ericksen J L. Anistropic fluids[J]. Arch Ration Mech An，1959，4：231-237.

[74]　Dinh S H，Armstrong R C. A rheological equation of state for semi-concentrated fiber suspensions[J]. J Rheol，1984，28：207-227.

[75]　Phan-Thien N，Graham A L. A new constitutive model for fiber suspensions：flow past a sphere[J]. Rheol Acta，1991，30：44-57.

[76]　Van Krevelen D W，Hoftyzer P J. Properties of Polymers：Their Estimation and Correlation with Chemical Structure[M]. 2nd ed. Amsterdam：Elsevier，1976.

[77]　Zoller P，Kehl T A，Starkweather H W，et al. The equation of state and heat of fusion of poly(ether ether ketone)[J]. J Polym Sci Pol Phys，1989，27：993-1007.

[78]　Zoller P，Fakhreddine Y A. Pressure-volume-temperature studies of semi-crystalline polymers[J]. Thermochim Acta，1994，238：397-415.

[79]　Eder G，Janeschitz-Kriegl H. Crystallization[M]//Meijer HEH. Processing of Polymers. New York：Wiley-VCH，1997：269-342.

[80]　van Meerveld J，Peters GWM，Hutter M. Towards a rheological classification of flow induced crystallization experiments of polymer melts[J]. Rheol Acta，2004，44：119-134.

[81]　Janeschitz-Kriegl H，Ratajski E，Stadlbauer M. Flow as an effective promotor of nucleation in polymer melts：a quantitative evaluation[J]. Rheol Acta，2003，42：355-364.

[82]　Mykhaylyk O O，Chambon P，Graham R S，et al. The specific work of flow as a criterion for orientation in polymer crystallization[J]. Macromolecules，2008，41：1901-1904.

[83] Kolmogoroff A N. On a statistical theory of crystallization of metals[J]. ISV Akad Nauk USSR，Ser Math，1937，1：355-359.

[84] Avrami M. Kinetics of phase change. I. General theory[J]. J Chem Phys，1939，7：1103-1112.

[85] Lauritzen J I，Hoffman J D. Formation of polymer crystals with folded chains from dilute solution[J]. J Chem Phys，1959，31（6）：1680-1681.

[86] Fulchiron R，Koscher E，Poutot G，et al. Analysis of the pressure effect on the crystallization kinetics of polypropylene：dilatometric measurements and thermal gradient modeling[J]. J Macromol Sci B，2001，40：297-314.

[87] Liedauer S，Eder G，Janeschitz-Kriegl H，et al. On the kinetics of shear induced crystallization in polypropylene[J]. Int Polym Proc，1993，8：236-244.

[88] Zuidema H. Flow induced crystallization of polymers：application to injection moulding[D]. Eindhoven：Eindhoven University of Technology，2000.

[89] Zuidema H，Peters G W M，Meijer H E H. Development and validation of a recoverable strain-based model for flow-induced crystallization of polymers[J]. Macromol Theor Simul，2001，10：447-460.

[90] Koscher E，Fulchiron R. Influence of shear on polypropylene crystallization：morphology development and kinetics[J]. Polymer，2002，43：6931-6942.

[91] Coppola S，Grizzuiti N，Maffettone P L. Microrheological modeling of flow-induced crystallization[J]. Macromolecules，2001，34：5030-5036.

[92] Zheng R，Kennedy P K. A model for post-flow induced crystallization：general equation and predictions[J]. J Rheol，2004，48：823-842.

[93] Tanner R I，Qi F. A comparison of some models for describing polymer crystallization at low deformation rate[J]. J Non-Newton Fluid，2005，127：131-141.

[94] Tanner R I. On the flow of crystallizing polymers. I. Linear regime[J]. J Non-Newton Fluid，2003，112：251-268.

[95] Tanner R I. The changing face of rheology[J]. J Non-Newton Fluid，2009，157：131-141.

[96] Doufas A K，Dairanieh I S，McHugh A J. A continuum model for flow-induced crystallization of polymer melts[J]. J Rheol，1999，43：85-109.

[97] Doufas A K，McHugh A J，Miller C. Simulation of melt spinning including flow-induced crystallization. Part I：Model development an predictions[J]. J Non-Newton Fluid，2000，92：27-66.

[98] Pantani R，Speranza V，Titomanlio G. Relevance of crystallization kinetics in the simulation of injection molding process[J]. Int Polym Proc，2001，16：61-71.

[99] Hieber C A. Modeling/simulating the injection molding of isotactic polypropylene[J]. Polym Eng Sci，2002，42：1387-1409.

[100] van den Brule B H A A. A network theory for the thermal conductivity of an amorphous polymeric material[J]. Rheol Acta，1989，28：257-266.

[101] van den Brule B H A A. The non-isothermal elastic dumbbell：a model for the thermal conductivity[J]. Rheol Acta，1990，29：416-422.

[102] van den Brule B H A A，O'Brien S B G. Anisotropic conduction of heat in a flowing polymeric material[J]. Rheol Acta，1990，29：580-587.

[103] Huilgol R R，Phan-Thien N，Zheng R. A theoretical and numerical study of non-Fourier effects in viscometric and extensional flows of an incompressible simple fluid[J]. J Non-Newton Fluid，1992，43：83-102.

[104] Venerus D C，Schieber J D，Balasubramanian V，et al. Anisotropic thermal conduction in a polymer liquid

subjected to shear flow[J]. Phys Rev Lett，2004，93：098301.

[105]　Schieber J D，Venerus D C，Bush K，et al. Measurement of anisotropic energy transport in flowing polymers using a holographic technique[J]. Proc Natl Acad Sci USA，2004，101：13142-13146.

[106]　Dai S C. Tanner R I Anisotropic thermal conductivity in sheared polypropylene[J]. Rheol Acta，2006，45：228-238.

[107]　Zheng R，Kennedy P K. Anisotropic thermal conduction in injection molding[C]. Proc. 22nd Annual Conf Polym Process Soc. Yamagata，2006.

[108]　Zheng R，Tanner R I，Lee W D，et al. Modeling of flow-induced crystallization of colored polypropylene in injection molding[J]. Korea-Aust Rheol J，2010，22：151-162.

[109]　Cao W，Shen C，Wang R. 3D Flow simulation for viscous nonisothermal incompressible fluid in injection molding[J]. Polym-Plast Technol，2005，44：901-917.

[110]　耿铁，李德群，周华民，等. 注塑充模过程中温度场的全三维数值模拟[J]. 化工学报，2005，56（9）：1612-1617.

[111]　Zhou H，Yan B，Zhang Y. 3D filling simulation of injection molding based on the PG method[J]. J Mater Process Tech，2008，204：475-480.

[112]　赵朋，赵耀，严波，等. 注射成型中聚合物剪切诱导结晶行为的三维模拟[J]. 化工学报，2017，68（11）：4359-4366.

[113]　Zhang S，Hua S，Cao W，et al. 3D Viscoelastic simulation of jetting in injection molding[J]. Polym Eng Sci，2019，59（Suppl2）：E397-E405.

[114]　Hua S，Zhang S，Cao W，et al. Simulation of jetting in injection molding using a finite volume method[J]. Polymers-Basel，2016，8（172）：1-10.

[115]　Brooks A N，Hughes T J R. Streamline upwind/Petrov-Galerkin formulations for convection dominated flows with particular emphasis on the imcompressible Navier-Stokes equations[J]. Comput Method Appl M. 1982，32：199-259.

[116]　Marchal J M，Crochet M J. A new mixed finite element for calculating viscoelastic flow[J]. J Non-Newton Fluid，1987，26：77-114.

[117]　Crochet M J，Legat V. The consistent streamline-upwind/Petrov-Galerkin method for viscoelastic flow revisited[J]. J Non-Newton Fluid，1992，42：283-299.

[118]　Fortin M，Fortin A. A new approach for the fem simulation of viscoelastic flows[J]. J Non-Newton Fluid，1989，32：295-310.

[119]　Baaijens F P T. Numerical experiments with a discontinuous Galerkin method including monotonicity enforcement on the stick-slip problem[J]. J Non-Newton Fluid，1994，51：141-159.

[120]　Crochet M J，Davies A R，Walters K. Numerical Simulation of Non-Newtonian Flow[M]. Amsterdam：Elsevier，1984.

[121]　Mendelson M A，Yeh P W，Armstrong R C，et al. Approximation error in finite element calculation of viscoelastic fluid flows[J]. J Non-Newton Fluid，1982，10：31-54.

[122]　Guênette R，Fortin M. A new mixed finite element method for computing viscoelastic flows[J]. J Non-Newton Fluid，1995，60：27-52.

[123]　Baaijens F P T. Mixed finite element methods for viscoelastic flow analysis：a review[J]. J Non-Newton Fluid，1998，79：361-385.

[124]　Wang W，Li X，Han X. A numerical study of constitutive models endowed with Pom-Pom molecular attributes[J]. J Non-Newton Fluid，2010，165：1480-1493.

[125]　Wapperom P，Webster M F. Simulation for viscoelastic flow by a finite volume/element method[J]. Comput

Method Appl M，1999，180：281-304.

[126] Webster M F，Tamaddon-Jahromi H R，Aboubacar M. Time-dependent algorithms for viscoelastic flow：finite element/volume schemes[J]. Numer Meth Part D E，2005，21：272-296.

[127] Tamaddon Jahromi H R，Webster M F，Williams P R. Excess pressure drop and drag calculations for strain-hardening fluids with mild shear-thinning：Contraction and falling sphere problems[J]. J Non-Newton Fluid，2011，166：939-950.

[128] López-Aguilar J E，Webster M F，Tamaddon-Jahromi H R，et al. High-Weissenberg predictions for micellar fluids in contraction-expansion flows[J]. J Non-Newton Fluid，2015，222：190-208.

[129] Alves M A，Pinho F T，Oliveira P J. Effect of a high resolution differencing scheme on finite-volume predictions of viscoelastic flows[J]. J Non-Newton Fluid，2000，93：287-314.

[130] Alves M A，Oliveira P J，Pinho F T. A convergent and universally bounded interpolation scheme for the treatment of advection[J]. Int J Numer Meth Fl. 2003，41：47-53.

[131] Cao W，Hua S，Zhang S，et al. Three-dimensional viscoelastic simulation for injection/compression molding based on arbitrary Lagrangian Eulerian description[J]. J Comput Nonlin Dyn，2016，11（5）：051004.

[132] Isayev A I，Lin T H. Frozen-in birefringence and anisotropic shrinkage in optical moldings：I. Theory and simulation scheme[J]. Polymer，2010，51：316-327.

[133] Zhuang X，Ouyang J，Li Y，et al. A three-dimensional thermal model for viscoelastic polymer melt packing process in injection molding[J]. Appl Therm Eng，2018，128：1391-1403.

[134] Hughes T J R，Liu K，Zimmermann T K. Lagrangian-Eulerian finite element formulation for incompressible viscous flows[J]. Comput Method Appl M，1981，29：329-349.

[135] Hirt C W，Nichols B D. Volume of fluid（VOF）method for the dynamics of free boundaries[J]. J Comput Phys，1981，39：201-225.

[136] Osher S，Sethian J A. Fronts propagating with curvature-dependent speed：algorithms based on Hamilton-Jacobi formulations[J]. J Comput Phys，1988，79：12-49.

[137] Dou H S，Khoo B C，Phan-Thien N，et al. Simulations of fiber orientation in dilute suspensions with front moving in the filling process of a rectangular channel using level set method[J]. Rheol Acta，2007，46：427-447.

[138] 张世勋，曹伟，叶曙兵，等. 高速微注射成型中熔体充填模式及裹气机理研究[J]. 中国塑料，2012，26（1）：65-70.

[139] Zheng R，Phan-Thien N，Tanner R I. The flow of a suspension fluid in injection molding[C]//Yeow Y L，Uhlherr P H T. Proc Fifth Natl Conf Soc Rheol. Melbourne，1990：141-144.

[140] Jin X. Boundary element study on particle orientation caused by the fountain flow in injection molding[J]. Polym Eng Sci，1993，33：1238-1242.

[141] Sato T，Richardson S M. Numerical simulation of the fountain flow problem for viscoelastic fluids[J]. Polym Eng Sci，1995，39：805-812.

[142] Bogaerds A C B，Hulsen M A，Peters G W M，et al. Stability analysis of injection molding flows[J]. J Rheol，2004，48：765-785.

[143] Baltussen M G H M，Hulsen M A，Peters G W M. Numerical simulation of the fountain flow instability in injection molding[J]. J Non-Newton Fluid，2010，165：631-640.

[144] Mitsoulis E. Fountain flow of pseudoplastic and viscoplastic fluids[J]. J Non-Newton Fluid，2010，165：45-55.

[145] 蒋炳炎，谢磊，吴旺青，等. 微尺度流道中流体流动前沿的喷泉流动仿真[J]. 高分子材料科学与工程，2006，22（5）：5-9.

[146]　Dupret F，Vanderschuren L. Calculation of the temperature field in injection molding[J]. AICHE J，1988，34：
　　　　1959-1972.

[147]　Crochet M J，Dupret F，Verleye V. Injection molding[M]//Advani S G. Flow and Rheology in Polymer Composites
　　　　Manufacturing. Amsterdam：Elsevier，1994：442-444.

[148]　Yokoi H，Masuda N，Mitsuhata H. Visualization analysis of flow front behavior during filling process of injection
　　　　mold cavity by two-axis tracking system[J]. J Mater Process Tech，2002，130：328-333.

[149]　Jong W，Hwang S，Wu C，et al. Using a visualization mold to discuss the influence of gas counter pressure and
　　　　mold temperature on the fountain flow effect[J]. Int Polym Proc，2018，2：256-267.

[150]　Rezayat M，Burton T. Boundary-integral formulation for complex three-dimensional geometries[J]. Int J Numer
　　　　Meth Eng，1990，29：263-273.

[151]　申长雨. 注塑成型模拟及模具优化设计理论与方法[M]. 北京：科学出版社，2009.

[152]　Fan Z，Costa F，Zheng R，et al. Three-dimensional warpage simulation for injection molding[C]//ANTEC 2004
　　　　Conference Proceedings. Brookfield：Society of Plastics Engineers，2004：491-495.

[153]　张雄，刘岩. 无网格法[M]. 北京：清华大学出版社，2004.

[154]　Bernal F，Kindelan M. An RBF meshless method for injection molding modelling[M]//Griebel M，Schweitzer M A.
　　　　Meshfree Methods for Partial Differential Equations III. Berlin：Springer，2007：41-56.

[155]　张祖军. 无网格法及其在注塑充填数值分析中的应用[D]. 广州：华南理工大学，2010.

[156]　Gingold R A，Monaghan J J. Smoothed particle hydrodynamics：theory and application to non-spherical stars[J].
　　　　Mon Not R Astron Soc，1977，181（3）：375-389.

[157]　Liu G R，Liu M B. Smoothed Particle Hydrodynamics：a Meshfree Particle Method[M]. New Jersey：World
　　　　Scientific，2003.

[158]　Fan X J，Tanner R I，Zheng R. Smoothed particle hydrodynamics simulation of non-Newtonian moulding flow[J].
　　　　J Non-Newton Fluid，2010，165（5-6）：219-226.

[159]　蒋涛，任金莲，徐磊，等. 非等温非牛顿黏性流体流动问题的修正光滑粒子动力学方法模拟[J]. 物理学报，
　　　　2014，63（21）：210203.

[160]　Xu X，Yu P. Extension of SPH to simulate non-isothermal free surface flows during the injection molding
　　　　process[J]. Appl Math Model，2019，73：715-731.

[161]　Yashiro S，Sasaki H，Sakaida Y. Particle simulation for predicting fiber motion in injection molding of
　　　　short-fiber-reinforced composites[J]. Compos Part A-Appl S，2012，43（10）：1754-1764.

[162]　He L，Lu G，Chen D，et al. Three-dimensional smoothed particle hydrodynamics simulation for injection molding
　　　　flow of short fiber-reinforced polymer composites[J]. Model Simul Mater Sci，2017，25（5）：055007.

[163]　黄明，石宪章，刘春太，等. 基于统一网格的塑件成型与模具结构一体化分析[J]. 化工学报，2012，63（8）：
　　　　2617-2622.

[164]　黄明，刘春太，苗军伟，陈静波. 注射成型与模具结构一体化分析统一网格生成技术[J]. 工程塑料应用，2010，
　　　　38（12）：69-72.

[165]　宋佩骏. 长纤维增强热塑性复合材料力学性能研究[D]. 郑州：郑州大学，2020.

[166]　Eshelby J D. The determination of the elastic field of an ellipsoidal inclusion，and related problems[J]. Proceedings
　　　　of the royal society of London Series a Mathematical and physical sciences，1957，241（1226）：376-396.

[167]　Hashin Z，Shtrikman S. On some variational principles in anisotropic and nonhomogeneous elasticity[J]. J Mech
　　　　Phys Solids，1962，10（4）：335-342.

[168]　Hashin Z，Shtrikman S. A variational approach to the theory of the elastic behaviour of multiphase materials[J]. J

Mech Phys Solids，1963，11（2）：127-140.

[169] Walpole L. On bounds for the overall elastic moduli of inhomogeneous systems—Ⅰ [J]. J Mech Phys Solids，1966，14（3）：151-162.

[170] Walpole L. On bounds for the overall elastic moduli of inhomogeneous systems—Ⅱ [J]. J Mech Phys Solids，1966，14（5）：289-301.

[171] Willis J R. Bounds and self-consistent estimates for the overall properties of anisotropic composites[J]. J Mech Phys Solids，1977，25（3）：185-202.

[172] Wu C T D，McCullough R L. Constitutive relationships for heterogeous materials[J]. Devel Compos Mater，1977，119-187.

[173] Cox H. The elasticity and strength of paper and other fibrous materials. British J Appl Phys，1952，3（3）：72.

[174] Hill R. A self-consistent mechanics of composite materials[J]. J Mech Phys Solids，1965，13（4）：213-222.

[175] Laws N，McLaughlin R. The effect of fibre length on the overall moduli of composite materials[J]. J Mech Phys Solids，1979，27（1）：1-13.

[176] Halpin J. Stiffness and expansion estimates for oriented short fiber composites[J]. J Compos Mater，1969，3（4）：732-734.

[177] Yi A Y，Tao B，Klocke F，et al. Residual stresses in glass after molding and its influence on optical properties[J]. Procedia Eng，2011，19（1）：402-406.

[178] 朱勤勤，封麟先. 光学用透明高分子材料[J]. 高分子材料科学与工程，1995，（5）：1-6.

[179] 官建国，袁润章. 光学透明材料的现状和研究进展（Ⅰ）：光学透明高分子材料[J]. 武汉工业大学学报，1998，（2）：11-13.

[180] Michaeli W，Klaiber F，Forster J. Geometrical accuracy and optical performance of injection moulded and injection-compression moulded plastic parts[J]. Manuf Technol，2007，56（1）：545-548.

[181] Jha G S，Seshadri G，Mohan A，et al. Development of high refractive index plastics[J]. Polymers，2007，7：1384-1408.

[182] Pina-Estany J，García-Granadab AN A，Corull-Massanaa E. Injection moulding of plastic parts with laser textured surfaces with optical applications[J]. Opti Mater，2018，79：372-380.

[183] Yanagishita T，Masui M，Ikegawa N，et al. Fabrication of polymer antireflection structures by injection molding using ordered anodic porous alumina mold[J]. J Vac Sci Technol B，2014，32（2）：021809-021809-5.

[184] Wang C F，Huang M，Shen C Y，et al. Warpage prediction of the injection-molded strip-like plastic parts[J]. Chin J Chem Eng，2016，24（5）：665-670.

[185] Spina R，Walach P，Schild J，et al. Analysis of lens manufacturing with injection molding[J]. Int J Precis Eng Manuf，2012，13（11）：2087-2095.

[186] Huang C. Investigation of injection molding process for high precision polymer lens manufacturing [D]. Ohio: The Ohio State University，2008.

[187] Afzal M A F，Hachmann J. Benchmarking DFT approaches for the calculation of polarizability inputs for refractive index predictions in organicpolymers[J]. Phys Chem Chem Phys，2019，21（8）：4452-4460.

[188] Afzal M A F，Cheng C，Hachmann J. Combining first-principles and data modeling for the accurate prediction of the refractive index of organic polymers[J]. J Chem Phys，2018，148（24）：241712-241712-8.

[189] 李海梅，姜坤，徐文莉，等. 工艺条件对透明光学制品性能的影响[J]. 中国机械工程，2006，（S1）：157-160.

[190] 王鑫，李海梅，杜林芳. 模具结构和熔体温度对 PC 透明制品性能的影响[J]. 工程塑料应用，2008，36（1）：27-30.

[191] 曹国荣，王克俭. 注塑工艺对聚碳酸酯曲面透光件光学角偏差的影响[J]. 中国塑料，2015，29（11）：87-91.

[192] 陈宇宏，袁渊，张宜生，等. 基于光学畸变要求的注射成型透明平板应力翘曲分析[J]. 航空材料学报，2008，28（6）：82-87.

[193] Avraam I I，Tsui-Hsun L. Frozen-in birefringence and anisotropicshrinkage in opticalmoldingsI: Theory and simulation scheme[J]. Polymer，2010，51（1）：316-327.

[194] Avraam I I，Tsui-Hsun L，Keehae K. Frozen-in birefringence and anisotropic shrinkage in optical moldings：II. Comparison of simulations with experiments on light-guide plates[J]. Polymer，2010，51（23）：5623-5639.

[195] Yang S S，Tai H K. A study of birefringence，residual stress and final shrinkage for precision injection molded parts[J]. Korea-Aust Rheol J，2007，19（4）：191-199.

[196] Park K，Joo W. Numerical evaluation of a plastic lens by coupling injection molding analysis with optical simulation[J]. Jpn J Appl Phys，2008，47（11）：8402-8407.

[197] Yang C，Su L J，Huang C N，et al. Effect of packing pressure on refractive index variation in injection molding of precision plastic optical lens[J]. Adv Polym Technol，2011，30（1）：51-61.

[198] BensinghR J，Machavaram R，Boopathy S R，et al. Injection molding process optimization of a bi-aspheric lens using hybrid artificial neural networks（ANNs）and particle swarm optimization（PSO）[J]. Measurement，2019，134：359-374.

[199] Li L，Raasch T W，Yi A Y. Simulation and measurement of optical aberrations of injection molded progressive addition lenses[J]. Appl Opt，2013，52（24）：6022-6029.

[200] Adhikari A，Bourgade T，Asundi A. Residual stress measurement for injection molded components[J]. Theor Appl Mech Lett，2016，6（4）：152-156.

[201] 李金仓. 注射成型聚碳酸酯制品透光性能模拟与实验研究[D]. 郑州：郑州大学，2016.

[202] 黄明，康俊阳，吴昕哲，等. 注塑成型光学制品折射率分层模拟与实验研究[J]. 化工学报，2019，70（7）：2503-2511.

[203] 曹伟，任梦柯，刘春太，等. 注塑成型模拟理论与数值算法发展综述[J]. 中国科学：技术科学，2020，50（6）：667-692.

第7章　高分子材料成型加工研究新使命

1. 高分子材料成型加工中的基础问题

　　高分子材料成型加工和工程应用密切关联，但其本质还是归结为多外场参数对高分子链段运动、相变、多尺度动力学影响的科学问题。因此，突破高分子材料成型加工"卡脖子"技术，发展创新的成型加工技术，以满足越来越复杂的高分子材料制品的制备，建立完备的高分子成型加工理论，对我国先进高分子材料及其制品的发展具有重要的意义。

　　高分子材料成型加工中的基础物理问题。2005 年 7 月 *Science* 杂志提出了 21 世纪科学研究面临的 100 个重大科学问题，其中玻璃态与玻璃化转变被列为科学界应高度关注的前 25 个问题之一，这充分说明了高分子多尺度结构调控的重要性，此外，在高分子结晶、多尺度多层次凝聚态、导电高分子及其复合材料等方面依然存在许多尚未解决的科学问题。

　　（1）多尺度结构耦合。高分子具有多尺度结构特征，其不同尺度结构都会影响高分子材料的成型加工性和制品的服役性能。然而，跨越多个空间尺度的结构信息如何有效耦合，并与高分子制品最终服役性建立有效的关系，依然是高分子材料成型加工的一大基础科学问题和挑战。

　　（2）先进表征技术。随着高分子制品的更新迭代加速，高分子材料成型加工工艺、模具结构等成型加工要素也越来越复杂。如何对成型加工工艺/步骤、多尺度结构演化等过程进行原位研究，是优化成型加工工艺参数、提高高分子制品性能的关键。因而，在现有的同步辐射、中子散射与固体核磁等先进表征技术的基础上，还需要结合多尺度模拟，以更有效地揭示高分子材料成型加工过程中的聚集态结构与动力学演化规律及机制。

　　（3）工程基因数据库。不同高分子材料、不同成型加工工艺、不同模具结构均会使高分子制品的性能有很大差异。同时在学术界，目前已有的实验数据尚没有进行系统的归纳与挖掘，因而需要建立可供学校、科研院所和企业方便查阅的高分子材料成型加工工程基因数据库，以减少重复实验，并为实际工业生产过程提供指导。

2. 高分子材料绿色再制造理论

目前使用的高分子材料多源于石油资源，它们不仅在废弃后难以降解，还造成了十分严重的环境污染。即使通过传统的焚烧、掩埋方法处理废弃的高分子材料，同样会对空气和土壤造成不可逆的危害。此外，近年来海洋中不可降解"塑料微粒"在许多生物体中的富集现象，已引起国际社会的高度关注。随着人类社会发展和技术进步，反哺社会发展过程中造成的环境污染已成为人类的历史使命。高分子材料成型加工是人类社会发展过程中不可或缺的一环，在推动行业和产业可持续发展的同时，同样应为人类命运共同体的构建和全球可持续发展做出应有贡献。

（1）可降解、可再生高分子材料的绿色合成。研究绿色、安全、温和的可降解高分子合成新方法是高分子材料可持续发展的重要课题之一。研究生物基聚合物（如聚乳酸）的绿色合成方法，探索新型生物基高分子材料，开发高效催化剂，减少高分子合成能耗，在成型加工过程中进行原位合成等是实现可降解、可再生高分子材料绿色合成面临的重要问题。

（2）高分子材料的低能耗、无污染绿色成型加工技术。降低高分子成型加工中的能耗与污染，研究高精度、定制化高分子制品的成型新技术和新方法，实现高分子材料的轻量化、高性能化和功能化是高分子材料绿色成型加工的主要发展方向。目前，我国亟待攻关的技术主要包括：高分子材料的固态加工和低温成型技术，多维度、多材料、高精度、高效率增材制造技术，精密高分子零部件的微纳成型技术，基于超临界流体的绿色泡沫制备技术等。

（3）高分子材料高效回收再利用与环保降解技术。我国不仅是高分子材料及制品生产与消费大国，也是高分子材料回收再利用大国。高分子材料的有效回收和再利用不仅能够节约石油资源，而且可以缓解废弃高分子材料造成的环境污染与破坏。然而，目前废弃高分子材料中有 12%被焚烧，79%被填埋或废弃到自然环境，只有大约 9%得到循环利用。在高分子材料回收方面主要有物理回收和化学回收两种方法。尤其应针对环境影响严重、不可降解的高分子材料，亟待出开发更低能耗、更低污染、过程更简单的废弃高分子材料回收再利用的新方法、新技术。此外，采用微生物技术路线对石油基高分子材料（如聚苯乙烯、聚乙烯、聚氯乙烯）的绿色降解也是一项备受关注的新技术，该技术的成熟和进一步推广应用将为高分子材料的绿色回收再利用带来曙光。

3. 国家战略用高分子材料成型加工

近年来，新材料开发已成为技术革新的关键因素，许多卓越工程都离不开新材料的研制及应用。目前在航空和航天工业领域，金属材料的应用十分广泛。由于高性能高分子及其复合材料不仅具有轻质、高强度、高刚度等特性，而且具有易于成型加工的优点，正逐步替代传统金属材料在航空和航天领域的应用。例如，航空和航天飞行器某些特殊部位已大量使用具有透波、隐身和防热耐烧蚀的高性能结构/功能性的高分子复合材料。同时，随着科技的发展，世界各国均加快了对空间的探测和利用的步伐，我国在进一步开发和利用近地空间的同时，也吹响了加快深空探测的号角。嫦娥一号卫星和天宫一号飞行器的升空，拉开了我国深空探测和空间站建设的大幕。随着探月工程、火星探测等航天任务的开展，航天活动在时间上的延长和空间上的拓展，肯定会带来以往没有遇到的轨道环境问题，如行星际及深空中的极端低温、月面的月尘、金星表面的酸性大气、火星尘暴、木星强磁场与强辐射带等；临近空间及亚轨道环境中的臭氧、中高层大气、风场低气压、冰晶、蓝色闪电等极端空间条件，对航天器的在轨寿命和可靠性带来了严峻挑战。因此，航天材料是实现航天器结构/功能、提升航天器性能的重要保证，也是保证航天器长寿命、运行高可靠性的材料基础。相对于金属或无机非金属材料，高分子及其复合材料的航空航天使役性问题显得更为突出，而解决这些问题的关键在于具有特殊功能高分子材料的合成、可行高效的成型加工方法以及可靠的使役性能评估。

4. 高分子材料成型加工智能化

高分子材料成型加工的智能化依靠互联网通信技术，将数据收发、海量存储、通信功能等融于一体，实现成型工程的全过程智能化监管。

（1）模具智能化。智能模具中应用了大量传感器，其位置如何确定、可靠性如何保证等给模具结构设计增加了新的难题，智能控制系统以及复杂动作结构模块等设计元素的加入以及设计软件水平的提升、各种数据库的建立和积累都给模具设计和制造过程带来了极大的挑战。智能模具结构上的改变和设计思想必须通过模具制造来实现，如传感器的安装实现、实时控制系统的有效性、复杂动作模块的制造，乃至水、电、热控制的精确实现等。

（2）模具成型仿真技术。一方面是离线仿真问题，新技术、新材料、新结构以及新工艺都会促进仿真技术（模型）的发展，特别是热场、磁场、光等物理和化学仿真的大量需求，将模具仿真技术和理论水平提升到一个前所未有的高度。另一方面是模具实时的仿真与控制问题，即仿真软件与模具结合，当高分子材料通过模具成型过程出现偏差，而控制系统数据库又不能给出相应调整指令时，必须根据实时仿真数据迅速给出合理的建议指令，这样就要求仿真系统发出的指令必须快而准确。

（3）成型工艺的智能化实时控制。需要较为完备的构建在成型工艺理论和技术之上的工艺控制软件。专家系统和专家数据库的模式已经远远不能满足模塑成型过程的智能化实时控制。因此，模塑成型工艺理论和技术成为高分子材料成型加工智能化的关键。可以预测，未来的模具将不仅仅是模具硬件本身，而是带有成型工艺软件的模具。

5. 医用高分子材料成型加工

在先进医疗设备和医疗技术领域中，医用高分子材料成型加工发挥着举足轻重的作用。基于高分子材料的抗菌、灭菌试管、容器、包装、外壳、防护设备等医用制品已广泛应用于临床医疗中，全部或部分替代了金属、玻璃制品，极大地降低了医用材料的成本，并提升了医用器材的安全性和实用性。

（1）医用导管、微流控芯片。精密医用导管是由具有生物相容性的高分子材料通过成型加工而制备的，在临床医疗中应用十分广泛，尤其在心血管疾病的治疗中发挥着重要作用，它的直径一般为 0.5 mm 至数毫米，允许的直径偏差一般为 5%以下。而通常采用微挤出成型方法所制备的导管直径偏差达 20% 左右。因此，开发出适用于不同医用高分子材料的精密导管挤出成型技术是一项重要挑战。随着微流控技术的发展，微流控芯片在医疗检测中的应用也越来越广泛，微流控检测技术能够在保证检测精度的同时减少采样量，并极大地提高检测效率，使得化验、检验成本显著降低，也使得移动医院成为可能。而基于高分子材料的微流控芯片精密制备技术是微流控技术得以广泛应用的关键所在。

（2）微型、精密高分子零部件。近年来，互联网、大数据和人工智能的迅猛发展，催生了智能医疗、远程医疗、大数据医疗、互联网＋医疗等新兴领域。这些新兴领域的发展对医疗设备和医疗器械提出了更高的要求。例如，远程手术、机器人手术、微创手术、康复器械、机械外骨骼等都需要大量微型、精密的高分子零部件。高分子材料的微成型与微加工是生产微型、精密零部件的重要方法。精确控制微注射成型时的熔体注射量，减小高分子材料在成型过程中的收缩程度，是提升产品性能和尺寸精度的关键。此外，在高分子材料表面构筑微纳米尺度的定制结构是微加工领域的另一技术挑战，是赋予高分子材料特殊功能表面（如抗菌、自清洁功能等）的重要途径，在医用材料、医疗器械等方面具有光明的应用前景。

（3）组织工程和器官的修复、再生新技术。在组织工程中除人工培育的细胞及生长因子外，具有特定结构与功能的高分子材料作为人造细胞外基质发挥着重要作用。医用高分子组织修复材料从早期的骨修复材料、皮肤修复材料，发展到现在的人造器官甚至人造心脏。与欧美发达国家相比，我国在组织工程领域的自主研发能力相对较弱。未来在组织工程，器官修复、再生等方面重点攻关的高分子材料与成型加工技术主要包括：组织工程支架的可控制备、人造血管的制备、人造基质与细胞的 3D 打印、人造器官的功能实现等方面。

6. **新能源用高分子材料成型加工**

可再生新能源存在技术成熟度低、成本高、能量密度低、稳定性和安全性差等问题，高分子材料作为固体或胶体电解质、导电电极、质子交换膜、隔膜、光敏材料、柔性显示材料、液晶高分子、封装材料等，已经广泛应用于太阳能电池、锂离子电池、燃料电池等新能源领域。从目前新能源材料的发展趋势和面临挑战来看，新能源用高分子材料成型加工的主要发展方向主要体现在以下三个方面：①从分子结构设计到结构性能可控的全链条定构加工；②结构复杂的多功能高分子制品器件的一体化高效成型加工；③低成本功能高分子及其复合材料规模化成型技术的开发和应用。

7. **高分子材料成型加工数值模拟**

随着数据科学和人工智能的快速发展，高分子材料成型加工数值模拟的研究范式将发生根本性改变。目前，高分子材料成型加工数值模拟面临以下主要问题：①基于多尺度模拟的高分子成型加工研究与材料性能优化；②基于数据驱动的高性能材料的微观结构优化设计；③基于机器学习的数值模拟结果分析与算法优化；④数值模拟算法的精度和计算速度的提高。以上几点也是未来高分子材料成型加工数值模拟需要攻克的主要方向。

关键词索引